高等教育应用型人才培养“十三五”规划教材

无机及分析测试技术

李巍巍　主编

化学工业出版社

·北京·

本书是为高职高专类院校“无机及分析化学”及相关课程教学编写的特色教材。全书共分五个模块八大项目，主要内容包括化学反应速率和化学平衡、滴定分析基础知识、酸碱滴定法、沉淀滴定法、配位滴定法、氧化还原滴定法、电化学分析及紫外-可见分光光度法。

本书不仅可以作为高职高专类院校理工类专业化学基础课程的教材，也可供其他相关专业人员参考使用。

图书在版编目（CIP）数据

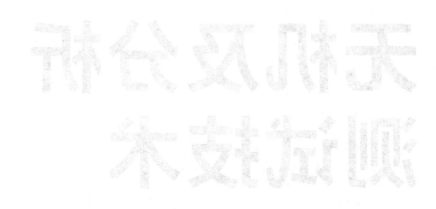

无机及分析测试技术/李巍巍主编．—北京：化学工业出版社，2018.8（2024.8重印）
高等教育应用型人才培养“十三五”规划教材
ISBN 978-7-122-32604-1

Ⅰ.①无… Ⅱ.①李… Ⅲ.①无机化学-高等职业教育-教材②分析化学-高等职业教育-教材 Ⅳ.①O61②O65

中国版本图书馆CIP数据核字（2018）第149274号

责任编辑：张双进　　文字编辑：向　东
责任校对：边　涛　　装帧设计：王晓宇

出版发行：化学工业出版社（北京市东城区青年湖南街13号　邮政编码100011）
印　　装：北京盛通数码印刷有限公司
787mm×1092mm　1/16　印张16　彩插1　字数388千字　2024年8月北京第1版第6次印刷

购书咨询：010-64518888　　售后服务：010-64518899
网　　址：http：//www.cip.com.cn
凡购买本书，如有缺损质量问题，本社销售中心负责调换。

定　　价：46.00元

前言

FOREWORD

本书是为高职高专类院校“无机及分析化学”及相关课程教学编写的特色教材。本书的编写突出了项目导向，并配合项目化教学改革，满足理论与实际一体化教学需要，培养学生分析解决问题的能力，提升职业技能。

全书共分五个模块八大项目，主要内容包括化学反应速率和化学平衡、滴定分析基础知识、酸碱滴定法、沉淀滴定法、配位滴定法、氧化还原滴定法、电化学分析及紫外-可见分光光度法。本书特点为：

（1）内容设计上以任务驱动，以项目化形式编撰，每个项目以典型实训任务为载体，承载必要的理论知识，体现理论与实际的密切联系，促使学生“做中学”。

（2）以理论必需够用为度，结合各专业特点和后续课程需要，将原属于两门课程的基本内容进行精选，突出重点、言简意赅、通俗易懂，并充实了一些在现今企业生产中的新方法、新技术或新方向，使教材具有一定的前瞻性。

（3）注重贯穿课程教学的职业素养培养，在教材中明确素养目标，以小常识等小栏目介绍一些化学文化的知识和职业素养，陶冶学生情操。

（4）配套建设了视频资源、电子课件、习题解答等数字化教学资源。部分动画和视频资源可通过移动终端扫描二维码观看，以满足师生的多元化需求。

本书由李巍巍担任主编并统稿，何连军、林忠华任副主编。李巍巍编写项目一、项目二及附录，林忠华编写项目三、项目四，王利编写项目五、项目六，何连军编写项目七，何达编写项目八。本书的编写参考了部分国内相关标准、书籍，在此特向有关作者深表谢意。

限于编者水平有限，书中不妥之处在所难免，恳请广大读者不吝指正。

编　者

2018年5月

目录
CONTENTS

模块一　盐酸产品分析　/001

Module One　Analysis of Hydrochloric Acid

二维码资源目录

序号	名　　称	页码
1.1	HCl 合成炉	007
1.2	校正 pH 计操作过程	016
2.1	滴定操作过程示意	022
2.2	基准物质	024
2.3	灭火器	035
2.4	台秤称量操作	042
2.5	天平校正过程	049
2.6	差减法称量过程	049
2.7	移液管操作	052
3.1	标定盐酸终点颜色	080
4.1	沉淀溶解操作过程	100
4.2	电热恒温箱温度调节	111
4.3	抽滤操作	118
5.1	氧化铝含量测定终点颜色	149
5.2	氧化锌含量测定终点颜色	152
6.1	标定高锰酸钾操作过程	168
6.2	草酸钠含量测定终点颜色	176
7.1	pH 玻璃电极	193
8.1	比色皿加入比色液的操作	222
8.2	分光光度计操作	222

模块一　盐酸产品分析

Module One　Analysis of Hydrochloric Acid

盐酸是一种无机强酸，广泛应用于化学工业、食品加工、医药卫生和水处理等多个行业，在国民经济中占有非常重要的地位。盐酸的质量往往能够决定其产品的质量，为此国家标准 GB 320—2006《工业用合成盐酸》规定了工业用合成盐酸的要求、采样、试验方法和检验规则等，质量指标见下表。杭州电化集团有限公司质检部安排你对盐酸车间生产的工业盐酸采样并进行常规检验，判断产品质量是否符合国家相关标准要求，并填写检验报告单。

工业用合成盐酸质量指标　　单位：%

项　目		优等品	一等品	合格品
总酸度(以 HCl 计)的质量分数	≥	31.0		
铁(以 Fe 计)的质量分数	≤	0.002	0.008	0.01
灼烧残渣的质量分数	≤	0.05	0.10	0.15
游离氯(以 Cl 计)的质量分数	≤	0.004	0.008	0.01
砷的质量分数	≤	0.0001		
硫酸盐(以 SO_4^{2-} 计)的质量分数	≤	0.005	0.03	—

注：砷指标强制。

项目1

化学反应速率和化学平衡

Chemical Reaction Rate and Chemical Equilibrium

知识目标 （knowledge objectives）

1. 掌握化学反应速率的表示方法和反应速率方程；
2. 掌握浓度、温度和催化剂对化学反应速率的影响；
3. 掌握化学平衡和平衡常数的概念；
4. 理解影响化学平衡移动的因素；
5. 了解常用化合物的重要性质。

技能目标 （skill objectives）

1. 能正确写出基元反应的速率方程；
2. 能正确判断浓度、温度和催化剂对化学反应速率的影响；
3. 能写出平衡常数表达式；
4. 能运用平衡移动原理判断化学平衡移动的方向。

素养目标 （attitude objectives）

1. 培养学生树立良好的职业道德；
2. 培养实事求是、严谨科学的工作作风；
3. 树立安全、环保和节约的意识；
4. 养成爱岗敬业的职业精神。

项目引入

1. 氢气燃烧、炸药爆炸、酸碱溶液的反应及钉子的腐蚀等，这些反应所经历的时间是一样的吗？ 怎么描述反应的速率？ 反应的速率有哪些影响因素？

炸药爆炸

氢气燃烧

钉子腐蚀

2. 氮肥工业中，合成氨的工艺一直是技术人员研究的重点。 合成氨反应的条件是什么？ 为什么需要如此复杂的反应条件？

通过对本项目的学习，诸如此类的问题均可以得到解决。

任务1.1

认识理想气体状态方程

利用气体可以很方便地测定一些反应的速率。扩散性和可压缩性是气体的基本性质。气体分子间彼此相距很远，气体分子间相互引力很小，每个分子的运动是独立的。气体的压力 (pressure) 来自气体分子对容器器壁的碰撞。

1.1.1 理想气体状态方程

在压力不太高和温度不太低时，气体的体积、压力和温度满足下列方程：

$$pV=nRT \tag{1-1}$$

式中 p——气体压力，Pa；

V——气体体积，m^3；

n——气体物质的量，mol；

T——气体的热力学温度，K；

R——摩尔气体常数，8.314J/(mol·K)。

式(1-1) 称为理想气体状态方程。物质的量 (n) 与质量 (m)、摩尔质量 (M) 满足：

$$n=\frac{m}{M}$$

则式(1-1) 可变换为：

$$pV=\frac{m}{M}RT$$

已知密度$\rho=\frac{m}{V}$，则式(1-1) 可变换为：

$$\rho=\frac{pM}{RT} \tag{1-2}$$

在常温常压下，一般的实际气体均可用理想气体状态方程式进行计算。

［**例 1-1**］　一个体积为 20.0L 的氢气钢瓶，在 25℃时，初始压力为 15.0MPa。求钢瓶压力降为 10.0MPa 时所用去的氢气的质量。

解　使用前钢瓶中氢气的物质的量为：

$$n_1=\frac{p_1V}{RT}=\frac{15.0\times10^6\times20.0\times10^{-3}}{8.314\times(273.15+25)}=121\ (\text{mol})$$

使用后钢瓶中氢气的物质的量为：

$$n_2=\frac{p_2V}{RT}=\frac{10.0\times10^6\times20.0\times10^{-3}}{8.314\times(273.15+25)}=80.7\ (\text{mol})$$

所用的氢气的质量为：

$$m=(n_1-n_2)M=(121-80.7)\times2=80.6\ (\text{g})$$

1.1.2　气体分压定律

气体具有扩散性，会自发均匀充满整个容器。当两种或多种互不起化学反应的气体放在同一容器中，它们互不干扰，如同单独存在于容器中一样。某一组分气体产生的压力不因其他组分的存在而有所改变，和它独占整个容器时产生的压力相同。组分气体对器壁所施加的压力叫作该组分气体的分压力（partial pressure），如图 1-1 所示。1801 年，英国物理学家和化学家道尔顿（Dalton）经过实验观察发现：气体混合物的总压力等于各气体分压的总和。这就是道尔顿分压定律（Dalton's law of partial pressures），即：

$$p=p_1+p_2+p_3+\cdots \tag{1-3}$$

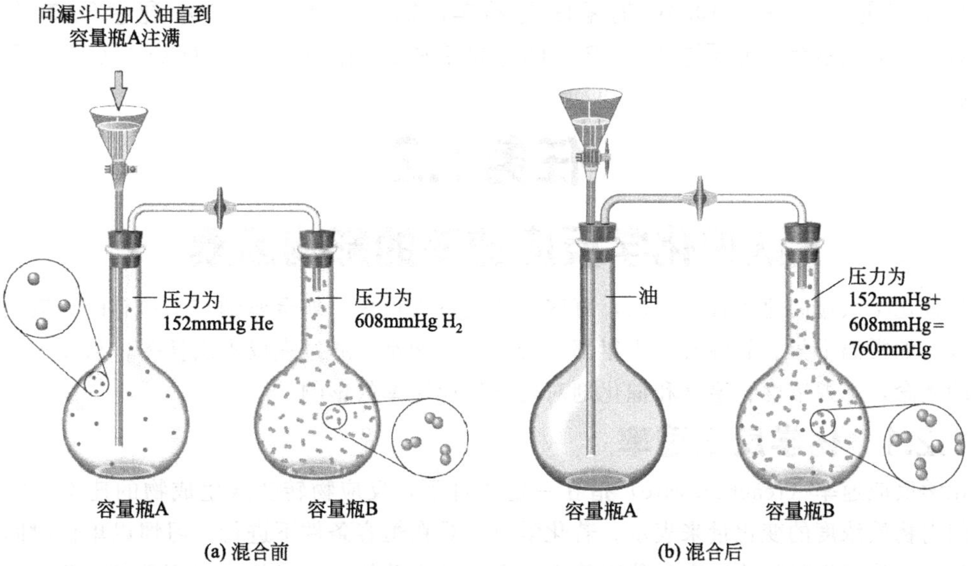

图 1-1　道尔顿分压定律（1mmHg=133.322Pa）

根据理想气体状态方程式，有下列关系式：

$$p_iV=n_iRT$$

混合气体的状态方程可写成：

$$pV=nRT$$

联立两式得到：

$$p_i/p=n_i/n \tag{1-4}$$

用 x_i 表示 n_i/n，x_i 称为混合气体中某气体的摩尔分数（mole fraction），则式(1-4)可以写成：

$$p_i=x_ip \tag{1-5}$$

这表明组分的分压等于总压乘以该气体的摩尔分数。

［**例 1-2**］ 有一个 5.0L 的容器，内盛 16g 氧气、14g 氮气、1g 氢气、4g 氩气，求 293K 时氧气、氮气、氢气、氩气的分压及混合气体的总压。

解 首先求出氧气的物质的量：

$$n(O_2)=\frac{16}{32}=0.5\ (\text{mol})$$

$$p(O_2)=\frac{n(O_2)RT}{V}=\frac{0.5\times8.314\times293}{5.0\times10^{-3}}=2.44\times10^5\ (\text{Pa})$$

同理求得氮气等组分气体的分压：

$$p(N_2)=2.44\times10^5\text{Pa}, p(H_2)=2.44\times10^5\text{Pa}, p(Ar)=4.88\times10^5\text{Pa}$$

混合气体的总压：

$$p_{总}=p(O_2)+p(N_2)+p(H_2)+p(Ar)=(2.44+2.44+2.44+4.88)\times10^5$$
$$=1.22\times10^6\ (\text{Pa})$$

练一练

在 30℃ 时，于一个 10.0L 的密闭容器中，氧气、氮气和 CO_2 混合气体总压为 93.3kPa。分析的氧气分压为 26.7kPa，CO_2 质量为 4.4g，求：(1) $p(CO_2)$；(2) 氧气的摩尔分数。

任务1.2

认识化学反应速率的影响因素

各种化学反应的速率各不相同，有些反应进行得很快，如金属钠与水；有的反应则进行得很慢，如常温下氢、氧混合几十年都不会生成一滴水。通过完成本次任务，从而理解反应速率的概念，掌握浓度、温度和催化剂对化学反应速率的影响。

1.2.1 化学反应速率

化学反应速率（reaction rate）指在一定条件下，反应物转变成生成物的速率，常用单位时间内物质浓度的变化量来表示。若化学反应是在恒容条件下进行，习惯以单位时间内任何一种反应物或生成物浓度变化的正值来表示。浓度单位为 mol/L，时间单位可选 s、min、h，则化学反应速率的单位是 mol/(L·s)、mol/(L·min) 或 mol/(L·h)。

绝大多数的化学反应速率是不断变化的，因此描述化学反应速率可选用平均反应速率或瞬时反应速率。

1.2.1.1 平均反应速率（average reaction rate）

平均反应速率为一定时间间隔内求得的反应速率：

$$\bar{v}=\left|\frac{\Delta c}{\Delta t}\right|$$

二维码1.1

HCl 合成炉

［例 1-3］　实验测得 340K 时反应 $2N_2O_5 \rightleftharpoons 4NO_2 + O_2$ 中，N_2O_5 的浓度随时间变化的数据如表 1-1 所示，求反应进行到 2min 时的反应速率。

表 1-1　不同时刻 N_2O_5 的浓度

时间/min	0	1	2	3	4
$c(N_2O_5)/(mol/L)$	0.160	0.113	0.080	0.056	0.040

解　平均速率 $\bar{v}$，在第一个时间间隔 1min 内：

$$\bar{v}=-\frac{\Delta c(N_2O_5)}{\Delta t}=-\frac{(0.113-0.160)\mathrm{mol/L}}{(1-0)\mathrm{min}}=0.047\mathrm{mol/(L\cdot min)}$$

以下类推，可得表 1-2。

一般来说，化学反应都不是等速变化的，各组分浓度和反应速率都随时间变化。从表 1-2可以看出各时间段内反应的平均速率在减小。

表 1-2　不同时刻 N_2O_5 的平均速率

时间/min	0	1	2	3	4
Δt/min	—	1	1	1	1
$\bar{v}(N_2O_5)/[mol/(L\cdot min)]$	—	0.047	0.033	0.024	0.016

1.2.1.2　瞬时反应速率（instantaneous reaction rate）

瞬时反应速率是指某一反应在某个时刻的反应速率，可用时间间隔 Δt 趋近无限小时的平均反应速率的极限值或微分来求得。

$$v=\pm\frac{\mathrm{d}c}{\mathrm{d}t}$$

瞬时反应速率也可用作图法求得。如图 1-2 中曲线所示，某点切线的斜率（slope）即为该点的瞬时反应速率。

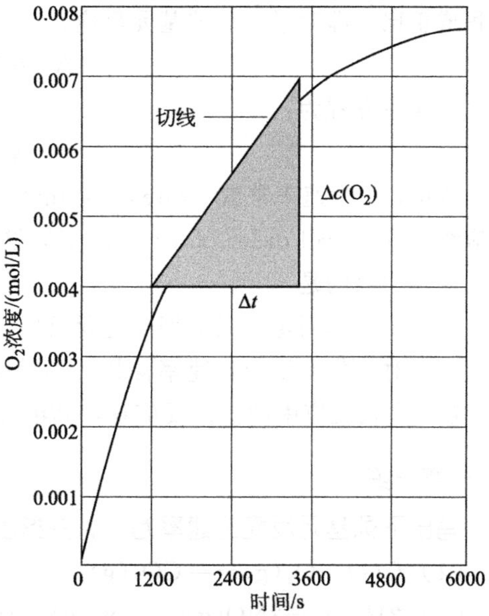

图 1-2　氧气浓度随时间的变化图

N_2O_5 分解反应的方程式表明，2 个 N_2O_5 分子分解为 4 个 NO_2 分子和 1 个 O_2 分子，故 NO_2 的生成速率必然是 N_2O_5 分解速率的 2 倍，而 O_2 的生成速率是 N_2O_5 分解速率的 1/2，这三种物质的反应速率之间的关系为：

$$v_{N_2O_5}=\frac{1}{2}v_{NO_2}=2v_{O_2}$$

即同一反应，不同反应物的反应速率之比等于化学计量数之比。

练一练

1. 图 1-2 中氧气的瞬时速率是多少？

2. 反应 $A+3B \longrightarrow 2C+2D$ 在四种不同情况下的反应速率分别表示为：①$v(A)=0.15mol/(L\cdot s)$，②$v(B)=0.6mol/(L\cdot s)$，③$v(C)=0.4mol/(L\cdot s)$，④$v(D)=0.45mol/(L\cdot s)$，该反应进行的快慢顺序为________（填序号）。

3. 一个反应在不同温度和相同起始浓度下，反应速率是否相同？

1.2.2 影响化学反应速率的因素

化学反应速率首先取决于反应物的内部因素。对于某一指定化学反应，其反应速率还受外部条件，如浓度（concentration）、温度（temperature）、催化剂（catalyst）等的影响。

1.2.2.1 浓度对化学反应速率的影响

(1) 基元反应和非基元反应 一步就能完成的反应是基元反应（elementary reaction），例如：

$$2NO_2(g) \longrightarrow 2NO(g)+O_2(g)$$

分几步进行的反应称为非基元反应（non-elementary reactions），例如：

$$H_2(g)+I_2(g) \longrightarrow 2HI(g)$$

实际上是分两步进行：

$$I_2(g) \longrightarrow 2I(g)$$

$$H_2(g)+2I(g) \longrightarrow 2HI(g)$$

每一步均为基元反应，总反应为两步反应之和。

(2) 速率方程(rate law) 在一定温度下，基元反应的反应速率与各反应物浓度幂的乘积成正比。即对于一般的基元反应：

$$aA+bB \rightleftharpoons yY+zZ$$

其速率方程为：

$$v=kc_A^a c_B^b \tag{1-6}$$

式中，k 为速率常数（rate constant）。各物质浓度的幂指数之和（$a+b$）称为该反应的反应级数（overall order of a reaction），这一规律称为质量作用定律（law of mass action）。

应当注意的是：

(1) 质量作用定律只适用于基元反应，不适用于非基元反应；

(2) 对于指定反应，速率常数 k 不随反应物浓度变化而变化，但与温度有关；

(3) 多相反应中的固体反应物，其浓度不写入速率方程。

练一练

写出下列基元反应的速率方程，并指出反应总级数。

(1) $C(s)+O_2(g) \longrightarrow CO_2(g)$

(2) $2H_2(g)+2NO(g) \longrightarrow N_2(g)+2H_2O(g)$

1.2.2.2 温度对反应速率的影响

对于大多数化学反应来说，温度升高，反应速率增大。例如，氢氧化合生成水的反应 $2H_2+O_2 \longrightarrow 2H_2O$，在常温下氢气和氧气作用十分缓慢，以致几乎都观察不到有水的生成。如果温度升高到873K，它们立即起反应，并发生猛烈爆炸。

例如实验测得反应 $NO_2+CO \longrightarrow NO+CO_2$ 在不同温度时的速率常数如表1-3所示。

表 1-3 NO_2 反应在不同温度时的速率常数

T/K	600	650	700	750	800
k/[L/(mol·s)]	0.028	0.22	1.3	6.0	23

一般化学反应，在一定的温度范围内，温度每升高 10℃，反应速率增加 2～4 倍。需要注意的是，温度对化学反应速率的影响比浓度和压力的影响更大，更容易控制，是实验室最常用的加快反应速率的方法。

对于任意化学反应，升高温度是否一定能加快该反应的速率？不一定。只能说升高温度一般能使反应速率增大。因为有的化学反应是在一定的温度下发生的，升高温度，有时可能发生其他副反应，加快了副反应速率，而减慢了主反应的速率，所以有时温度只能在一定范围内升高才会加快该化学反应的速率。

例如，实验室用乙醇（ethanol）与乙酸（acetic acid）在浓硫酸催化下反应制取乙酸乙酯（ethyl acetate），只能小火加热。当温度上升到 140℃左右时，生成乙酸乙酯的速率减慢，生成乙醚（ether）的副反应速率加快；当温度上升到 170℃左右时，不能生成酯，生成大量的乙烯；当温度高于 170℃时，发生的是氧化还原反应。

1.2.2.3 催化剂对化学反应速率的影响

催化剂（旧称触媒）能显著改变反应速率，而反应前后本身的组成、质量和化学性质不变。催化剂对化学反应速率的影响称为催化作用（catalysis）。

催化剂能加速反应，是因为它参与了化学变化过程，改变了原来反应的途径，降低了活化能（activation energy）。

Cl 催化分解臭氧层的反应如下，过程示意如图 1-3 所示。

$$Cl(g)+O_3(g) \xlongequal{} ClO(g)+O_2(g)$$

$$ClO(g)+O(g) \xlongequal{} Cl(g)+O_2(g)$$

$$\overline{\quad O_3(g)+O(g) \xlongequal{} 2O_2(g)\quad}$$

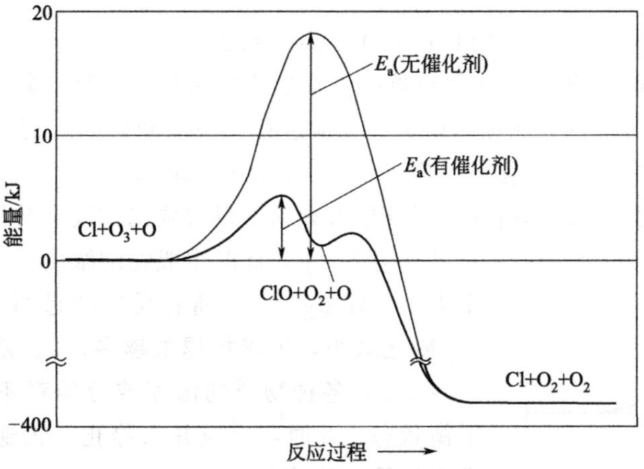

图 1-3 催化剂催化示意图

催化剂具有选择性（selectivity），这体现在两个方面：一个方面是某一种催化剂只对某一类反应有催化作用；另一个方面是同一反应用不同催化剂可能得到不同产物。根据催化剂这种特性，可由一种原料制取多种产品。

练一练

1. 试列举工业上常用的催化剂。

2. 下列措施肯定能使反应速率增大的是（　　）。

A. 增大反应物的量　　B. 增大压力　　C. 适当升高温度　　D. 使用催化剂

3. 判断题：对于一个正向吸热的反应，如果升高温度，则正向反应速率增加，逆向反应速率减小（　　）。

任务1.3

认识化学平衡的影响因素

氮肥工业中合成氨反应的条件是什么？为什么要采用这些反应条件？本次任务通过对合成氨的平衡反应学习，让学生掌握平衡常数的测定方法，加深对平衡常数的理解，掌握影响化学平衡的因素。

1.3.1 化学平衡

1.3.1.1 化学反应的可逆性和化学平衡

各种化学反应中，反应物转化为生成物的程度各不相同。例如氯酸钾的分解反应：

$$2KClO_3 \xlongequal[\triangle]{MnO_2} 2KCl + 3O_2$$

该反应逆向进行的趋势很小。通常认为，KCl 不能与 O_2 反应生成 $KClO_3$。像这种实际上只能向一个方向进行的反应，叫作不可逆反应（irreversible reaction）。

对于大多数化学反应，在一定条件下既可以正向进行，又可以逆向进行，这种反应被称为可逆反应（reversible reaction）。由于正逆反应共处于同一系统内，在密闭容器中可逆反应不能进行到底，即反应物不能全部转化为产物。如一定温度下，氧气和一氧化氮气体反应生成二氧化氮气体：

$$2NO(g) + O_2(g) \rightleftharpoons 2NO_2(g)$$

将定量的 NO 和 O_2 置于一密闭容器中，在反应的过程中，反应物 NO 和 O_2 的分压逐渐减小，而生成物 NO_2 的分压逐渐增大。反应进行一段时间以后，混合气体中各组分气体的分压不再改变，此时即达到化学反应平衡（chemical equilibrium）。

这一过程可以用反应速率解释。反应刚开始时，反应物的浓度或分压最大，具有最大的正反应速率 $v_正$，此时生成物的浓度或分压为零，逆反应速率为零，即 $v_逆=0$。随着反应的进行，反应物越来越少，$v_正$ 随之减小，生成物越来越多，$v_正$ 随之增大，至某时刻 $v_正=v_逆$，各种物质的浓度或分压都不再改变，反应达到平衡状态。此时，反应并未停止，正逆反应仍在进行，化学平衡是一种动态的平衡。

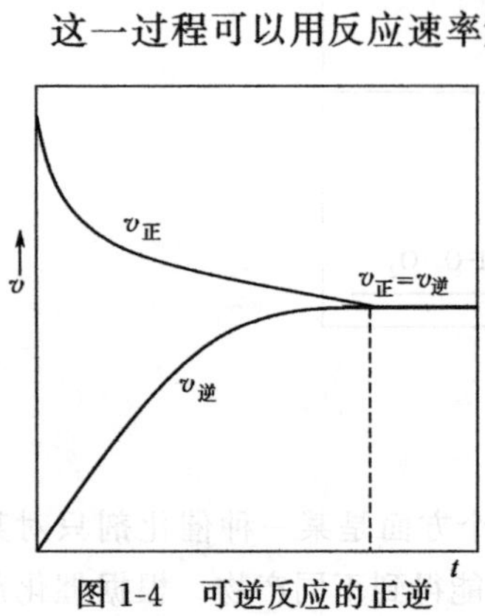

图 1-4　可逆反应的正逆反应速率变化图

综上所述，化学反应平衡具有以下特点：

① 在适宜的条件下，可逆反应能自发达到平衡状态；

② 化学平衡是动态平衡，从微观上看，正、逆反应仍在进行；

③ 反应可以从正逆两个方向达到平衡状态，即平衡组成与达到平衡的途径无关。

可逆反应的正逆反应速率变化图见图 1-4。

1.3.1.2 化学平衡常数

化学平衡常数（the equilibrium constant）是化学平衡的定量标志，它反映了平衡体系中，反应物与生成物之间的关系。

（1）浓度平衡常数 可逆反应：

$$aA+bB \rightleftharpoons yY+zZ$$

在一定温度下，达到平衡时各生成物浓度的乘积与各反应物浓度乘积的比值是一常数，即：

$$K_c=\frac{c_Y^y c_Z^z}{c_A^a c_B^b} \tag{1-7}$$

式中，K_c 为浓度平衡常数。

（2）压力平衡常数 对于气体反应，平衡常数可用各气体分压表示，即：

$$K_p=\frac{p_Y^y p_Z^z}{p_A^a p_B^b} \tag{1-8}$$

式中，K_p 为压力平衡常数。分压以 Pa（帕）或 kPa（千帕）为单位。

（3）标准平衡常数 标准平衡常数又称为热力学平衡常数，用符号 $K^\ominus$ 表示，其表达方式与浓度平衡常数相同，只是相关物质的浓度要用相对浓度（$c/c^\ominus$）、分压要用相对分压（$p/p^\ominus$）来代替，其中 $c^\ominus=1\text{mol/L}$，$p^\ominus=100\text{kPa}$。

对既有固相 A，又有 B 和 D 的水溶液以及气体 E 和 H_2O 参与的一般反应，其通式为：

$$aA(s)+bB(aq) \rightleftharpoons dD(aq)+f(H_2O)+eE(g)$$

系统达到平衡时，其标准平衡常数表达式为：

$$K^\ominus=\frac{(c_D/c^\ominus)^d(p_E/p^\ominus)^e}{(c_B/c^\ominus)^b} \tag{1-9}$$

（4）书写标准平衡常数注意事项

① 平衡常数表达式中各物质的浓度和分压，必须是在系统达到平衡状态时的相应值。

② 化学方程式必须配平，平衡常数表达式必须与计量方程式相对应，同一化学反应以不同计量方程式表示时，平衡常数表达式不同，其数值也不同。

例如：

$$N_2+3H_2 \rightleftharpoons 2NH_3 \qquad K_1^\ominus=\frac{(p_{NH_3}/p^\ominus)^2}{(p_{N_2}/p^\ominus)(p_{H_2}/p^\ominus)^3}$$

$$\frac{1}{2}N_2+\frac{3}{2}H_2 \rightleftharpoons NH_3 \qquad K_2^\ominus=\frac{(p_{NH_3}/p^\ominus)}{(p_{N_2}/p^\ominus)^{1/2}(p_{H_2}/p^\ominus)^{3/2}}$$

$$2NH_3 \rightleftharpoons N_2+3H_2 \qquad K_3^\ominus=\frac{(p_{N_2}/p^\ominus)(p_{H_2}/p^\ominus)^3}{(p_{NH_3}/p^\ominus)^2}$$

$K_1^\ominus$、$K_2^\ominus$ 与 $K_3^\ominus$ 的数值显然不同，三者之间存在以下关系：

$$K_1^\ominus=(K_2^\ominus)^2=\frac{1}{K_3^\ominus}$$

因此，在涉及平衡常数的计算时，必须注意与该常数所对应的计量方程式。

③ 在化学反应标准平衡常数表达式中，如果某组分是以气态（gas）存在，则以相对压力表示之；如以溶质形式存在，就以相对浓度表示之；若是固体（solid）、液体（liquid）和稀溶液的溶剂，其标准态就是标准压力下的其本身，它们就在平衡常数表达式中“不出现”。

如反应：

$$CuO(s)+H_2(g) \rightleftharpoons Cu(s)+H_2O(l)$$

$$K^{\ominus}=\frac{1}{p_{H_2}/p^{\ominus}}$$

④ 标准平衡常数是温度的函数，与浓度和分压无关，使用时必须注意相应的温度。

［例 1-4］ 已知 800℃时，反应 $CaCO_3(s) \rightleftharpoons CaO(s)+CO_2(g)$ 的 $K^{\ominus}=1.16$，若将 20g $CaCO_3$ 置于 10.0L 容器中，并加热至 800℃，问达到平衡时，未分解的 $CaCO_3$ 百分率是多少？

解 平衡时：$p(CO_2)=p^{\ominus}K=116\text{kPa}$

$$n(CO_2)=\frac{p(CO_2)V}{RT}=\frac{116\times10^3\times10\times10^{-3}}{8.314\times1073}=0.13\ (\text{mol})$$

分解的 $CaCO_3$ 的质量为：$0.13\times100=13$（g）

$$未分解的百分率=\frac{20-13}{20}\times100\%=35\%$$

［例 1-5］ 5L 容器中装入等物质的量的 PCl_3 和 Cl_2，在 523K 时达到平衡，如果 PCl_5 的分压为 100kPa，此时 $PCl_5(g) \rightleftharpoons PCl_3(g)+Cl_2(g)$ 反应的 $K^{\ominus}=0.533$，问原来装入的 PCl_3 和 Cl_2 的物质的量为多少？

解 因为装入的 PCl_3 和 Cl_2 的物质的量相等，平衡时的分压必然相等，设为 p，则：

$$PCl_5(g) \rightleftharpoons PCl_3(g)+Cl_2(g)$$

$$K^{\ominus}=\frac{[p(PCl_3)/p^{\ominus}][p(Cl_2)/p^{\ominus}]}{[p(PCl_5)/p^{\ominus}]}=0.533$$

$$p=\sqrt{0.533\times100^2}=73\ (\text{kPa})$$

PCl_5、PCl_3 和 Cl_2 平衡时物质的量由 $pV=nRT$ 求得。

PCl_5 为： $$n=\frac{pV}{RT}=\frac{100\times5}{8.314\times523}=0.115\ (\text{mol})$$

PCl_3、Cl_2 为： $$n=\frac{pV}{RT}=\frac{73\times5}{8.314\times523}=0.084\ (\text{mol})$$

所以原来放入系统的 PCl_3 和 Cl_2 的物质的量为 $0.115+0.084=0.299$（mol）。

(5) 反应商 Q 对于一可逆反应：

$$aA+bB \rightleftharpoons dD+eE$$

在一个容器中放入一定量的 A、B、D、E，一定温度下反应向哪个方向进行呢？如何判断是否处于平衡态？为此，引入反应商 Q（reaction quotient）。

$$Q=\frac{(c_D/c^{\ominus})^d(c_E/c^{\ominus})^e}{(c_A/c^{\ominus})^a(c_B/c^{\ominus})^b}$$

式中，Q 为反应商。其表达式与 $K^{\ominus}$ 完全相同，但 Q 可以计算任意状态下的数量关系：

当 $Q=K^{\ominus}$ 时，化学反应处于平衡状态；

$Q<K^{\ominus}$ 时，化学反应向正方向进行，平衡向右移动；

$Q>K^{\ominus}$时，化学反应逆向进行，平衡向左移动。

这就是反应商判据，可以用来判断化学平衡移动的方向。

［例 1-6］ 在某温度下，SO_2 转化反应的反应 $2SO_2(g)+O_2(g) \rightleftharpoons 2SO_3(g)$ $K^{\ominus}=3.4$。下面三个混合体系中各种物质的浓度见表 1-4，试判断各体系中反应进行的方向。

表 1-4 三个混合体系中各种物质的浓度

体系	$p(SO_2)$/kPa	$p(O_2)$/kPa	$p(SO_3)$/kPa	反应方向
1	0.50	0.50	0.20	
2	0.80	0.80	0.10	
3	0.80	0.46	0.10	

解 (1) $Q=\dfrac{(0.20/100)^2}{(0.50/100)^2\times(0.50/100)}=32>K^{\ominus}$，反应逆向进行；

(2) $Q=\dfrac{(0.10/100)^2}{(0.80/100)^2\times(0.80/100)}=2<K^{\ominus}$，反应正向进行；

(3) $Q=\dfrac{(0.10/100)^2}{(0.80/100)^2\times(0.46/100)}=3.4=K^{\ominus}$，反应处于平衡。

在生产上，往往采用增大容易取得的或成本较低的反应物浓度的方法，使成本较高的原料得到充分利用，也就是追求高成本原料的较高转化率。例如，在合成 H_2SO_4 反应中的 $2SO_2+O_2 \rightleftharpoons 2SO_3$ 也是通入过量 O_2 以提高 SO_2 的转化率。

(6) 多重平衡规则 某一体系在高温时有下述两个反应：

$$H_2(g)+\frac{1}{2}O_2(g) \rightleftharpoons H_2O(g) \quad ①$$

$$CO_2(g) \rightleftharpoons CO(g)+\frac{1}{2}O_2(g) \quad ②$$

用①+②得：

$$H_2(g)+CO_2(g) \rightleftharpoons H_2O(g)+CO(g) \quad ③$$

整理平衡常数可以得到：

$$K_1^{\ominus}K_2^{\ominus}=K_3^{\ominus}$$

由此得出多重平衡的规则：如有两个反应方程式相加（或相减）得到第三个反应方程式，其平衡常数为前两个平衡常数之积（或商）。

［例 1-7］ 求 298K 时反应 $H_2(g)+SO_2(g) \rightleftharpoons H_2S(g)+O_2(g)$的 $K^{\ominus}$。已知在该温度下存在反应：

① $H_2(g)+S(s) \rightleftharpoons H_2S(g)$ $K_1^{\ominus}=1.0\times10^{-3}$

② $S(s)+O_2(g) \rightleftharpoons SO_2(g)$ $K_2^{\ominus}=5.0\times10^{6}$

解 ①－②得： $H_2(g)+SO_2(g) \rightleftharpoons H_2S(g)+O_2(g)$

$$K^{\ominus}=\frac{K_1^{\ominus}}{K_2^{\ominus}}=\frac{1.0\times10^{-3}}{5.0\times10^{6}}=2.0\times10^{-10}$$

练一练

1. 试写出乙酸和乙醇反应的方程式，并列出其标准平衡常数。
2. 配平 CO 和 H_2 反应制备甲烷和水的反应方程式，并列出其标准平衡常数。
3. 写出下列反应方程式的标准平衡常数表达式。

① CO_2 (g) + C (s) $\rightleftharpoons$ 2CO (g)

② $Cr_2O_7^{2-} + 6Fe^{2+} + 14H^+ \rightleftharpoons 2Cr^{3+} + 6Fe^{3+} + 7H_2O$

③ $HAc \rightleftharpoons H^+ + Ac^-$

④ $AgCl(s) \rightleftharpoons Ag^+ + Cl^-$

1.3.2 影响化学平衡的因素

化学平衡是在一定条件下，$v_{正}=v_{逆}$时的一种动态平衡。当外界条件改变时，就有可能使$v_{正}\neq v_{逆}$，由平衡变为不平衡，当外界条件重新固定后，最终建立起适应新条件下的平衡状态，体系从一个平衡状态转变到另一个新的平衡状态。把可逆反应因外界条件变化而从一种旧的平衡状态变化到另一种新的平衡状态的过程称为化学平衡的移动（shift of chemical equilibrium）。

1.3.2.1 浓度的影响

在一定温度下，可逆反应达到平衡时，$v_{正}=v_{逆}$。若增加反应物的浓度或减少生成物的浓度，正反应速率将增大，$v_{正}>v_{逆}$，反应向正方向进行。但随着反应的进行，生成物的浓度不断增加，逆反应速率不断增大。当正逆反应速率再次相等，即$v'_{正}=v'_{逆}$，系统又一次达到平衡。

在一定温度下，增加反应物的浓度或减少生成物的浓度，化学平衡向右移动；减少反应物浓度或增加生成物的浓度，化学平衡向左移动。

[例 1-8] 在 523K 时，将 0.700mol 的 PCl_5 注入容积为 2.00L 的密闭容器内，平衡时有 0.500mol 的 PCl_5 被分解了。若再往该容器中加入 0.100mol Cl_2，PCl_5 的分解百分数将如何改变？

解 第一次达平衡时，PCl_5 的分解百分数 $\alpha_1=0.500/0.700\times100\%=71.4\%$，

反应的平衡常数 $K^{\ominus}$：

	$PCl_5(g) \rightleftharpoons$	$PCl_3(g)$ +	$Cl_2(g)$
起始时各物质的量/mol	0.700	0	0
平衡时各物质的量/mol	0.200	0.500	0.500

由 $pV=nRT$ 可得：

平衡时各物质的分压/kPa	434.8	1087	1087

$$K^{\ominus}=\frac{[p(PCl_3)/p^{\ominus}][p(Cl_2)/p^{\ominus}]}{[p(PCl_5)/p^{\ominus}]}=\frac{(1087/100)^2}{434.8/100}=27.2$$

达到新平衡时，设 PCl_3 的量为 x：

	$PCl_5(g)$ $\rightleftharpoons$	$PCl_3(g)$ +	$Cl_2(g)$
新平衡时各物质的量/mol	$0.700-x$	x	$0.100+x$
新平衡时各物质的分压为	$(0.700-x)RT/0.002$	$xRT/0.002$	$(0.100+x)RT/0.002$

$$K^{\ominus}=\frac{[p(PCl_3)/p^{\ominus}][p(Cl_2)/p^{\ominus}]}{[p(PCl_5)/p^{\ominus}]}$$

$$=\frac{[(0.100+x)RT/0.002](xRT/0.002)}{(0.700-x)RT/0.002}\times\frac{1}{p^{\ominus}}$$

$$=27.2$$

解得： $x=0.479mol$

$$\alpha_2=0.479/0.700\times100\%=68.4\%$$

综上可知，加入 Cl_2 后使 PCl_5 分解百分数降低了。

1.3.2.2 压力的影响

压力的变化对液相或固相反应的平衡几乎没影响。但对有气态物质参加的反应，改变压力也常常会使化学平衡移动。反应系统压力的改变对平衡移动的影响要视具体情况而定。

在一定温度下，可逆反应 $a\text{A(g)}+b\text{B(g)}\rightleftharpoons y\text{Y(g)}+z\text{Z(g)}$，设 $\Delta n=(y+z)-(a+b)$

当 $\Delta n>0$，为分子数增加的反应，增加压力，平衡向左移动。

当 $\Delta n<0$，为分子数减小的反应，增加压力，平衡向右移动。

当 $\Delta n=0$，反应物分子数等于生成物分子数。此时增大或减小压力，化学平衡不移动。例如反应 $2\text{HI(g)}\rightleftharpoons \text{H}_2\text{(g)}+\text{I}_2\text{(g)}$。

此外，需要指出在恒温条件下向一平衡系统加入不参与反应的其他气态物质，如惰性气体，则有以下规律。

① 增加总压，保持体积不变时：总压升高，因为 $p_iV=n_iRT$，所以各组分气体分压不变，平衡不移动。

② 保持总压力不变，增大体积：因为 $p_iV=n_iRT$，各组分气体分压下降，平衡可能移动。

1.3.2.3 温度的影响

因为平衡常数 $K^{\ominus}$ 是温度的函数，所以改变温度时，$K^{\ominus}$ 值要发生变化。温度这一因素就是通过改变平衡常数 $K^{\ominus}$ 来影响平衡的。温度变化对平衡常数的影响与化学反应的热效应有关。

① 对于正向吸热（endothermic）的，即 $\Delta_r H_m^{\ominus}>0$ 的反应，升温时 $K^{\ominus}$ 增大，平衡向生成产物的方向移动。

② 对于正向放热（exothermic）的，即 $\Delta_r H_m^{\ominus}<0$ 的反应，升温时 $K^{\ominus}$ 减小，平衡向生成反应物的方向移动。

1.3.2.4 催化剂的影响

催化剂以同等程度影响着可逆反应的正、逆反应速率。所以在可逆反应中，催化剂的作用只是使化学反应更快或更慢达到平衡，平衡常数 $K^{\ominus}$ 并不改变，因此不会使平衡发生移动。

1.3.2.5 平衡移动原理——吕·查德里原理

如果改变平衡状态的任一条件（如浓度、压力、温度），平衡就向能减弱这个改变的方向移动。这个规律称为吕·查德里原理（Le Châtelier's principle），也叫平衡移动的原理。这个规律是在 1887 年由法国科学家吕·查德里总结出来的，它适用于所有的动态平衡体系。

练一练

反应 $2\text{A(g)}+2\text{B(g)}\rightleftharpoons 2\text{C(g)}+\text{D(s)}$，$\Delta_r H_m^{\ominus}<0$，为使 A 达到最大转化率，应采取的措施是（　　）。

A. 高温高压　　B. 低温高压　　C. 高温低压　　D. 低温低压

技能训练1

乙酸标准平衡常数和解离度的测定

一、实训目的

1. 会使用 pH 计测定乙酸标准平衡常数和解离度。
2. 学会 pH 计的使用。
3. 熟悉移液管等常规玻璃器皿的使用。

二、仪器与试剂

1. 仪器：pH 计、移液管（10mL 和 25mL）、容量瓶（50mL）、小烧杯。
2. 试剂：HAc 溶液（0.10mol/L，精密浓度已标定）。

三、实训原理

乙酸是弱电解质，在水溶液中存在着下列解离平衡：

$$HAc \rightleftharpoons H^+ + Ac^-$$

其标准解离常数表达式为：

$$K_a^{\ominus}=\frac{[c(H^+)/c^{\ominus}][c(Ac^-)/c^{\ominus}]}{[c(HAc)-c(H^+)]/c^{\ominus}}$$

在单纯的 HAc 溶液中，$c(H^+)=c(Ac^-)$，$c^{\ominus}=1mol/L$ 代入上式，得到：

$$K_a^{\ominus}=\frac{c^2(H^+)}{c(HAc)-c(H^+)}$$

HAc 的解离度 α 可表示为：

$$\alpha=\frac{c(H^+)}{c(HAc)}\times 100\%$$

用 pH 计测得已知浓度 HAc 的 pH 值，即可求得乙酸标准平衡常数和解离度。

四、实训步骤

1. 配制不同浓度的 HAc 溶液

分别移取已知浓度的 HAc 溶液 5.00mL、10.00mL、25.00mL 于 3 只 50mL 容量瓶中，用蒸馏水稀释至刻度，摇匀。连同未稀释的 HAc 溶液可得到 4 种浓度不同的溶液，由稀到为浓依次编号为 1、2、3、4。

二维码1.2

校正 pH 计操作过程

2. HAc 溶液的 pH 值测定

(1) 校正 pH 计 按 pH 计操作规程校正 pH 计。

① 先把电极用蒸馏水清洗干净，用滤纸吸干（请勿擦拭，因擦拭将产生静电，影响稳定性）后插入 pH 6.86 的标准缓冲溶液中。用温度计测量溶液温度，然后，调“温度补偿”旋钮到与溶液相同的温度。轻轻摇动溶液，稍待一会，让其读数稳定，调“定位”旋钮，使仪器示值为该缓冲溶液在此温度下的 pH 值。

② 取出插入 pH 6.86 标准缓冲溶液的电极，用蒸馏水清洗干净，吸干后插入 pH 值为

4.00 的缓冲溶液。调节“斜率”旋钮，使仪器示值为 4.00。

③ 重复上述程序，使仪器示值与两种缓冲溶液的 pH 值完全相符。

(2) 样品测定 取 4 只干燥的 50mL 烧杯，分别盛入上述 4 种溶液各 50mL，按由稀到浓的次序用 pH 计测定它们的 pH 值。

五、数据记录和结果计算

将数据记录于表 1-5 中。

表 1-5　HAc 溶液的 pH 值测定和计算结果　　　水温________

样品编号	pH 值	$c(H^+)/(mol/L)$	$c(HAc)/(mol/L)$	$K_a^\ominus$	α
1					
2					
3					
4					

六、问题思考

1. 如果改变所测乙酸溶液的浓度，则解离度和标准平衡常数有无变化？
2. HAc 的浓度如何准确测定？
3. 向乙酸溶液中加入少量乙酸钠固体，平衡将如何移动？pH 值将如何变化？

职业素养（professional ethics）

树立安全、环保和节约的意识是良好的化学职业素养。化学实验要消耗大量的水、电、原材料等，并产生一些废水、废气和废渣等。请同学们观察实训室水、电等阀门位置，思考并讨论如何提高安全、环保和节约的意识？如何在以后的学习和工作中学以致用？

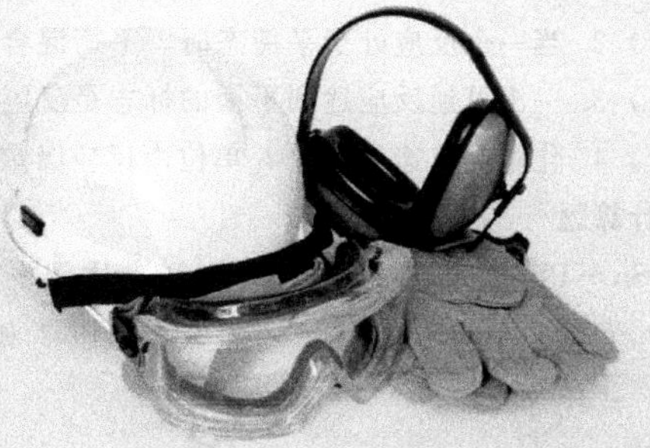

习题

一、填空题

1. 基元反应 $2NO(g)+Cl_2(g) \rightleftharpoons 2NOCl(g)$ 是（　　）级反应，其速率方程为（　　）。

2. 密闭容器中反应 $N_2+3H_2 \rightleftharpoons 2NH_3$，若压力增大到原来的2倍，反应速率增大（　　）倍。

3. 反应 $CaCO_3(s) \rightleftharpoons CaO(s)+CO_2(g)$，若增大压力，则平衡向（　　）移动。

4. 反应 $2C(s)+O_2(g) \rightleftharpoons 2CO(g)$ 的 K_c 表达式为（　　），K_p 表达式为（　　）。

5. 催化剂能加快反应速率是因为改变了（　　），降低了（　　）。

二、单项选择题

1. 实际气体与理想气体接近的条件是（　　）。

A. 高温高压　　B. 低温高压　　C. 高温低压　　D. 低温低压

2. 合成氨反应中，各物质的反应速率关系正确的是（　　）。

A. $v(H_2)=v(N_2)=v(NH_3)$　　B. $v(N_2)=3v(H_2)$

C. $v(NH_3)=3v(H_2)/2$　　D. $v(H_2)=3v(N_2)$

3. 下列叙述中正确的是（　　）。

A. 反应物的转化率不随起始浓度而变

B. 一种反应物的转化率随另一种反应物的起始浓度不同而异

C. 平衡常数随起始浓度不同而变化

D. 平衡常数不随温度变化

4. 下列反应的平衡常数可以用 $K=1/p(H_2)$ 表示的是（　　）。

A. $H_2(g)+S(g) \rightleftharpoons H_2S(g)$　　B. $H_2(g)+S(s) \rightleftharpoons H_2S(g)$

C. $H_2(g)+S(s) \rightleftharpoons H_2S(l)$　　D. $H_2(l)+S(s) \rightleftharpoons H_2S(s)$

5. 在 $CO(g)+H_2O(g) \rightleftharpoons CO_2(g)+H_2(g)-Q$ 的平衡中，能同等程度地增加正、逆反应速率的是（　　）。

A. 加催化剂　　B. 增加 CO_2 的浓度　　C. 减少CO的浓度　　D. 升高温度

6. 温度升高能加快化学反应速率，其原因是（　　）。

A. 活化能降低　　B. 活化分子数减少　　C. 活化分子数增加　　D. 有效碰撞次数减少

7. 在一定条件下，发生 $CO+NO_2 \rightleftharpoons CO_2+NO$ 的气体反应，达到化学平衡后，升高温度，混合物的颜色加深，下列说法正确的是（　　）。

A. 正反应为吸热反应　　B. 正反应为放热反应

C. 降温后各物质的浓度不变　　D. 降温后CO的浓度增大

三、判断题

（　　）1. 分几步完成的化学反应的总平衡常数是各步平衡常数之和。

（　　）2. 当一个反应处于平衡态时，平衡混合物中各物质浓度都相等。

（　　）3. 一个可逆反应达到平衡的标志是反应物反应速率为0。

（　　）4. 化学反应速率常数 k 单位由反应级数决定。

四、计算题

反应 $Sn+Pb^{2+} \rightleftharpoons Sn^{2+}+Pb$ 在25℃达到平衡，该温度下标准平衡常数为2.18。若反应开始时 $c(Pb^{2+})=c(Sn^{2+})=0.1mol/L$，计算平衡时 Pb^{2+} 和 Sn^{2+} 的浓度。

小常识

盐酸（hydrochloric acid）

1. 性状（property）

盐酸，化学式HCl，分子量36.46，是一种无色有刺激性的液体，含杂质时呈微黄色，熔点−27.32℃，沸点110℃（383K，20.2%溶液），密度1.18g/mL。盐酸是工业三大强酸之一，能与许多金属、金属氧化物、碱类、盐类起化学反应，可用于制造各种化学药品、食品及染色工业品等。浓盐酸（$w=36\%$）在潮湿的空气中形成白色烟雾。

2. 生产工艺（production）

工业制备盐酸主要采用电解法，将饱和食盐水进行电解制得氢气和氯气，然后在石墨炉反应器中将氢气和氯气通至石英制的烧嘴点火燃烧，生成氯化氢气体，气体经冷却后被水吸收成为盐酸。

3. 储存方法（storage）

盐酸储存于阴凉、通风的库房，库温不超过 30℃，相对湿度不超过 85%，保持容器密封。应与碱类、胺类、碱金属、易（可）燃物分开存放，切忌混储。储区应备有泄漏应急处理设备和合适的收容材料。

4. 危害防治（safety information）

使用盐酸时，应穿戴个人防护装备，如橡胶手套或聚氯乙烯手套、护目镜、耐化学品的衣物和鞋子等，以降低直接接触盐酸所带来的危险。密闭操作，注意通风，操作尽可能机械化、自动化。操作人员必须经过专门培训，严格遵守操作规程。

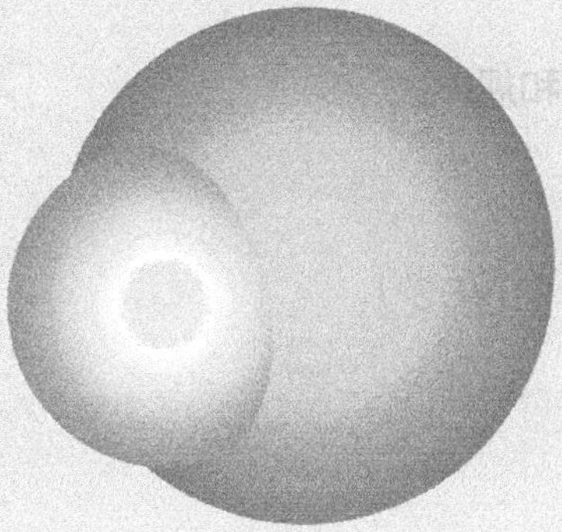

项目2

滴定分析基础知识

Basic Knowledge of Titrimetric Analysis

知识目标 （knowledge objectives）

1. 理解滴定分析对反应的要求；
2. 了解滴定分析的方式；
3. 掌握标准溶液配制方法；
4. 掌握化验室的基本安全知识；
5. 了解误差的分类及产生的原因和规律。

技能目标 （skill objectives）

1. 掌握标准溶液的配制；
2. 掌握滴定分析的计算；
3. 了解滴定分析对基准物质的要求；
4. 能正确使用电子天平；
5. 学会对实验数据的正确处理。

素养目标 （attitude objectives）

1. 培养学生树立良好的职业道德；
2. 培养实事求是、严谨科学的工作作风；
3. 树立安全、环保和节约意识；
4. 养成良好的实验习惯和职业素养。

项目引入

1. 滴定分析法是分析化学中重要的一类分析方法，该法起源可追溯到 18 世纪。该法的优点有哪些？ 试举例说明滴定分析法的实际用途。

中间体分析

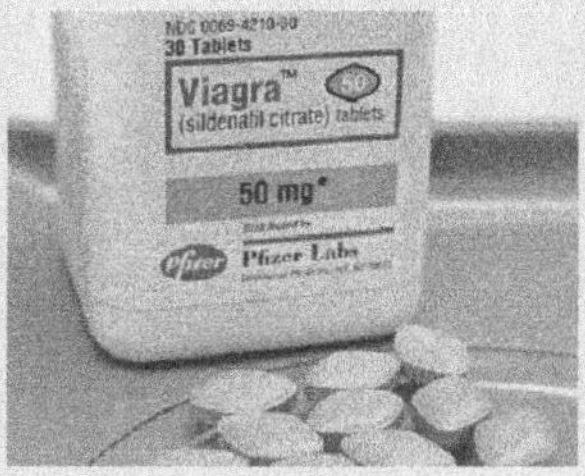

药品分析

染料分析

2. 氯碱工业中，工业盐酸的质量一直是技术人员监控的重点。 工业生产的物料或产品往往是几十、几百吨，如此大批量的产品中，如何采取具有能代表原始物料平均组成的分析试样进行分析？ 考虑的因素有哪些？

任务2.1

认识滴定分析法

滴定分析法（titrimetric analysis）是化学分析中最常用的方法。滴定（titration）是将已知准确浓度的溶液（标准溶液），通过滴定管（burette）滴加到待测溶液中的过程。待滴定进行到化学反应按计量关系完全作用为止，然后根据所用标准溶液的浓度和体积计算出待测物质的含量。因为该方法是以测量标准溶液的体积为基础的方法，故也被称为容量分析法（volumetric analysis）。

滴定分析法主要包括酸碱滴定法（acid-base titration）、沉淀滴定法（precipitation titration）、氧化还原滴定法（oxidation-reduction titration）和配位滴定法（complex formation titration）等。

滴定分析法一般相对误差可小于 0.2%，具有操作简便、分析速度快、测定准确度较高的特点，适用于常量分析和半微量分析，目前仍然是应用广泛的定量分析方法。

2.1.1 滴定分析概述

(1) **滴定** 滴定是将已知准确浓度的溶液（标准溶液），通过滴定管滴加到待测溶液中的过程。

(2) **化学计量点**（equivalence point） 当化学反应按计量关系完全作用，即加入的标准溶液与待测定组分定量反应完全时，称反应达到了化学计量点。

(3) **滴定终点**（end point） 滴定过程中加入某种试剂，使其在计量点前后发生明显的颜色变化以便停止滴定，这个计量点被称为滴定终点。

(4) **指示剂**（indicator） 被加的能指示终点颜色变化的试剂。

(5) **终点误差**（end point error） 滴定终点和化学计量点往往不一致，由这种不一致造成的误差称为滴定终点误差，简称终点误差。

滴定分析法见图 2-1。

(a) 滴定　　(b) 颜色变化　　(c) 滴定终点

图 2-1　滴定分析法

滴定分析法主要用于组分含量在 1%以上，取样量大于 0.1g 试样的分析。滴定分析法根据反应类型可分为酸碱滴定法、沉淀滴定法、氧化还原滴定法和配位滴定法。大多数滴定分析都在水溶液中进行。当被测物质因在水中的溶解度小或其他原因不能以水为溶剂时，采用水以外的溶剂为滴定介质，称为非水滴定法（non-aqueous titration）。

适用于滴定分析的化学反应必须具备以下 3 个条件：

① 反应必须定量完成，即待测物质与标准溶液之间的反应要严格按一定的化学计量关系进行，反应的定量完全程度要达到 99.9%以上。

② 反应必须迅速完成，对于速率较慢的反应能够采取加热、使用催化剂等措施提高反应速率。

③ 必须有适宜的指示剂或其他简便可靠的方法确定终点。

二维码2.1

滴定操作过程示意

2.1.2　滴定方式

根据滴定方式可将滴定分析法分为以下几种。

(1) **直接滴定法**（direct titration）　所用化学反应能满足上述条件的滴定分析可直接用标准溶液滴定被测物质，称为直接滴定法，如用盐酸标准溶液滴定氢氧化钠试样溶液。

(2) **返滴定法**（back titration）　当滴定反应速率较慢或者反应物是固体时，滴定剂加入样品后反应无法在瞬时定量完成，此时可先加入一定量过量的标准溶液，待反应定量完成后用另外一种标准溶液作为滴定剂滴定剩余的标准溶液，返滴定法又称为剩余滴定法（residual titration）。如对固体碳酸钙的测定，可先加入一定量的过量盐酸标准溶液至试样中，加热使样品完全溶解，冷却后再用氢氧化钠标准溶液返滴定剩余的盐酸。

(3) **置换滴定法**（replacement titration）　对于不按确定化学计量关系反应或伴有副反应时，可通过其他化学反应定量置换为另一种物质，再用标准溶液滴定此生成物。如硫代硫酸钠不能直接滴定重铬酸钾或其他强氧化剂，因为强氧化剂能将 $S_2O_3^{2-}$ 氧化成 $S_4O_6^{2-}$ 和 SO_4^{2-} 的混合物，化学计量关系不确定。若在酸性重铬酸钾溶液中加入过量 KI，使 $K_2Cr_2O_7$ 定量置换出 I_2，再用 $Na_2S_2O_3$ 标准溶液滴定生成的 I_2，即可定量测定重铬酸钾及其他氧化剂。

(4) **间接滴定法**（indirect titration）　对本身不参加滴定反应的物质，有时可应用其他的化学反应间接进行测定。如 Ca^{2+} 本身没有还原性，对 Ca^{2+} 的测定也可应用氧化还原反应。方法是在 Ca^{2+} 溶液中加入草酸，使生成草酸钙沉淀，沉淀完全后，将沉淀过滤洗净，用硫酸溶解，用 $KMnO_4$ 标准溶液滴定反应生成的草酸，而间接测定 Ca^{2+} 的含量。

[例 2-1] 用邻苯二甲酸氢钾（$KHC_8H_4O_4$）标定浓度为 0.1mol/L 的 NaOH 溶液时，若取 NaOH 25mL，这时至少应称取邻苯二甲酸氢钾多少克（已知 $M_{KHC_8H_4O_4}=204.22$）?

解

$$\begin{array}{ccc} KHC_8H_4O_4 & \sim & HCl \\ 1 & & 1 \\ m/M & & cV \end{array}$$

则 $m=cVM=0.1\times0.025\times204.22=0.5$ (g)

答：至少应称取邻苯二甲酸氢钾 0.5g。

练一练

1. 血液中钙的测定，采用 $KMnO_4$ 法间接测定。取 10.0mL 血液试样，先沉淀为草酸钙，再以硫酸溶解后用 0.00500mol/L $KMnO_4$ 标准溶液滴定，消耗其体积为 5.00mL，试计算每 10mL 血液试样中含钙多少毫克？（已知 $M_{Ca}=40.08$）

2. 写出 $K_2Cr_2O_7$ 与 KI 在酸性条件下反应的方程式并配平。

3. 滴定分析中，对化学反应的主要要求是（　　）。

A. 反应必须定量完成　　B. 反应必须有颜色变化

C. 滴定剂与被测物必须是 1∶1 的计量关系　　D. 滴定剂必须是基准物

任务2.2

配制标准溶液

在工业盐酸产品分析中需使用标准溶液（standard solution），并通过标准溶液的浓度和用量计算待测组分的含量。通过完成本次任务，学习并掌握标准溶液表示方法、配制方法。

2.2.1 配制标准溶液

2.2.1.1 化学试剂的分类

化学试剂规格通常按其纯净程度，一般分为四个等级，见表 2-1。

表 2-1 化学试剂规格

级别	名称	符号	标签颜色	适用范围
一级	优级纯	GR	深绿色	纯度很高，适用于精密分析，有时可作基准物质
二级	分析纯	AR	红色	纯度较高，适用于一般分析和科研工作
三级	化学纯	CP	蓝色	适用于工业分析和化学实验
四级	实验试剂	LR	棕色	纯度较低，只适用于化学实验

根据不同需要，还有基准试剂（standard reagent）、光谱纯试剂（specpure reagent）、色谱纯试剂（chromatographic reagent）等。

基准试剂的纯度相当于（或高于）一级品，主要用于滴定分析中的基准物，也可直接用于配制标准溶液。光谱纯试剂主要用于光谱分析中的标准物质，但不应把该类试剂当作化学分析的基准试剂用。色谱纯试剂是作为色谱测定法的专用试剂。

在分析工作中，选择试剂的纯度除了要和所用的方法相当外，也要和其他条件，如实验用水、使用器皿等相适应。高纯度试剂和基准试剂的价格比一般的试剂高数倍或数十倍，在实际的分析工作中应根据具体情况进行选择，不要盲目追求高纯度，造成浪费，当然也不能随意降低规格而影响分析结果的准确度。

2.2.1.2 基准物质

二维码2.2

基准物质

基准物质（primary standard）是分析化学中用于直接配制标准溶液或标定滴定分析中操作溶液浓度的物质。基准物质必须符合下列条件：

① 试剂组成和化学式完全相符，且在空气中和加热干燥时性质稳定；

② 试剂的纯度一般应在99.9%以上，杂质少到可以忽略；

③ 试剂有较大的分子量，以减少称量误差。

常用的基准物质见表2-2。

表2-2 常用的基准物质

基准物质名称	化学式	干燥条件	干燥后的组成	标定对象
十水合碳酸钠	$Na_2CO_3 \cdot 10H_2O$	270～300℃	Na_2CO_3	酸
硼砂	$Na_2B_4O_7 \cdot 10H_2O$	放在含NaCl和蔗糖饱和液的干燥器中	$Na_2B_4O_7 \cdot 10H_2O$	酸
二水合草酸	$H_2C_2O_4 \cdot 2H_2O$	室温空气干燥	$H_2C_2O_4 \cdot 2H_2O$	碱或$KMnO_4$
邻苯二甲酸氢钾	$KHC_8H_4O_4$	110～120℃	$KHC_8H_4O_4$	碱
重铬酸钾	$K_2Cr_2O_7$	140～150℃	$K_2Cr_2O_7$	还原剂
溴酸钾	$KBrO_3$	130℃	$KBrO_3$	还原剂
铜	Cu	室温干燥器	Cu	还原剂
三氧化二砷	As_2O_3	室温干燥器	As_2O_3	氧化剂
草酸钠	$Na_2C_2O_4$	130℃	$Na_2C_2O_4$	氧化剂
碳酸钙	$CaCO_3$	110℃	$CaCO_3$	EDTA
氧化锌	ZnO	900～1000℃	ZnO	EDTA
锌	Zn	室温干燥器	Zn	EDTA
氯化钠	NaCl	500～600℃	NaCl	$AgNO_3$
硝酸银	$AgNO_3$	220～250℃	$AgNO_3$	氯化物

2.2.1.3 标准溶液的配制

想一想

下列物质中哪些可以直接配制标准溶液？不能直接配制的，怎么得到溶液的准确浓度？

HCl、H_2SO_4、Na_2CO_3、EDTA、NaCl、$AgNO_3$、$KMnO_4$、$K_2Cr_2O_7$、$Na_2S_2O_3$

标准溶液的配制分为直接法和间接法。

(1) 直接法 准确称取一定量的基准物质，用适量溶剂溶解后定量转移到容量瓶中，稀释至刻度即成。根据称取的基准物质的质量和容量瓶的容积计算出标准溶液的准确浓度。用于配制标准溶液的常用基准物质有重铬酸钾、氯化钠、碳酸钠等。

[例 2-2] 准确称取 14.709g 分析纯 $K_2Cr_2O_7$，用容量瓶配成 500.0mL 溶液。计算 $K_2Cr_2O_7$ 溶液的浓度，已知 $M(K_2Cr_2O_7)=294.2g/mol$。

解 根据条件得：

$$c(K_2Cr_2O_7)=\frac{n}{V}=\frac{m(K_2Cr_2O_7)}{M(K_2Cr_2O_7)V}=\frac{14.709}{294.2\times 500.0\times 10^{-3}}=0.1000\ (mol/L)$$

(2) 间接法 大多数标准溶液由于没有相应的基准物质而不能用直接法配制。为此需先配制成大致浓度的溶液，再利用该物质与另一种基准物质或者另外一种已知浓度的溶液的反应，测定出该溶液的准确浓度。这种用配制溶液滴定基准物质并计算其准确浓度的方法称为标定（calibration）。例如 HCl 易挥发且纯度不高，只能粗略配制成近似浓度，然后利用无水碳酸钠为基准物质，标定 HCl 溶液的准确浓度。

练一练

1. 如何由浓盐酸配制 0.1mol/L HCl 溶液 1L？
2. 如何由固体 NaOH 配制 1mol/L NaOH 溶液 10L？

2.2.2 标准溶液的表示方法

(1) 物质的量浓度 物质的量浓度的定义：物质的量浓度是指单位体积溶液里所含溶质 B 的物质的量，以符号 c_B 表示，即：

$$c_B=\frac{n_B}{V} \tag{2-1}$$

式中，c_B 为物质的量浓度，mol/L；n_B 为物质 B 的物质的量，mol；V 为溶液的体积，L。

[例 2-3] 欲配制 $c\left(\frac{1}{6}K_2Cr_2O_7\right)$为 0.2mol/L 的溶液 500mL，应如何配制？

解 已知 $c\left(\frac{1}{6}K_2Cr_2O_7\right)=0.2mol/L$，$V=500mL$

$$M\left(\frac{1}{6}K_2Cr_2O_7\right)=\frac{294.18}{6}=49.03\ (g/mol)$$

代入式(2-1) 得：

$$m(K_2Cr_2O_7)=cVM=0.2\times\frac{500}{1000}\times 49.03=4.9\ (g)$$

在天平上称取 4.9g $K_2Cr_2O_7$，溶于水，稀释至 500mL 即得。

(2) 滴定度 在生产实践中经常需要滴定分析大批试样中某组分的含量，为了计算方便，常用滴定度（titer）表示标准溶液的浓度。

滴定度以每毫升标准溶液所能滴定的被测物质的质量表示，其形式为 $T_{A/T}$，下角标 T 表示滴定剂，下角标 A 表示被测物质，$T_{A/T}$表示每毫升滴定剂可滴定待测物质 A 的质量，单位为毫克/毫升（mg/mL）或克/毫升（g/mL）。例如 $T_{Fe/KMnO_4}=0.003634g/mL$，表示每毫升 $KMnO_4$ 标准溶液相当于 0.003634g Fe。如果在滴定中消耗该 $KMnO_4$ 标准溶液 25.66mL，则被测样品中 Fe 的质量为 $m=TV=25.66V=0.09325$（g）。

有时滴定度还可用每毫升标准溶液中所含溶质的质量［单位为克（g）］来表示。例如 $T_{NaOH}=0.0017g/mL$，即每毫升 NaOH 标准溶液中含有 NaOH 0.0017g。该法在配制专用标准溶液时广泛使用。

练一练

1. 用硼砂（$Na_2B_4O_7 \cdot 10H_2O$，分子量 381.4）标定 0.1mol/L 的 HCl 溶液，宜称取此基准物的质量为（　　）。

A. 0.1～0.2g　　B. 0.4～0.6g　　C. 0.6～0.8g　　D. 0.8～1.0g

2. 0.2000mol/L NaOH 溶液对 H_2SO_4 的滴定度为（　　）g/mL。

A. 0.00049　　B. 0.0049　　C. 0.00098　　D. 0.0098

2.2.3 滴定分析计算

2.2.3.1 滴定分析计算的化学计量关系

在滴定分析法中，设待测物 A 与滴定剂 B 发生反应，反应式如下：

$$aA + bB \rightleftharpoons cC + dD$$

计量点时两种物质之间的物质的量有如下关系：

$$n_A : n_B = a : b \tag{2-2}$$

即：

$$n_A = \frac{a}{b} n_B \tag{2-3}$$

［例 2-4］ 称取纯 NaCl 0.1169g，加水溶解后，以 K_2CrO_4 为指示剂，用 $AgNO_3$ 标准溶液滴定时共用去 20.00mL，求 $AgNO_3$ 溶液的浓度，已知 $M_{NaCl}=58.44$g/mol。

解

$$\begin{matrix} NaCl & \sim & AgNO_3 \\ 1 & & 1 \\ m/M & & cV \end{matrix}$$

则 $c=m/(MV)=0.1169/(58.44\times 0.020)=0.1000$（mol/L）。

答：$AgNO_3$ 溶液的浓度为 0.1000mol/L。

该关系式也能应用于溶液稀释，因为稀释前后物质的量守恒，即：

$$c_1V_1 = c_2V_2 \tag{2-4}$$

式中，c_1、V_1 分别为稀释前溶液浓度、体积；c_2、V_2 分别为稀释后溶液浓度、体积。

2.2.3.2 待测物含量的计算

设称取试样质量为 m_S，测得被测组分的质量为 m_A，则待测物含量为：

$$w_A = \frac{m_A}{m_S}\times 100\% = \frac{n_A M_A}{m_S}\times 100\% = \frac{\frac{a}{b}c_B V_B M_A}{m_S}\times 100\% \tag{2-5}$$

［例 2-5］ 将 0.3046g 细铁丝溶于稀硫酸，制成 $FeSO_4$ 并用水稀释至 100.0mL。移取此溶液 20.00mL，用 0.01000mol/L $KMnO_4$ 标准溶液滴定，消耗该标准溶液 21.66mL。计算铁丝的纯度，已知 $M_{Fe}=55.85$g/mol。

解 已知该反应为滴定反应，根据条件得：

$$5Fe^{2+} + MnO_4^- + 8H^+ \xlongequal{} 5Fe^{3+} + Mn^{2+} + 4H_2O$$

$$w(Fe) = \frac{5c(KMnO_4)V(KMnO_4)\times 10^{-3}M_{Fe}}{m_S}\times 100\%$$

$$= \frac{5\times 0.01000\times 21.66\times 10^{-3}\times 55.85}{0.3046\times \frac{20.00}{100.0}}\times 100\% = 99.29\%$$

练一练

1. 用基准物质 Na_2CO_3 标定 0.2mol/L HCl 溶液，标定时考虑消耗 HCl 溶液为 20～25mL。问 Na_2CO_3 称量范围是多少克？（已知 $M_{Na_2CO_3}=105.99$）

2. 称取含钙试样 0.2000g，溶解后定容于 100mL 容量瓶中，从中吸取 25.00mL，用 0.002000mol/L EDTA 标准溶液滴定，耗去 19.86mL，求试样中 CaO 的含量。（已知 $M_{CaO}=56.08$）

任务2.3

定量分析中的误差

定量分析是通过一系列的分析步骤获得待测组分的准确含量。事实上，在对同一试样进行多次重复测定时，测定结果并不完全一致。同学们考虑一下产生的原因有哪些？怎样减少实验中的误差？本次任务通过容量仪器的校正和电子天平的使用，掌握误差产生的原因和减免方法，学习偏差的计算方法。

2.3.1 准确度和误差

准确度（accuracy）是指分析结果与真值的接近程度。准确度的高低常用误差（error）来衡量。误差越小，表示测量结果与真值越接近。

误差有两种表达方式，即绝对误差（absolute error）和相对误差（relative error）。

(1) 绝对误差 E 测量值 x 与真值 μ 之差。

$$E=x-\mu \tag{2-6}$$

绝对误差有单位，绝对误差也有正有负。正误差表示测量值大于真值，负误差表示测量值小于真值。

(2) 相对误差 E_r 绝对误差 E 与真值 μ 的比值称为相对误差。如果不知道真值，可利用测量值代替真值。

$$E_r=\frac{x-\mu}{\mu}\times100\% \tag{2-7}$$

相对误差无单位，但相对误差有正有负。相对误差反映了误差在测量结果中所占的比例。

[例 2-6] 两个物体的真实质量分别为 1.6381g 和 0.1638g，用分析天平称量的结果分别为 1.6380g 和 0.1637g，试计算称量的绝对误差与相对误差分别为多少？

解 称量的绝对误差与相对误差分别为：

$$E_1=1.6380-1.6381=-0.0001\ (g)$$

$$E_2=0.1637-0.1638=-0.0001\ (g)$$

$$E_{r1}=\frac{E_1}{T_1}\times100\%=\frac{-0.0001}{1.6381}\times100\%=-0.006\%$$

$$E_{r2}=\frac{E_2}{T_2}\times100\%=\frac{-0.0001}{0.1638}\times100\%=-0.06\%$$

由例 2-6 可知，两个被称物体的质量相差 10 倍，虽然绝对误差相同，而相对误差不同。一般称量的质量越大，相对误差越小，准确度越好。

真值是某一物理量本身具有的客观存在的真实值。一般来说，真值是未知的，在分析中，常用约定真值和标准值代替真值。

一般来说，绝对误差决定了分析仪器的最小分度值。常用仪器的绝对误差见表 2-3。

表 2-3 常用仪器的绝对误差

分析仪器	绝对误差	分析仪器	绝对误差
万分之一分析天平	±0.0001g	50mL 滴定管	±0.05mL
托盘天平	±0.1g	50mL 量筒	±1mL

2.3.2 精密度和偏差

2.3.2.1 精密度

精密度（precision）是在规定的条件下，平行测定结果之间的接近程度。各测量值越接近，测量的精密度越高。精密度的高低用偏差来衡量，偏差有以下几种表示方法。

(1) **偏差**（deviation，d） 单个测量值与测量平均值之差称为偏差，也称为绝对偏差，其值可正可负。

$$d=x_i-\overline{x} \tag{2-8}$$

(2) **平均偏差**（average deviation，$\overline{d}$） 各单个绝对偏差的绝对值的平均值，称为平均偏差。

$$\overline{d}=\frac{|d_1|+|d_2|+\cdots+|d_n|}{n}=\frac{\sum_{i=1}^{n}|x_i-\overline{x}|}{n} \tag{2-9}$$

式中，n 为测量次数。注意，平均偏差均为正值。

(3) **相对平均偏差**（relative average deviation） 平均偏差与平均值的比值，称为相对平均偏差。

$$\text{相对平均偏差}=\frac{\overline{d}}{\overline{x}}\times100\%=\frac{\sum_{i=1}^{n}|x_i-\overline{x}|}{n\overline{x}}\times100\% \tag{2-10}$$

(4) **标准偏差**（standard deviation，s） 在有限次测量中的标准偏差为：

$$s=\sqrt{\frac{\sum_{i=1}^{n}(x_i-\overline{x})^2}{n-1}} \tag{2-11}$$

(5) **相对标准偏差**（relative standard deviation，RSD） 标准偏差与平均值之比，叫作相对标准偏差，也叫变异系数，通常以百分数表示：

$$\text{RSD}=\frac{s}{\overline{x}}\times100\% \tag{2-12}$$

在实际工作中多用 RSD 表示分析结果的精密度。

(6) **极差**（range） 一组测量值中最大值与最小值之差，叫作极差，以 R 表示。

$$R=x_{\max}-x_{\min} \tag{2-13}$$

(7) **相对极差**（relative range） 极差与平均值之比，叫作相对极差，通常以百分数表示：

$$相对极差=\frac{R}{\overline{x}}\times 100\% \tag{2-14}$$

[例 2-7] 某次测量工业盐酸中总酸度时，结果为 10.48%、10.37%、10.47%、10.43%、10.40%。计算分析结果的平均偏差、相对平均偏差、标准偏差和相对标准偏差。

解 5 次测量的平均值 $\overline{x}=\frac{10.48\%+10.37\%+10.47\%+10.43\%+10.40\%}{5}=10.43\%$

平均偏差 $\overline{d}=\frac{\sum|x_i-\overline{x}|}{n}=\frac{0.18\%}{5}=0.036\%$

相对平均偏差 $\frac{\overline{d}}{\overline{x}}\times 100\%=\frac{0.036\%}{10.43\%}\times 100\%=0.35\%$

标准偏差 $s=\sqrt{\frac{\sum_{i=1}^{n}(x_i-\overline{x})^2}{n-1}}=\sqrt{\frac{8.6\times 10^{-7}}{4}}=4.6\times 10^{-4}=0.046\%$

相对标准偏差 RSD $=\frac{s}{\overline{x}}\times 100\%=\frac{0.046\%}{10.43\%}\times 100\%=0.44\%$

2.3.2.2 准确度和精密度的关系

准确度表示测定结果与真实值之间的符合程度，而精密度表示各平行测定结果之间的吻合程度，和真实值无关。评价分析结果的可靠程度应从准确度和精密度两方面考虑，可靠的分析结果，必然精密度、准确度均高。精密度高是保证准确度高的前提条件。精密度低，表示所得结果不可靠。但精密度高，不一定能保证准确度高，即仅凭高的精密度不能断定结果必优。准确度与精密度关系见图 2-2。

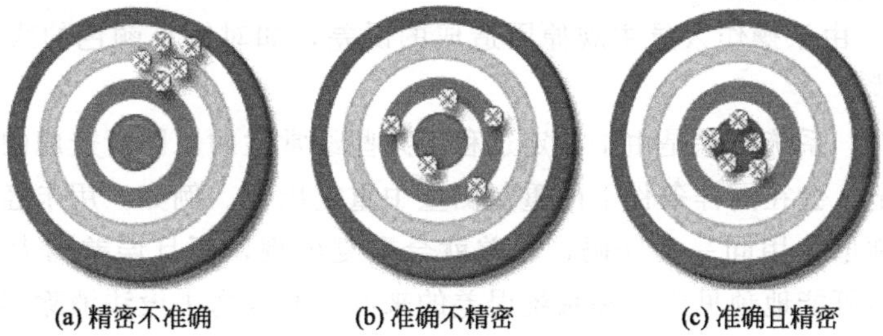

图 2-2　准确度和精密度关系

定量分析中对准确度和精密度的要求取决于分析的目的、手段和待测组分的含量。分析工作中要保证分析的质量，要求有一定的准确度和精密度，但并不一定要求越高越好。一般要考虑多方面的因素，首先要考虑分析的目的及对准确度和精密度的要求，还要考虑到所选用的手段能达到的分析效果，以及分析对象的复杂程度。否则，不适当的过高要求，将会事倍功半，甚至是徒劳无益的。

练一练

1. 测定硅酸盐中 SiO_2 的含量结果分别是 37.40%、37.20%、37.30%、37.50%、37.30%，其平均偏差是（　）。

A. 0.088%　B. 0.24%　C. 0.010%　D. 0.122%

2. 用氧化还原法测得某试样中铁的含量为 20.01%、20.03%、20.04%、20.05%，分析结果的相对平均偏差为（　　）。

A. 0.01479%　　B. 0.06%　　C. 0.015%　　D. 0.017%

3. 测定值减去真实值结果是（　　）。

A. 相对误差　　B. 相对偏差　　C. 绝对误差　　D. 绝对偏差

4. 两组数据为：（1）－0.04、＋0.03、＋0.02、－0.03、0.00、＋0.04、－0.02、－0.02；（2）－0.01、＋0.01、－0.01、＋0.01、0.00、＋0.01、－0.08、＋0.07。计算说明哪组数据结果更精密？

2.3.3 误差的分类和减免

定量分析是测定试样中组分的含量，它要求测定的结果必须达到一定的准确度。分析测试过程中客观上存在难以避免的误差，因此必须对分析结果进行评价，判断分析结果的可靠性，检查产生误差的原因，以便采取相应的措施减少误差。

误差按其产生的原因和性质的差异，可分为系统误差（systematic error）和偶然误差（accidental error）两类。

(1) 系统误差 系统误差产生的原因不同，可分为如下几种。

① 方法误差 这是由于分析方法本身不够完善而引入的误差，如重量分析中由于沉淀溶解损失而产生的误差。

② 仪器误差 这是仪器本身的缺陷造成的误差，如天平的两臂不等，砝码、滴定管等的不准确等。

③ 试剂误差 如果试剂不纯或所用的水不符合规格，引入微量的待测组分或对测定有干扰的杂质，就会造成误差。

④ 主观误差 由于操作人员主观原因造成的误差，如对终点颜色的辨别不同，有的人偏深，有的人偏浅。

从以上原因看，系统误差是由于测定过程中某些经常性的原因所造成的误差，它对分析结果影响比较恒定，会在同样条件下的重复测量中重复出现。例如，用未经校正的砝码进行称量时，在几次称量中用同一个砝码，误差就会重复出现，而且误差的大小也不变。一般讲，在测量之前尽可能地预见到各种系统误差的来源，并极力去设法消除影响。

(2) 偶然误差 虽然操作者仔细进行操作，外界条件也尽量保持一致，但测得的一系列数据往往仍有差别，并且所得数据误差正负不定，这类误差属于偶然误差，这类误差是由某些偶然因素造成的。例如，可能是由于室温、气压、湿度等的偶然波动所引起的，也可能由于操作者一时辨别的差异而使读数不一致，如在滴定管读数时，估计小数点后第二位数值，几次读数的结果不一致。这类误差在操作中不能完全避免。

(3) 误差的减免

① 对照试验 用标准方法与所用的方法进行对照试验，常用已知结果的试样（即标准样）与被测试样在同样条件下进行测定对照并计算分析结果。对照试验在分析化学中是检验和校正系统误差的最有效的方法。

在进行对照试验时，如果对试样的组成不完全清楚，则可以采用“加入回收法”，即回收试验。此方法是取两份完全等量的同一试样（或试液），向其中一份试样中加入已知量的待测组分，另一份试样不加，然后进行平行测定。通过计算回收率来衡量待测组分能否定量回收，回收率越接近，分析方法和分析过程的准确度越高。

② 空白试验　对于试剂，进行空白试验，即在不加试样的情况下按照同样的方法和条件进行测定，求得一个结果，称为空白值，从试样测定结果中扣除此空白值即得分析结果。注意做空白试验时，空白值不应太大，否则须提纯试剂、蒸馏水或更换仪器，以减小空白值。

③ 校准仪器　在准确度要求较高的分析工作中，对所使用的仪器，如滴定管、移液管、容量瓶、天平砝码等，必须事先进行校准，求出正校正值，并在计算结果时采用，以消除由仪器带来的系统误差。

至于主观误差，就要依靠严格的操作技术训练，以提高操作技术水平来减免。

④ 平行试验　偶然误差是由偶然因素所引起的，误差的出现似乎没有规律，但经过人们大量的实践发现，当测量次数很多时，偶然误差的分布也是服从正态分布规律：

a. 大小相近的正误差和负误差出现的机会相等；

b. 小误差出现的频率高，而大误差出现的频率低。

因此在消除系统误差的情况下，平行测定的次数越多，则测得的算术平均值越接近真值。因此适当增加测定次数，取其平均值，可以减少偶然误差。

在定量分析中，如未消除系统误差，分析结果有很高的精密度，也不能说明结果准确。只有在消除了系统误差以后，精密度高的分析结果才是既准确又精密的。

练一练

1. 下列论述中错误的是（　　）。

A. 方法误差属于系统误差　　B. 系统误差又称可测误差

C. 系统误差呈正态分布　　D. 系统误差具有单向性

2. 可用下列何种方法减免分析测试中的系统误差（　　）。

A. 进行仪器校正　　B. 增加测定次数

C. 认真细心操作　　D. 测定时保证环境的湿度一致

任务2.4

分析数据的处理

使用电子天平的时候，数据记录应该保留到小数点后几位？使用 50mL 滴定管时，读数要保留到小数点后几位？最后结果准确吗？同时在盐酸标准溶液的标定实训中，从称量到计算出盐酸溶液浓度的关系式，位数的保留要遵循什么要求？请同学们讨论并总结数字的位数和准确度的关系。

2.4.1　有效数字及其运算法则

2.4.1.1　有效数字

有效数字（significant figure）是指实际工作中所能测量到的有实际意义的数字。它不但反映了测量数据“量”的多少，而且也反映了所用测量仪器的准确程度，除最后一位为“欠准确数字”（估计数字）外，其他的数字都能从仪器上准确读出，所以有效数字保留的位数，应根据分析方法和所用仪器的精确程度来决定。

台秤的精度是±0.1g，称量时记录到小数点后一位。分析天平的精度为±0.0001g，应记录到小数点后第四位。当记录测量数字时，必须严格按精度记录，不可任意多写一位或少写一位，否则测量仪器的精度将被夸大或缩小。

在确定一个数值的有效位数时，“0”这个数字可以是有效数字，也可以不是有效数字。当“0”表示测量时，它就是有效数字；当“0”用来定位，即用“0”表示小数点位置时，它就不是有效数字。例如：4.0304 和 55826 均为五位有效数字；4.030 和 31.10%均为四位有效数字；0.002 和 2×10^4 均为一位有效数字。又如，质量为 25.0g 若以毫克为单位，则可表示为 2.50×10^4mg。值得注意的是，化学中的 pH、pM、pK_a 等数值，其有效数字取决于小数点之后的数字，如 pH=3.68 有效位数为二位，不是三位。

练一练

1. 指出下面数据的有效数字位数。

（1）0.01028 （2）30.6% （3）0.1 （4）pH=4.20 （5）1.8×10^{-8}

2. 下列各数中，有效数字位数为四位的是（ ）。

A. $[H^+]$=0.0003mol/L　　B. pH=10.42

C. w（MgO）=19.96%　　D. 40000

2.4.1.2 数字的修约规则

在处理数据时，涉及各测量值的有效数字位数可能不尽相同。有的有效数字位数较多，需将多余的数字舍弃而进行修约，这个过程叫作数字的修约。其修约规则是“四舍六入五留双”，即当尾数≤4 时，则舍去；尾数≥6 时，则进位；尾数为 5，若 5 后数字有不为零的，则进位，若 5 后数字皆为 0，则视 5 前数字是奇数还是偶数，采用“奇进偶舍”的方式进行修约，使被保留数据的末位为偶数。

例如，将下列各数修约为四位有效数字，结果分别如下：

6.26735→6.267，21.328→21.33，2.11350→2.114，36.9850→36.98，13.0653→13.07，5.2235→5.224。

练一练

将下列数字修约为 2 位有效数字。

（1）0.01028 （2）30.6% （3）25.51 （4）4.2056 （5）1.87×10^{-8}

2.4.1.3 有效数字的运算规则

在分析测量中，除了正确记录外，在数据的运算中也必须遵循有效数字的运算规则。

(1) 加减法 和与差的有效数字的保留应以数字的绝对误差最大的那个数字，即小数点后位数最少的数字为根据。尾数的修约采取“四舍六入五留双”的原则，尾数修约后再进行加或减。

如将 12.53702、8.861 及 0.689075 三个数相加，见表 2-4。

表 2-4 数据相加的示例

错误的计算	错误的计算	正确的计算
12.53702 8.861 + 0.689075 22.087095	12.53702? 8.861??? + 0.689075 22.087???	12.537 8.861 + 0.689 22.087

(2) **乘除法**　在乘除运算中是按照相对误差最大的那个数字来确定有效数字的位数，即以有效数字位数最小的来确定。确定位数后，先修约尾数，然后进行计算。

例如：$\frac{0.0325\times5.103\times60.00}{139.8}=\frac{0.0325\times5.10\times60.0}{140}=0.0710$

在进行尾数修约时引入的误差称舍入误差，也称凑整误差。从统计学看，舍去和进入的机会均等，总和趋于零。

在取舍或修约有效数字的位数时，考虑到凑整误差的特点，还需注意：

① 几个数做加减运算时，以诸数中小数点后面位数最少的为准，其余各数均可修约成比该数多一位（称为安全数字）后进行运算，同理，当几个数相乘除时，尾数修约同上；

② 数字的平方或开方后，结果可多保留一位；

③ 化学计算中，常会遇到一些分数，如摩尔质量的 1/3 或 1/2 等，这里的分数可看成足够有效，即需要几位看成几位；

④ 某个数值的第一位数是 8 或 9，则有效位数可以多算一位；

⑤ 计算相对偏差时，一般取二位有效数字。

练一练

根据有效数字的运算规则进行计算：

(1) $7.9936/0.9967-5.02=?$

(2) $0.0325\times5.0103\times60.06/139.8=?$

(3) $(1.276\times4.17)+1.7\times10^{-1}-(0.0021764\times0.0121)=?$

(4) $pH=1.05$，$[H^+]=?$

2.4.2　可疑数据的取舍

在定量分析中，得到一组数据后，往往有个别数据与其他数据相差较远，这一数据称为异常值（outlier），又称可疑值或极端值。如果在重复测定中发现某次测定有失常情况，如在溶解样品时有溶液溅出，滴定时不慎加入过量滴定剂等，这次测定值必须舍去。若是测定并无失误而结果又与其他值差异较大，则对于该异常值是保留还是舍去，应按一定的统计学方法进行处理。对异常值常用的判断取舍的方法有 Q 检验法和 $4\bar{d}$ 检验法。

2.4.2.1　Q 检验法

Q 检验法（Q test）常用于检验一组测定值的一致性，在测定次数少时，如 3～10 次测定时可剔除可疑值，其具体步骤如下。

① 将测定结果按从小到大的顺序排列：x_1，x_2，…，x_n。

② 求出异常值（x_n 或 x_1）与其相邻值的差值。

③ 按公式计算 Q 值：

$$Q=\frac{x_n-x_{n-1}}{x_n-x_1}(\text{检验 } x_n)\quad \text{或}\quad Q=\frac{x_2-x_1}{x_n-x_1}(\text{检验 } x_1)$$

④ 再在表 2-5 中查得临界值 $Q_{表}$。

⑤ 如果 $Q\leqslant Q_{表}$，则可疑值为正常值，应保留；如果 $Q>Q_{表}$，则可疑值应舍去，不参与平均值的计算。

表 2-5 不同置信度下的 Q 值

测定次数(n)	Q(90%)	Q(95%)	Q(99%)
3	0.90	0.97	0.99
4	0.76	0.84	0.93
5	0.64	0.73	0.82
6	0.56	0.64	0.74
7	0.51	0.59	0.68
8	0.47	0.54	0.63
9	0.44	0.51	0.60
10	0.41	0.49	0.57

[**例 2-8**] 某一试验的 5 次测量值分别为 2.63、2.50、2.65、2.63、2.65。试用 Q 检验法检验测量值 2.50 是否需舍去？已知置信度为 90%。

解

$$Q=\frac{x_2-x_1}{x_n-x_1}=\frac{2.63-2.50}{2.65-2.50}=0.867$$

查表 2-5，$n=5$，$Q_{表}=0.64$，$Q>Q_{表}$，故 2.50 应予舍弃。

在测定次数少时，如 3～10 次测定，Q 检验可以重复检验至无其他可疑值为止。

2.4.2.2 $4\bar{d}$ 检验法

$4\bar{d}$ 检验法可判断 4～8 个平行数据的取舍问题。其具体步骤如下：

① 先去掉可疑值，计算剩余数据的平均值 $\bar{x}$、平均偏差 $\bar{d}$ 及 $4\bar{d}$。

② 计算可疑值与平均值之差的绝对值（|可疑值$-\bar{x}$|）。

③ 如果|可疑值$-\bar{x}$|$<4\bar{d}$，则可疑值为正常值，应保留；如果|可疑值$-\bar{x}$|$\geqslant 4\bar{d}$，则可疑值应舍去，不参与平均值的计算。

$4\bar{d}$ 检验法不够严格，但比较简单，故依然为人们所用。

练一练

1. 标定 HCl 溶液溶度，得五个数据：0.1014、0.1012、0.1019、0.1026 和 0.1016。问是否需要舍弃 0.1026？已知置信度为 90%。

2. 测定铁矿石得到的数据分别为 46.65%、46.59%、46.70%、46.61% 和 46.63%。试用 $4\bar{d}$ 检验法判断 46.59% 是否为异常值。

任务2.5

认识实验室试剂和实验用水

化学试剂种类繁多，其正确的取用是保障实训安全的基础。本次任务应掌握化学试剂的正确取用方法，熟悉化学试剂的摆放和正确储存，了解实验用水的正确选择，了解实验室基本安全规则。

2.5.1 实验室安全知识

2.5.1.1 实验室安全守则

在分析化学实验中，经常使用腐蚀性的、易燃的、易爆炸的或有毒的化学试剂，大量使用易损的玻璃仪器和某些精密分析仪器及煤气、水、电等。为确保实验的正常进行和人身安全，必须严格遵守实验室的安全规则（laboratory safety rules）。

① 实验室内严禁饮食、吸烟，一切化学药品禁止入口。实验完毕必须洗手。水、电、煤气灯使用完毕后，应立即关闭。离开实验室时，应仔细检查水、电、煤气、门、窗等是否均已关好。

② 使用电器设备时，应特别细心，切不可用湿润的手去开启电闸和电器开关。凡是漏电的仪器不要使用，以免触电。

③ 浓酸、浓碱具有强烈的腐蚀性，切勿溅在皮肤或衣服上。使用浓 HNO_3、HCl、H_2SO_4、$HClO_4$，氨水时，均应在通风橱中操作。夏天，在打开浓氨水瓶盖之前，应先将氨水瓶放在自来水流水下冷却后，再行开启。如不小心将酸或碱溅到皮肤或眼内，应立即用水冲洗，然后用 50g/L 碳酸氢钠溶液（酸腐蚀时采用）或 50g/L 硼酸溶液（碱腐蚀时采用）冲洗，最后用水冲洗。

④ 使用 CCl_4、乙醚、苯、丙酮、三氯甲烷等有机溶剂时，一定要远离火焰和热源。使用完后将试剂瓶塞严，放在阴凉处保存。低沸点的有机溶剂不能直接在火焰或热源（煤气灯或电炉）上加热，而应在水浴上加热。

⑤ 使用汞盐、砷化物、氰化物等剧毒物品时应特别小心。氰化物不能接触酸，因作用时产生剧毒的 HCN！氰化物废液应倒入碱性亚铁盐溶液中，使其转化为亚铁氰化铁盐，然后作废液处理，严禁直接倒入下水道或废液缸中。硫化氢气体有毒，涉及硫化氢气体的操作时，一定要在通风橱中进行。

二维码2.3

灭火器

⑥ 实验室应保持室内整齐、干净。不能将毛刷、抹布扔在水槽中。禁止将固体物、玻璃碎片等扔入水槽内，以免造成下水道堵塞，此类物质以及废纸、废屑应放入废纸箱或实验室规定存放的地方。废酸、废碱应小心倒入废液缸，切勿倒入水槽内，以免腐蚀下水管道。

2.5.1.2　灭火常识

一般有机物，特别是有机溶剂，它们的蒸气、固体粉末等与空气按一定比例混合后，当有火花（点火、电火花、撞击火花）时就会引起燃烧或猛烈爆炸。有些物品易自燃（如白磷遇空气就自行燃烧），若保管和使用不善会引起燃烧。有些化学试剂相混在一起，在一定的条件下会引起燃烧和爆炸（如将红磷与氯酸钾混在一起，磷就会燃烧爆炸）。

万一发生着火，要沉着快速处理，首先要切断热源、电源，把附近的可燃物品移走，再针对燃烧物的性质采取适当的灭火措施。灭火措施要根据火灾的轻重、燃烧物的性质、周围环境和现有条件进行选择，常用的有以下几种。

(1) **石棉布**　适用于小火，用石棉布盖上以隔绝空气，就能灭火。如果火很小，用湿抹布或石棉板盖上就行。

(2) **干沙土**　沙土灭火时应该用干的，一般装于沙箱或沙袋内，只要抛洒在着火物体上就可灭火。干沙土适用于不能用水扑救的燃烧，但对火势很猛、面积很大的火焰的扑灭效果欠佳。

(3) **水**　水是常用的灭火物质。它能使燃烧物的温度下降，但一般有机物着火时不适用，因溶剂与水不相溶，一般又比水轻，水浇上去后，溶剂还漂在水面上，扩散开来继续燃烧。在溶剂着火时，先用泡沫灭火器把火扑灭，再用水降温是有效的灭火方法。

(4) **泡沫灭火器**　该灭火器是实验室常用的灭火器材，使用时，把灭火器倒过来，往着火处喷。由于它生成二氧化碳及泡沫，使燃烧物与空气隔绝而灭火，效果较好，适用于除电流起火外的灭火。

（5）**1211灭火器** 该灭火器在钢瓶内装有一种药剂——二氟一氯一溴甲烷，灭火效率很高。它不损坏仪器，不留残渣，对于通电的仪器也可使用，适用于实验室灭火。

（6）**干粉灭火器** 干粉灭火剂一般分为BC干粉灭火剂（碳酸氢钠）和ABC干粉灭火剂（磷酸铵盐）两大类。碳酸氢钠干粉灭火器适用于易燃、可燃的液体、气体及带电设备的初起火灾；磷酸铵盐干粉灭火器除可用于上述几类火灾外，还可扑救固体类物质的初起火灾。这两类灭火器都不能用于扑救金属燃烧火灾。

干粉灭火器最常用的开启方法为压把法：将灭火器提到距火源适当位置后，先上下颠倒几次，使筒内的干粉松动，然后让喷嘴对准燃烧最猛烈处，拔去保险销，压下压把，灭火剂便会喷出而灭火。干粉灭火器的使用方法见图2-3。

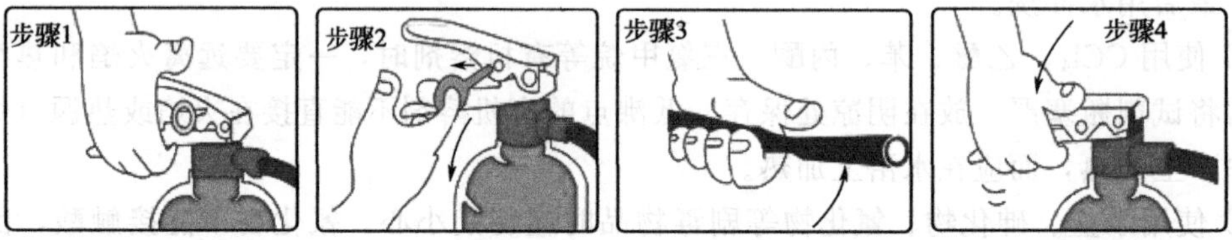

(a) 提起灭火器　(b) 拔下保险销　(c) 握住软管　(d) 对准火苗根部扫射

图2-3 干粉灭火器使用方法

练一练

1. 电器设备火灾宜用（　　）灭火。

A. 水　B. 泡沫灭火器　C. 干粉灭火器　D. 湿抹布

2. 下列化合物中，（　　）应纳入剧毒物品的管理。

A. NaCl　B. Na_2SO_4　C. $HgCl_2$　D. H_2O_2

2.5.2 实验室用水

2.5.2.1 实验室用水标准和选用

实验室的实验用水一般不能直接使用自来水，必须根据实验对水的要求，用经过处理的纯水。根据国家实验室用水标准，水的纯度分为三个等级。纯度越高，制备的成本越大，应根据实验对水的要求合理选用适当的水。一般在无机和化学分析实验中使用三级水；在仪器分析实验中使用二级水；在特殊的色谱分析实验中使用一级水。实验室用水标准见表2-6。

表2-6 实验室用水标准

项　目		一级	二级	三级
pH值范围(25℃)		—	—	5.0～7.5
电导率(25℃)/(mS/m)	≤	0.01	0.10	0.50
吸光度(254nm,1cm光程)	≤	0.001	0.01	—
蒸发残渣(105℃±2℃)/(mg/L)	≤	—	1.0	2.0
可溶性硅(以SiO_2计)/(mg/L)	<	0.01	0.02	—

2.5.2.2 纯水的制备

(1) **三级水** 通常使用的纯水，又称“蒸馏水”，过去常用蒸馏方法制备。目前普遍使用离子交换法、电渗析法或反渗析法制备。

(2) **二级水** 二级水可含有微量无机、有机或胶态杂质，可采用三级水再经蒸馏等方法制备。

(3) **一级水** 一级水基本上不含有溶解或胶态离子杂质及有机物，可用二级水再经石英蒸馏器进一步蒸馏、通过离子交换混合床或 0.2μm 的过滤膜的方法制备。一级水必须临用前制备，不宜存放。

2.5.3 玻璃器皿的洗涤

分析化学实验中使用的玻璃仪器应洁净透明，器皿内壁被水均匀润湿，不挂水珠，晾干后不留水痕。

2.5.3.1 洗涤方法

实验中常用的烧杯、锥形瓶、试管、表面皿、试剂瓶等玻璃仪器的洗涤程序：自来水洗→去污粉或肥皂水洗→自来水洗→蒸馏水润洗 2～3 次。若未洗净，可根据污垢的性质选用适当的洗液洗涤，再用自来水冲洗干净，最后用蒸馏水润洗 2～3 次。

滴定管、移液管、吸量管和容量瓶等具有精密刻度的玻璃仪器，不宜用刷子刷洗，可以用合成洗涤剂浸泡一段时间。若还不干净，可用铬酸洗液洗涤。

2.5.3.2 常用洗涤剂

(1) **铬酸洗液** 铬酸洗液常用来洗涤不宜用毛刷刷洗的器具，可洗去油脂及还原性污垢。配制方法是称取 10g 工业用重铬酸钾固体于烧杯中，加入 20mL 水，加热溶解后冷却，在搅拌下缓慢加入 200mL 工业纯浓硫酸。溶液呈暗红色，储存于玻璃瓶中备用。因浓硫酸易吸水，应用磨口玻璃塞塞好。由于铬酸洗液是一种酸性很强的氧化剂，腐蚀性很强，易烫伤皮肤、烧坏衣物，且铬有毒，所以使用时要注意安全，注意事项如下：

① 使用洗液前必须将仪器先用自来水和毛刷洗刷，倾尽水，以免洗液稀释后降低洗液的洗涤效果；

② 用过的洗液应倒回原瓶，以备下次再用，当洗液变为绿色时表示洗液失效，而失效的洗液绝不能倒入下水道，只能倒入废液缸内另行处理，以免污染环境。

(2) **合成洗涤剂** 可用洗衣粉或洗洁精配成 0.1%或 0.5%的水溶液，适合于洗涤被油脂或某些有机物沾污的容器。此洗液也可反复使用多次。

(3) **还原性洗涤液** 用以洗涤氧化性物质，如二氧化锰可用草酸的酸性溶液洗涤。

(4) **盐酸-乙醇溶液** 该溶液是化学纯盐酸和乙醇（1∶2）的混合溶液，用于洗涤被有色物质污染的比色皿、容量瓶和移液管等。

练一练

1. 分析用水的质量要求中，不用进行检验的指标是（　　）。

A. 阳离子　B. 密度　C. 电导率　D. pH 值

2. 判断题：铬酸洗液不可重复使用。（　）

任务2.6
电子天平使用与维护

若工业盐酸产品分析中需要称取部分样品 0.3000g，准确至 0.0001g，应该选用什么称量仪器？使用的要点有哪些？一般试剂溶液是如何配制的？通过本次任务，应使学生掌握电子天平的使用和维护的基本知识，掌握一般溶液配制的技能要点。

2.6.1 常用分析试剂配制

2.6.1.1 溶液组成的表示方法

(1) 物质的量浓度 物质的量浓度，即单位体积溶液里所含溶质 B 的物质的量，以符号 c_B 表示：

$$c_B=\frac{n_B}{V}$$

(2) 质量分数 一定质量的溶液中溶质所占的百分数，称为质量分数。它一般以"%"符号表示，如浓硫酸质量分数为 98%。

$$w_B=\frac{m_B}{m}\times 100\%$$

(3) 质量浓度 物质 B 的质量浓度以 ρ_B 表示，其定义为物质 B 的质量除以混合物的体积。

$$\rho_B=\frac{m_B}{V}$$

质量浓度常用的单位有克/升（g/L）、毫克/毫升（mg/mL）、微克/毫升（μg/mL）等。例如生理盐水质量浓度为 9g/L。

(4) 体积分数 物质 B 的体积分数以 φ_B 表示，其定义为一定体积的溶液中溶质 B 的体积所占的比例，常以"%"符号来表示。

$$\varphi_B=\frac{V_B}{V}\times 100\%$$

实验室经常会用到 HCl（1+3）体积浓度这种表达方式，表示 1 份浓盐酸和 3 份纯水混合得到的溶液。

2.6.1.2 试剂的存放和取用

(1) 试剂的存放（storage）

① 固体试剂为便于取用一般存放在广口瓶中，液体试剂则存放在细口瓶中。见光易分解的试剂（如硝酸银、碘化钾等）应装在棕色瓶中，外面用黑纸包裹，保存在暗处；盛强碱性试剂（如氢氧化钠、氢氧化钾等）的试剂瓶，不能用磨口塞，要用橡胶塞；氢氟酸要用塑料或铅制容器保存；易氧化的物质，如金属钠、钾等，应放置在煤油中保存。

② 每个试剂瓶上必须贴上标签，位置在瓶的 2/3 处。标签上写明试剂的名称、纯度、浓度和配制日期。

(2) 试剂的取用

① 固体试剂的取用　取用固体试剂一般用（牛角制）角匙。取用时，先把瓶盖取下，仰放在干净的台面上，试剂取用后，立即盖上瓶盖，把角匙洗干净备用。称取一定量固体试

剂时，可取出固体试剂放在称量纸或表面皿上，根据要求在台秤或天平上称量，称量后多余试剂不能倒回原瓶。

② 液体试剂的取用　从细口瓶中取用液体试剂时，先把瓶盖取下，仰放在干净的台面上，一手拿承接容器（一般用量筒），另一手拿试剂瓶（标签朝向手心）倒出所需量的试剂，倒完后把瓶口在承接容器上靠一下再把瓶子竖直，盖上瓶盖。不同承接容器的取液体试剂的方法见图 2-4。

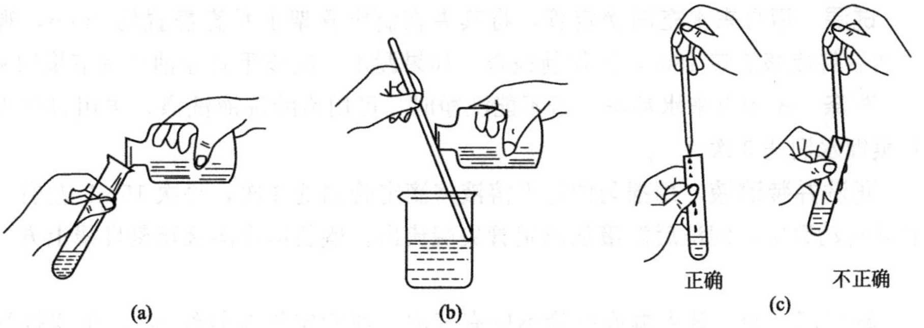

图 2-4　液体试剂的取用

2.6.1.3 溶液的配制

一般溶液的浓度不需要十分精确，配制时固体试剂可用托盘天平称量，称量的器皿通常用表面皿或烧杯。液体试剂及溶剂用量筒量取。有时，溶液的体积还可根据所用的烧杯、试剂瓶的容积来估计。

称出的固体试剂，于烧杯中先用适量水溶解，再稀释至所需的体积。试剂溶解时若有放热现象，或以加热溶解，应待冷却后，再转入试剂瓶中。配好的溶液，应马上贴好标签，注明溶液的名称、浓度和配制日期。

对于易水解的盐溶液配制时，需加入适量的酸，再用水或稀酸稀释。有些易被氧化或还原的试剂，常在使用前临时配制，或采取措施，防止氧化或还原。

配制指示剂溶液时，需称取的指示剂量往往很少，这时可用分析天平称量，但只要读取两位有效数字即可。要根据指示剂的性质，采用合适的溶剂，必要时还要加入适当的稳定剂，并注意其保存期。配好的指示剂一般储存于棕色瓶中。

经常并大量使用的溶液，可先配制成使用浓度 10 倍的储备液，需要用时取储备液稀释 10 倍即可。

对于稀释配制，主要遵循物质的量守恒定律：

$$c_1V_1=c_2V_2$$

练一练

1. 如何配制 9g/L 的 Na_2CO_3 溶液 100mL？
2. 如何由 6mol/L NaOH 溶液配制 0.1mol/L 的 NaOH 溶液 500mL？
3. 如何由 98% H_2SO_4 溶液配制 10%的 H_2SO_4 溶液 500mL？

2.6.2 滴定分析常用器皿及操作

2.6.2.1 滴定管

滴定管（burette）是滴定时用来准确测量流出滴定剂体积的量器。常用滴定管容积为

50mL，最小分度为0.1mL，读数可以估计至0.01mL。

实验室常用滴定管有酸式滴定管（acid burette）、碱式滴定管（base burette）和聚四氟乙烯滴定管（PTFE burette）。聚四氟乙烯滴定管性状与酸式相同，耐腐蚀性强，既可滴定酸性溶液，也可滴定碱性溶液和氧化性溶液。

滴定管基本操作步骤如下。

（1）**检查** 检查滴定管是否完好，碱式乳胶管是否老化。

（2）**试漏** 用自来水充满滴定管，将其夹在滴定管架上垂直静置约2min，观察有无水滴下。然后将旋塞旋转180°，再如前检查。如果漏水，应该重新涂油或调节聚四氟旋塞。

（3）**洗涤** 先用自来水冲洗，若不能洗净时，可用铬酸洗液洗涤，再用自来水充分洗净后，用蒸馏水润洗3次。

（4）**润洗并装溶液** 用摇匀的标准溶液将滴定管润洗3次，每次15mL左右。双手平托滴定管并转动数次，润洗后溶液从滴定管尖端流出。盛装标准溶液至刻度线上方，擦干滴定管外壁。

（5）**赶气泡** 滴定管尖端或胶管不应有气泡。使滴定管倾斜约30°，迅速打开旋塞使溶液冲出。若气泡仍未排出，则重复操作。

（6）**调零点** 右手拿滴定管零刻度以上部位，使管身垂直，平视零刻度，左手控制旋塞，使液面慢慢下降至凹液面最低点与零刻度相切。

（7）**滴定** 滴定管管尖伸入锥形瓶1cm，左手控制活塞，右手摇动锥形瓶。滴定速度开始可以为3～4滴/s，临近终点时，应一滴或半滴地滴加，并用洗瓶冲洗锥形瓶内壁，摇动锥形瓶，如此直到终点。滴定操作见图2-5。

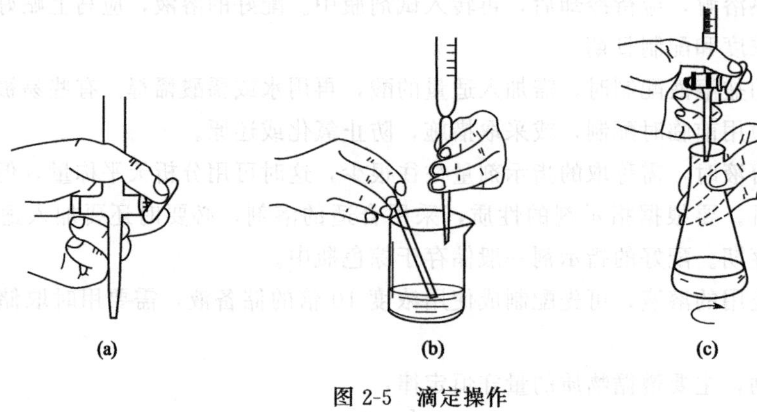

图2-5 滴定操作

（8）**读数** 滴定结束，等0.5～1min将滴定管取下，用手拿滴定管上部无试液处，使其自然垂直。对于无色或浅色溶液，应该取弯月面下缘最低点，读数时，视线在弯月面下缘最低点处，且与液面水平。溶液颜色太深时，可读液面两侧的最高点，此时，视线应与该点水平。注意初读数与终读数应采用同样标准。

滴定管必须读到小数点后第二位，即要求估计到0.01mL。注意：估计读数时，应该考虑到刻度线本身的宽度。为了便于读数，可在滴定管后衬一黑白两色的读数卡。滴定管读数见图2-6。

2.6.2.2 容量瓶

容量瓶（volumetric flask）是用来配制一定准确体积溶液的量器。在标明的温度下，当液体充满到标线时，瓶内液体的体积恰好与瓶上标出的体积相同。

容量瓶基本操作如下。

(1) **试漏** 试漏检查瓶塞是否漏水。加自来水至标线附近，盖好瓶塞后，一手用食指按住塞子，其余手指拿住瓶颈标线以上部分，另一手用指尖托住瓶底边缘，倒立 2min。如不漏水，将瓶直立，将瓶塞旋转 180°后，再倒过来试一次。容量瓶试漏见图 2-7。

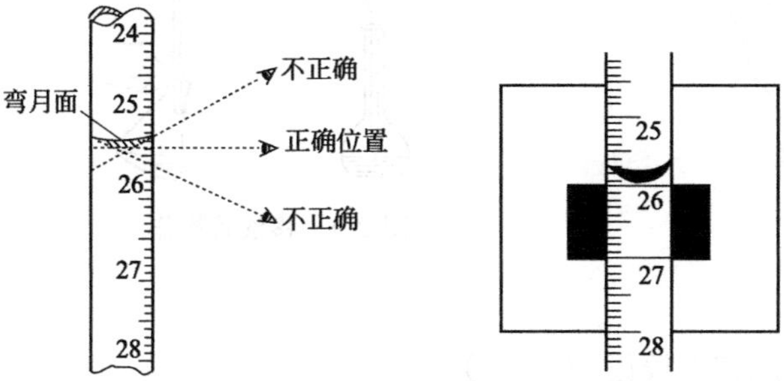

图 2-6 滴定管读数

图 2-7 容量瓶试漏

(2) **洗涤** 先用自来水洗几次，倒出水后，内壁如不挂水珠，即可用蒸馏水淋洗好备用，否则就必须用洗液洗涤。用铬酸洗液洗涤后，应用适量蒸馏水洗 3 次。

(3) **配制** 用容量瓶配制溶液时，常用的方法是将待溶固体称出置于小烧杯中，加水或其他溶剂将固体溶解，然后将溶液完全转移入容量瓶中。转移时，烧杯口应紧靠伸入容量瓶的搅拌棒（其上部不要碰瓶口，下端靠着瓶颈内壁），使溶液沿搅拌棒和内壁流入（见图 2-8）。用洗瓶吹洗搅拌棒和烧杯内壁 3 次，转移至容量瓶中。当加水至容量瓶体积的 2/3 左右时，将容量瓶拿起，按水平方向旋摇几周，初混。继续加水至距离标线约 1cm 处，静置 1～2min，再用滴管滴加水至弯月液面下缘与标线相切。

塞上瓶塞，用一只手的食指按住瓶塞，另一只手的指尖托住瓶底边缘，将容量瓶倒转振荡。如此反复十多次，将溶液混匀（见图 2-8）。

(4) **保存** 配好的溶液如需保存，应转移到磨口试剂瓶中，不要将容量瓶当作试剂瓶使用。容量瓶用毕后应立即用水冲洗干净。

2.6.2.3 移液管（吸量管）

移液管（pipette）也称吸量管，分单标线移液管和分度移液管两类，常用规格有 1mL、2mL、5mL、10mL、25mL 和 50mL 等。

移液管基本操作如下。

(1) **洗涤** 移液管使用前应洗净，通常先用自来水冲洗一次，再用铬酸洗涤。

(2) **润洗** 移液管移取溶液前，先用待吸液将烧杯和移液管润洗 3 次，以确保所移取的溶液浓度不变，每次润洗体积为 1/3。

(3) **吸液** 吸液时将洗耳球紧接在移液管口上，当液面上升至标线以上时，移去洗耳球，并用右手食指按住管口，将移液管向上提，用滤纸擦干管下端及外部。将管尖靠于小烧杯内壁，微微松动右手食指，使液面缓缓下降，直到视线平视弯月液面与标线相切时，立即按紧食指。

左手改拿接受溶液的容器，将接受容器倾斜，使内壁紧贴移液管尖呈 45°角倾斜。松右手食指，使溶液自由地沿壁流下。待液面下降到管尖后，再等 15s 后取出移液管。移液管操作见图 2-9。

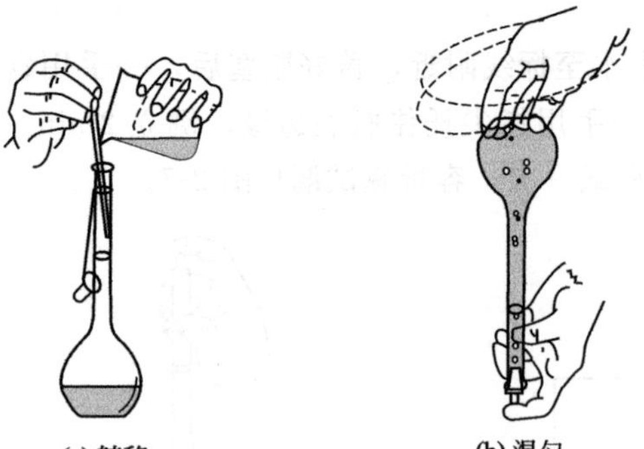

(a) 转移　　(b) 混匀

图 2-8　溶液的转移和混匀

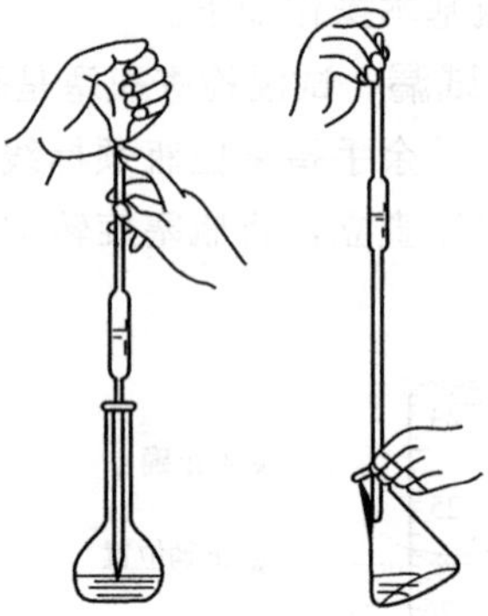

图 2-9　移液管操作

练一练

1. 判断题：移液管的使用不必考虑体积校正。(　　)

2. 判断题：滴定分析的相对误差一般要求为小于 0.1%，滴定时消耗的标准溶液体积应控制在 10～15mL。(　　)

2.6.3　台秤及电子天平的使用

实验室在分析样品中，首先要对样品进行准确的称量，需要学生熟练使用台秤和电子天平。

2.6.3.1　台秤

二维码2.4

台秤称量过程

台秤（托盘天平，platform scale）结构简单，能迅速称量物质的质量，但是精确度不高，一般只能准确到 0.1g。称量时，把称量物放在左盘上，砝码放在右盘上，添加 10g 以下砝码时，可移动标尺上的游码。

称量时，必须注意以下几点：

① 不能称量热的物品；

② 根据情况，称量时物品要放在称量纸或表面皿上，不能直接放在托盘上，潮湿的或具有腐蚀性的药品，则要放在玻璃容器内（如烧杯）；

③ 称量完毕后，应把砝码放回砝码盒中，把标尺上的游码移至“0”处，使台秤各部分恢复原状。

图 2-10　电子天平

2.6.3.2　电子天平

电子天平（electronic balance）是最新发展的一类天平，是化学实验室常用的称量仪器之一。它是根据磁力补偿原理显示出物品的质量，具有称量快捷、使用方法简便等优点。电子天平见图 2-10。

电子天平的基本操作步骤如下。

(1) 调水平　天平开机前，应观察天平后部水平仪内的水泡是否位于圆环的中央，否则应通过天平的地脚螺栓调节，左旋升高，右旋下降。

(2) 清扫　使用小刷子清扫天平。

(3) 开机预热 天平在初次接通电源或长时间断电后开机时，至少需要 30min 的预热时间。

(4) 校正天平（calibration）

① 长按菜单键，进入校准菜单，按确定键，显示器出现“busy”，检测零点后，显示器出现“add weight”的提示。其中“200”，表示校准砝码需用 200g 的标准砝码。

② 把准备好的“200g”校准砝码放秤盘上，显示器出现“busy”等待状态。

③ 当显示器出现“clear pan”时拿去校准砝码，显示器显示“busy”后出现 0.0000g，校准完毕。

(5) 电子天平的使用

① 直接称量法操作步骤

a. 放置称量纸，按显示屏两侧的 Tare 键（或去皮键，O/T 键）去皮；

b. 待显示器显示零时，在称量纸上用小药匙加所要称量的试剂至称量纸上，关好天平门，稳定后读数，记录。

② 差减称量法操作步骤

a. 开机，清零；

b. 准确称量装有试样的称量瓶的质量，记作 m_1；

c. 取出称量瓶，悬在容器上方，使称量瓶倾斜，打开称量瓶盖，用盖轻轻敲瓶口上缘，渐渐倾出试样，估计倾出的试样接近所需要的质量时，慢慢将瓶竖起，再用称量瓶盖轻敲瓶口上部，使沾在瓶口的试样流回瓶内，盖好瓶盖；

d. 将称量瓶放回天平盘上，再准确称其质量，记作 m_2；

e. 两次称量之差（m_1-m_2）即为倒入接受器里的试样质量，计算倒出的试样量。

任务2.7

试样的采集与制备

采样（sampling）是从原始物料中取得分析试样的过程，采样的目的是从被检总体物料中在机会均等的情况下取得代表性的样品。化验所取的分析试样只需几克、几十毫克，如果所取的样品没有代表性，那么分析的再准确也是无用的。

2.7.1 采样原则

试样（也称样品）指在分析过程中被用来作为分析的物质体系，可以是气体、液体或气体。不同的试样，采集的方法、过程及仪器是有一定差异的。不同物料取样的具体操作方法差异较大，应根据具体试样参阅相关的国家标准或行业标准进行。但按各个组分在试样中的情况来分，其分布只有均匀和不均匀两种情况。

(1) 组成分布比较均匀的试样采集 对于金属试样、水样、液态试样、气态试样、比较均匀的化工产品，其组成分布都是均匀的。这一部分试样采样比较简单。任意取一部分或稍加搅匀后取一部分即成为具有代表性的试样。但还应根据试样的性质，在不同的部位、不同的深度、多孔取样，然后混合均匀作分析试样，力求避免可能产生不均匀性的一些因素。

(2) 组成分布不均匀的试样采集 对于一些颗粒大小不一、成分混杂不齐、组成不均匀的试样，如煤炭、矿石、土壤及植物，欲采取具有代表性的均匀试样，是一项较为复杂的工作。在采样过程中，必须按照一定的程序，根据物料存放情况，从物料的各个部位，采取不同大小颗粒的试样。取出的份数越多，则试样的组成和所分析物料的平均组成越接近。但试样量若过大，则会相应增加试样的处理量。根据经验，平均试样采取量与试样的均匀度、粒度、易破碎程度有关，通常可用的采样公式为：

$$Q=Kd^2 \tag{2-15}$$

式中，Q 为采取平均试样的最小质量，kg；K 为经验常数，一般为 0.02～0.15，样品越不均匀，其 K 就越大；d 为试样中最大颗粒的直径，mm。

从经验公式可以得出，试样的最大颗粒直径越小，其采样量也越少。例如，有一铁矿石最大颗粒直径为 10mm，$K \approx 0.1$，则应采集的原始试样最低质量为：

$$Q=0.1\times10^2\text{kg}=10\text{kg}$$

2.7.2 固体试样的采取

2.7.2.1 采取的样品数

对于单元物料可按照表 2-7 的规定确定。对于散装物料，则当批量小于 2.5t 时，采样为 7 个单元；当批量为 2.5～80t 时，采样为$\sqrt{\text{批量(t)}\times 20}$个单元（计算取整数）；当批量大于 80t 时，采样为 40 个单元。

表 2-7 采样数目的规定

总体物料单元数	采样数	总体物料单元数	采样数
1～10	全部	182～216	18
11～49	11	217～254	19
50～64	12	255～296	20
65～81	13	297～343	21
82～101	14	344～394	22
102～125	15	395～350	23
126～151	16	451～512	24
152～181	17	513～578	25

2.7.2.2 采取的样品量

采样量至少要满足三次重复测定所需量；若需要留存备考样品时，则必须考虑含备考样品所需量；若还需对所采样品做制样处理时，则必须考虑加工处理所需量。

2.7.2.3 采样工具

根据物料的种类、状态、包装形式、数量和在生产中的使用情况，应使用不同的采样工具，按照不同的采样方法进行采样。

(1) **采样铲**（shovel） 采样铲（图 2-11）适用于从物料流中和静止物料中采样。铲的长和宽均应不小于被采样品最大粒度的 2.5～3 倍，对最大粒度大于 150mm 的物料可用长×宽约为 300mm×250mm 的铲。

(2) **采样探子**（sampling probe） 采样探子（图 2-12）适用于粉末、小颗粒、小晶体等固体化工产品采样。进行采样时，应按一定角度插入物料。插入时，应槽口向下，把探子转动两三次，小心地把探子抽回，并注意抽回时应保持槽口向上，再将探子内的物料倒入样品容器中。

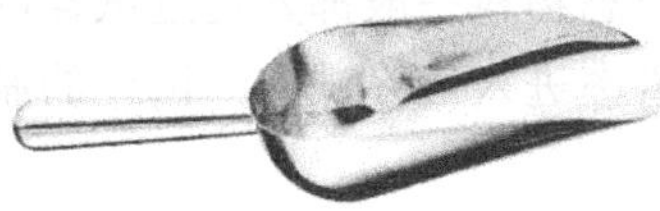

图 2-11　采样铲

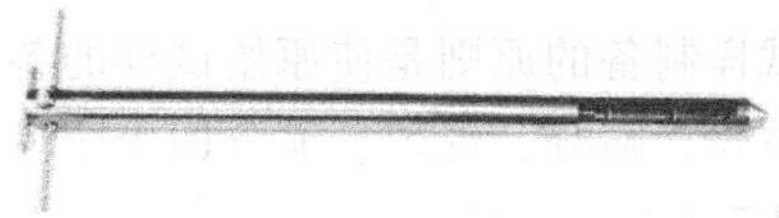

图 2-12　末端开口的采样探子

（3）**采样钻**　采样钻适用于较坚硬的固体采样。

（4）**接斗**　接斗用以在物料的落流处截取子样。接斗的开口尺寸至少应为被采样品的最大粒度的 2.5～3 倍。接斗的容量应能容纳输送机最大运量时物料流全部断面的全部物料量。

2.7.3　液体试样的采取

2.7.3.1　采样工具

（1）**液体采样器**　液体采样器适用于含大量沉淀物的不均匀液体物料采样，由直径 30mm 的双层金属套管制成，长约 1m，内外两管各开有相对隙缝，管底有相对的圆孔。

（2）**玻璃采样管**　玻璃采样管适用于桶装液体物料采样，见图 2-13，由一根内径 15～25mm、长约 1200mm 的玻璃管制成，上端为圆锥形尖口或套有一与管径相配的橡皮管，以便于用手指按住。

（3）**金属采样管**　金属采样管适用于不易搅拌均匀的液体物料采样，由一长金属管制成，管嘴顶端为锥体状，内管有一与管壁密合的金属锥体。

（4）**采样瓶**　采样瓶适用于大储罐中液体物料的采样，由金属框架和具塞的玻璃（或塑料）材质的小口瓶组成。

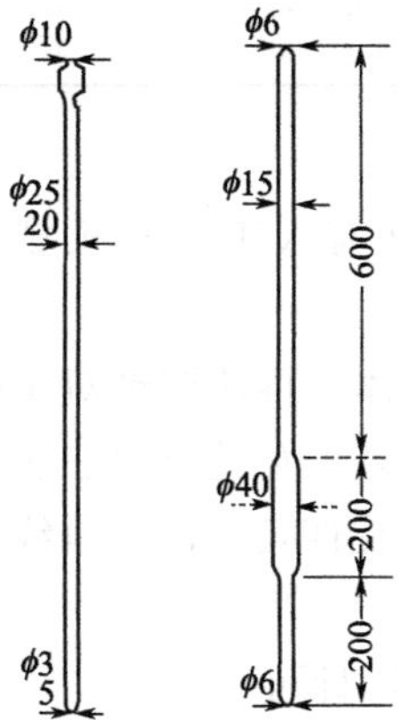

图 2-13　玻璃采样管

2.7.3.2　采样方法

（1）**流动状态液体物料试样的采样方法**　输送管道中的液体物料处于流动状态，应根据一定时间里物料的总流量确定采样数和采样量。

（2）**小储罐中液体物料的采集**　小储罐、桶或瓶容积较小，可用金属采样管或玻璃采样管采样。

用金属采样管采样时，用系在锥体上的绳子上将锥体提起，物料即可进入，待物料量足够时，将锥体放下，取出金属采样管，将管内样品置于试样瓶中。

用玻璃采样管采样时，将玻璃管插到取样部位后，用手指按住上端管口，抽出，将管内样品置于试样瓶中。

（3）**运输容器中液体物料试样的采样方法**　火车或汽车槽车、船舱等运输容器的采样，一般都是将采样工具从采样口放入到上、中、下三个部位分别采取样品，再按一定比例混合均匀作为代表性样品或采全液层样品；如无采样口，则从排料口采样。

2.7.4 试样的制备

原始试样一般情况下必须经过制备处理，才能用于分析。液态和气态物料，因其易于混合，且采样量较少，只需充分混匀后即可进行分析，而固态物料一般都要经过试样的制备过程。试样制备的原则是使原始试样的各部分应有相同的概率进入最终试样。试样的制备一般包括破碎、筛分、混匀、缩分四个阶段。

2.7.4.1 破碎

破碎是在制样过程中，用机械或人工方法减小试样粒度的过程。在破碎过程中，要特别注意破碎工具的清洁和不能磨损，以防引入杂质。同时，还要防止物料跳出和粉末飞扬，更不能随意丢弃难破碎的任何颗粒。

2.7.4.2 筛分

破碎后的物料要经过筛分，使其粒度满足分析要求。常用的筛子为标准筛，其材质一般为铜网或不锈钢网。筛分方式有人工操作和机械振动两种。在筛分过程中，要注意可先将小颗粒物料筛出，而对于粒径大于筛号的物料不能弃去，应将其破碎至全部通过筛孔。

一般要求分析试样能通过 100～200 号筛。筛子具有一定的孔径，几种筛号及其孔径的大小见表 2-8。

表 2-8 筛号及其孔径大小

筛号(网目)	20	40	60	80	100	120	200
筛孔(即每孔的长度)/mm	0.83	0.42	0.25	0.18	0.15	0.125	0.074

2.7.4.3 混匀

物料被破碎至所要求的粒度后，还要充分混合均匀。混匀的方法有人工法和机械法两种。

(1) 人工法 人工法普遍采用堆锥法。将物料用铁铲堆成一圆锥体，再从圆锥对角贴底交互将物料铲起，堆成另一圆锥，注意每一铲物料都要由锥顶自然洒落。如此反复三次即可。如果试样量很少，也可将试样置于一张四方塑料布或橡胶布上，抓住四角，两对角线掀角，使试样翻动，反复数次，即可将试样混匀。

(2) 机械法 将物料倒入机械混匀器中，启动机器，搅拌一段时间即可。

2.7.4.4 缩分

缩分是在不改变平均组成的情况下，逐步减少试样量的过程。常用的方法有机械法和人工法。

(1) 机械法 机械法用分样器进行缩分，分样器见图 2-14。用一特制铲子（其宽度与分样器的进料口相吻合）将物料缓缓倾入分样器中，物料会顺着分样器的两侧流出，被平均分为两份。一份继续进行破碎、混匀、缩分，直至所需试样量；另一份则保存备查或弃去。

(2) 人工法 四分法（图 2-15）是最常用的人工缩分法，尤其是样品制备程序的最后一次缩分，基本都采用此法。将物料按堆锥法堆成圆锥体，用平板将其压成厚度均匀的圆台体，再通过圆心平分成四个扇形，取两对角继续进行破碎、混匀、缩分，直至剩余 100～500g，一份检验用，另一份则保存备查或弃去。

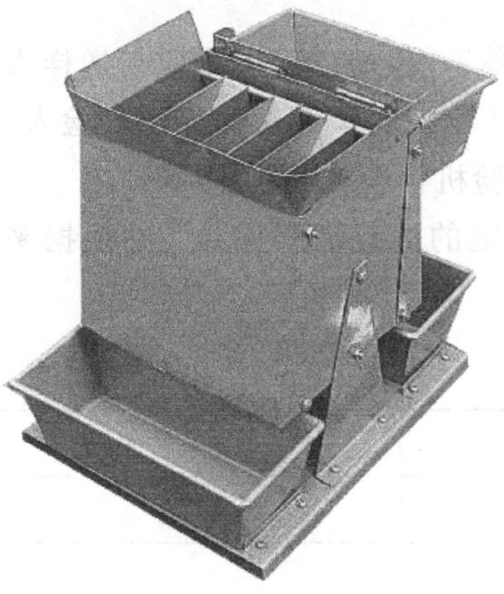

图 2-14 分样器

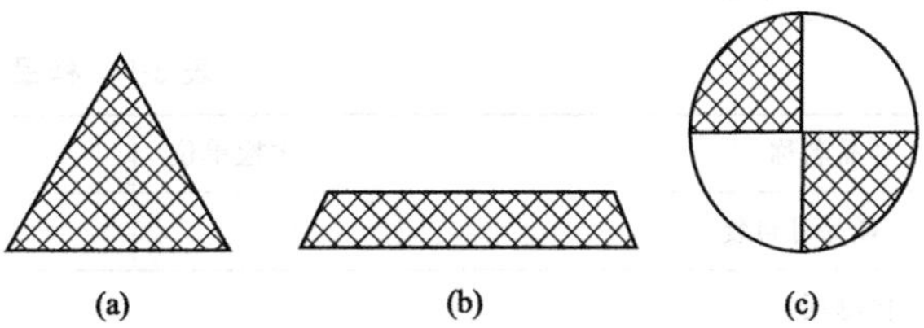

图 2-15 四分法缩分试样

例如，某试样 12kg（$K \approx 0.1$）经破碎后全部通过 40 号筛孔（最大粒度直径为 0.42mm），应保留的试样为：

$$Q=0.1\times0.42^2\text{kg}=0.18\text{kg}$$

计算结果说明，试样经 6 次连续缩分后，可使保留试样质量为：

$$12\times(1/2)^6\text{kg}=0.187\text{kg}$$

2.7.5 试样的交接

2.7.5.1 留样管理制度

为了保证分析数据、样品的准确性和具有可追溯性，便于抽查、复查，满足监督管理要求、分清质量责任，安全采样应执行 GB/T 3723—2003《工业用化学产品采样安全通则》，在具体采样方面应执行 GB/T 6678—2003《化工产品采样总则》。

① 样品的保留由样品的分析检验岗位负责，在有效保存期内要根据保留样品的特性妥善保管好样品。

② 保留样品的容器要清洁，必要时密封以防变质，保留的样品要做好标识。

③ 样品的保留量要根据样品全分析用量而定，不少于两次全分析量。一般液体为 500～1000mL，纤维短丝视情况保留 100～500g，其余固体成品或原料保留 500g。

④ 中控分析样品（包括日罐）一律保留至下次采样。

⑤ 外购化工料样品保留三个月或半年。

⑥ 成品样品：液体一般保留三个月，固体一般保留半年。

⑦ 样品过保存期后，要按有关规定妥善处理。

2.7.5.2 样品的交接

送样人员送达样品后，检验机构收验人员应当核对送检样品的名称、种类、批号、规格、数量等，并填写《样品交接单》，经送样人、收验人签字后，统一编号登记，然后转交专门的检验部门根据送检方要求或相关标准进行分析检验。

不同的检验单位，样品交接单可能有变化，可根据实际情况，对样品交接单中项目进行增减。为保证检验样品的顺利交接，保证分析数据、样品的准确性和具有可追溯性，便于抽查、复查，检验样品的交接必须遵守以下规定：

① 检验方对于申报检验的样品应由专门的部门受理，并有专人负责，其他人员不得擅

自接收样品。

② 送样人送样到检验方时，应填写《样品检验申请单》，检验方收验人应与送样人员当面核对样品名称、种类、批号等，并填写《样品交接单》(表 2-9)，经送样人、收验人签字，统一编号登记。《样品交接单》一式两份，申请单位及检验机构各执一份。

③ 若送样方寄样到检验方，检验方应指定人员到指定的地点取回样品，并根据来样清单代为登记。

表 2-9　样品交接单

样品名称		送检单位		编号	
样品外包装		样品数量			
检测项目					
检验依据					
送检人		送检时间			
接收人					

注：各单位样品交接单可能有变化，可根据实际情况，对样品交接单中项目进行增减。

练一练

1. 当水样中含多量油类或其他有机物时，选择(　　)盛装为宜。

A. 采样瓶　　B. 广口瓶　　C. 玻璃瓶　　D. 塑料瓶

2. 分析试样保留存查的时间为(　　)。

A. 3～6h　　B. 3～6d　　C. 3～6 个月　　D. 3～6 年

技能训练2

电子天平的使用与维护

一、实训目的

1. 掌握电子天平的使用方法。
2. 能正确进行电子天平的校正。
3. 能简单进行天平的维护和保养。

二、仪器与试剂

1. 仪器：电子天平（精度 0.0001g）、干燥器、称量瓶、小烧杯。
2. 试剂：碳酸钠粉末。

三、实训原理

电子天平是化学实验室常用称量仪器之一，依据电磁力平衡原理，托盘下电磁线圈产生的电磁力与物品重力大小相等、方向相反。它具有称量快捷、使用方法简便等优点。

电子天平读数精确，一般可达到±0.1mg。通常电子天平外面都有框罩包围，以保证精确度。

电子天平操作面板（奥豪斯）见图 2-16。

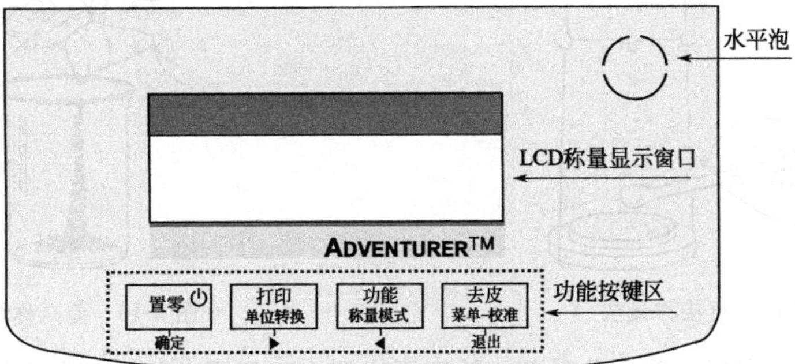

图 2-16　电子天平操作面板

四、实训步骤

1. 电子天平的维护

(1) 调水平　天平开机前，应观察天平后部水平仪内的水泡是否位于圆环的中央，否则通过天平的地脚螺栓调节，左旋升高，右旋下降。同时清扫天平盘。

(2) 开机预热　天平在初次接通电源或长时间断电后开机时，至少需要 30min 的预热时间。

(3) 校正天平（选做）

二维码2.5

天平校正过程

① 长按菜单键，进入校准菜单。按确定键，显示器出现“busy”，检测零点后，显示器就出现“add weight”的提示。其中“200”，表示校准砝码需用 200g 的标准砝码。

② 把准备好的“200g”校准砝码放秤盘上，显示器出现“busy”等待状态。

③ 当显示器出现“clear pan”时拿去校准砝码，显示器显示“busy”后出现 0.0000g，校准完毕。

2. 电子天平的使用

(1) 直接称量法（图 2-17）　称取三份 0.2g 碳酸钠粉末，允许误差范围 5%。

① 放置称量纸，按显示屏两侧的 Tare 键（或去皮键）去皮。

② 待显示器显示零时，在称量纸上用小药匙加所要称量的碳酸钠至称量纸上，关好天平门，稳定后读数，记录。

③ 关闭天平，清扫，盖上防尘罩，填写天平使用记录。

二维码2.6

差减法称量过程

(2) 差减称量法（图 2-18）　称取三份 0.2g 碳酸钠粉末，允许误差范围 5%。

① 准确称量装有试样的称量瓶的质量，记作 m_1。

② 取出称量瓶，悬在容器上方，使称量瓶倾斜，打开称量瓶盖，用盖轻轻敲瓶口上缘，渐渐倾出试样；估计倾出的试样接近所需要的质量时，慢慢将瓶竖起，再用称量瓶盖轻敲瓶口上部，使沾在瓶口的试样流回瓶内，盖好瓶盖。

③ 将称量瓶放回天平盘上，再准确称其质量，记作 m_2。

④ 两次称量之差 (m_1-m_2) 即为倒入接受器里的试样质量，计算倒出的试样量。

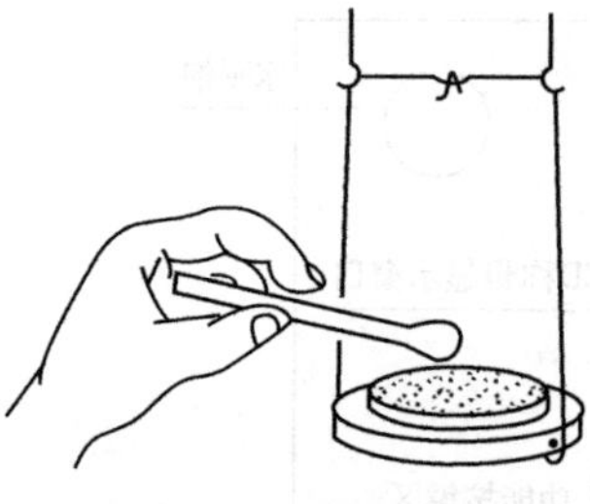

图 2-17　直接称量法

图 2-18　差减称量法

⑤ 称量工作结束后，取出称量瓶，放回干燥器内。天平关机，切断电源，清理工作台，罩上防尘罩，填写天平使用记录。

3. 一般溶液的配制

（1）配制 1.0g/L Na_2CO_3 溶液 250mL。

（2）配制 0.10g/L Na_2CO_3 溶液 250mL。

（3）分别计算上述溶液的物质的量浓度，已知 Na_2CO_3 分子量为 105.99。

五、数据记录

将实验数据计入表 2-10～表 2-12 中。

表 2-10　直接称量法

样品名称________

样品编号	1	2	3
样品质量/g			

表 2-11　差减称量法

样品编号	1	2	3
称量瓶＋试样质量(倾出前)/g			
称量瓶＋试样质量(倾出后)/g			
倾出样品的质量/g			

表 2-12　一般溶液配制

溶液	称样量/g	稀释体积/mL	浓度/(mol/L)
1.0g/L Na_2CO_3			
0.10g/L Na_2CO_3			

六、注意事项

1. 称量时不可轻易移动天平，否则需重新进行校准。
2. 称量后，清洁天平并填写记录单。

七、问题思考

1. 湿的容器可以直接放在天平上称量吗？

2. 易挥发的液体一般采用什么方法称量？

技能训练3

容量仪器的校正

一、实训目的

1. 了解容量仪器校正的意义、原理和方法。
2. 掌握容量仪器的校正方法。
3. 掌握滴定管、移液管、容量瓶的正确使用方法。

二、仪器与试剂

1. 仪器：酸式滴定管（50mL）、烧杯（500mL）、移液管（25mL）、容量瓶（250mL）、具塞锥形瓶（50mL）、温度计。

2. 试剂：蒸馏水。

三、校正原理

滴定分析所用量器有滴定管、移液管和容量瓶等，普通分析工作不必校正，但对于准确度要求较高的分析，如科研、标准试样分析以及准确度要求较高的其他分析，容量仪器必须进行校正。

校正分绝对校正和相对校正。绝对校正常采用称量法，即用天平称得容量器皿容纳或放出纯水的质量，然后根据纯水的密度，计算出该容量器皿在标准温度（20℃）时的实际体积。

$$V_{20}=m_t/\rho_t$$

玻璃量器中1mL纯水在空气中以黄铜砝码称得的质量见表2-13。

表2-13 玻璃量器中1mL纯水在空气中以黄铜砝码称得的质量（ρ_t）

温度/℃	ρ_t/g	温度/℃	ρ_t/g	温度/℃	ρ_t/g	温度/℃	ρ_t/g
1	0.99824	11	0.99832	21	0.99700	31	0.99464
2	0.99832	12	0.99823	22	0.99680	32	0.99434
3	0.99839	13	0.99814	23	0.99660	33	0.99406
4	0.99844	14	0.99804	24	0.99638	34	0.99375
5	0.99848	15	0.99793	25	0.99617	35	0.99345
6	0.99851	16	0.99780	26	0.99593	36	0.99312
7	0.99850	17	0.99765	27	0.99569	37	0.99280
8	0.99848	18	0.99751	28	0.99544	38	0.99246
9	0.99844	19	0.99734	29	0.99518	39	0.99212
10	0.99839	20	0.99718	30	0.99491	40	0.99177

滴定管常采用绝对校正，而容量瓶和移液管一般采用相对校正，校正好后配套使用。

四、实训步骤

1. 量器的准备

（1）洗净滴定管，检查是否漏水，然后用蒸馏水淋洗2～3次，最后装入蒸馏水，并排除尖端的气泡后备用。

（2）洗净容量瓶，自然晾干备用。

（3）洗净移液管，用蒸馏水润洗 2～3 次，用滤纸擦去表面的水分后备用。

（4）将具塞锥形瓶洗净，擦去表面、瓶口、瓶塞上的水，然后在分析天平上称出其质量，数据记入记录表中。

2. 滴定管的校正

（1）将滴定管调整至 0.00mL 刻度处，然后按每分钟 10mL 的流速，放出约 10mL 水于已称重的锥形瓶中，再称量盛水的锥形瓶重，两次称量之差即为放出水的质量。同时在滴定管上准确读数，并记录数据。

（2）由滴定管中再继续向原锥形瓶中放水到 20mL 读数处，用上述方法称量，读数并记录滴定管读数数据。同样记录放水到 30mL、40mL、50mL 刻度时锥形瓶的质量，并记录滴定管读数数据。

（3）根据水温，由表 2-13 查得在实际温度下 1mL 水的密度，求得滴定管各段容积的实际体积（毫升）数，算出校正值，填写在表 2-14 中。

（4）根据实验数据，以滴定管读数为横坐标、以校正值为纵坐标作图，得到滴定管校正曲线，供以后使用。

3. 容量瓶和移液管的相对校正

在多数分析工作中，移液管和容量瓶配合使用，因此只需要了解其相对比例是否符合，例如用 25mL 移液管从 250mL 容量瓶中吸取的溶液是否准确为其总量的 1/10。

具体校正步骤如下：用 25mL 移液管量取纯水 10 次，放入已洗净晾干的 250mL 容量瓶中，然后观察容量瓶弯月液面最低点是否与瓶上标线相切，如不相切，用透明胶带上缘另做一记号，使用时即用此记号。

二维码2.7

移液管操作

将已校正的移液管和容量瓶分别贴上标签，供以后配套使用。

4. 移液管绝对校正

用 25mL 移液管准确吸取已测温度的蒸馏水，调节液面至刻度后，将水放入已称重的具塞锥形瓶中，再称得盛水的锥形瓶质量，两次质量之差即为水重。查密度表，求出移液管的真实容积。

五、数据处理

1. 填写滴定管校正记录表 2-14。

表 2-14 滴定管校正记录表　　水温______℃

滴定管读数/mL	瓶＋水质量/g	水质量/g	水密度/(g/mL)	实际容积/mL	校正值/mL
0.00		0.0000		0.00	0.00

2. 根据实验数据表 2-14，以滴定管读数为横坐标、校正值为纵坐标作图，得到滴定管校正曲线图，供以后使用。典型的滴定管校正曲线图如附录二所示。

3. 填写移液管绝对校正记录表 2-15。

表 2-15　移液管绝对校正记录表　　水温______℃

空瓶质量/g	(瓶+水)质量/g	水质量/g	水密度/(g/mL)	实际容积/mL	校正值/mL

六、注意事项

1. 容量器皿必须用铬酸洗液清洗干净，校准用的水应是煮沸后冷却至室温的蒸馏水。

2. 水和容量器皿的温度尽可能接近室温，且最好接近 20℃。

七、问题思考

1. 为什么滴定分析要用同一支滴定管或移液管？

2. 滴定时为什么每次都要从零刻度附近开始？

职业素养（professional ethics）

实事求是、严谨科学的工作作风及求实、准确的态度是从事科学工作所必备的品德。体现在学习和实践上，同学们要一丝不苟、认真细致地对待每一个数据、每一张报表、每一项工作任务、每一篇信息分析，严格按照工作纪律和业务操作规范开展工作，保证数据、分析、工作任务的质量和科学性。

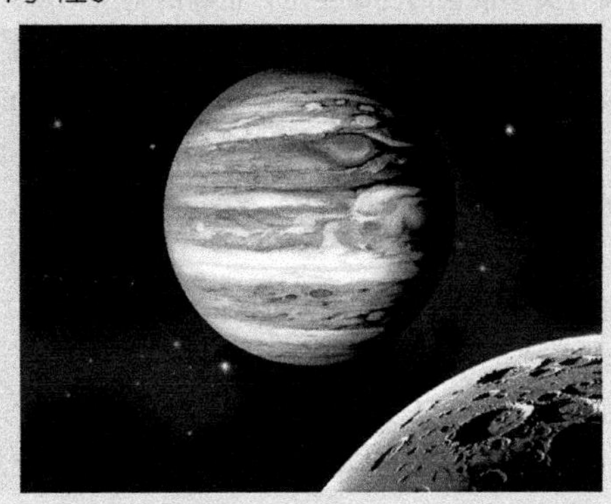

习题

一、填空题

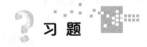

1. 对某溶液浓度测定 6 次的结果为：0.5050mol/L、0.5042mol/L、0.5086mol/L、0.5063mol/L、0.5051mol/L、0.5064mol/L，则测定结果的平均值为（　　）mol/L，平均偏差为（　　），相对平均偏差为（　　）。

2. 实验中铬酸洗液用（　　）和（　　）配制而成。

3. 测定值与真值之差称为（　　），个别测定结果与多次测定的平均值之差称为（　　）。

4. 滴定分析法按反应类型可分为（　　）法、（　　）法、沉淀滴定法和配位滴定法。

5. 滴定分析用标准溶液的浓度常用物质的量浓度和（　　）来表示。

6. （　　）是最常用的人工缩分法。

二、单项选择题

1. 下列中毒急救方法错误的是（　　）。

A. 呼吸系统急性中毒时，应使中毒者离开现场，使其呼吸新鲜空气或做抗休克处理

B. H_2S 中毒立即进行洗胃，使之呕吐

C. 误食了重金属盐溶液立即洗胃，使之呕吐

D. 皮肤、眼、鼻受毒物侵害时立即用大量自来水冲洗

2. 违背剧毒品管理的选项是（　　）。

A. 使用时应熟知其毒性以及中毒的急救方法

B. 未用完的剧毒品应倒入下水道，用水冲掉

C. 剧毒品必须由专人保管，领用必须由领导批准

D. 不准用手直接去拿取毒物

3. 存有精密仪器的场所发生火灾时宜选用（　　）灭火。

A. 四氯化碳灭火器　　B. 泡沫灭火器

C. 二氧化碳灭火器　　D. 干粉灭火器

4. 下列化合物，（　　）应纳入剧毒物品的管理。

A. NaCl　　B. Na_2SO_4　　C. $HgCl_2$　　D. H_2O_2

5. 分析用水的质量要求中，不用进行检验的指标是（　　）。

A. 阳离子　　B. 密度　　C. 电导率　　D. pH 值

6. 各种试剂按纯度从高到低的代号顺序是（　　）。

A. GR＞AR＞CP　　B. GR＞CP＞AR　　C. AR＞CP＞GR　　D. CP＞AR＞GR

7. 下面有关移液管的洗涤使用，正确的是（　　）。

A. 用自来水洗净后即可移液　　B. 用蒸馏水洗净后即可移液

C. 用洗涤剂洗净后即可移液　　D. 用移取液润洗干净后即可移液

8. 以下基准试剂使用前，干燥条件不正确的是（　　）。

A. 无水 Na_2CO_3 270～300℃　　B. ZnO 800℃

C. $CaCO_3$ 800℃　　D. 邻苯二甲酸氢钾 105～110℃

9. 重量法测定硅酸盐中 SiO_2 的含量结果分别是 37.40%、37.20%、37.30%、37.50%、37.30%，其平均偏差是（　　）。

A. 0.088%　　B. 0.24%　　C. 0.010%　　D. 0.122%

10. 用 50mL 滴定管进行滴定时，为使测量的相对误差小于 0.1%，则滴定剂的体积应大于（　　）。

A. 10mL　　B. 20mL　　C. 30mL　　D. 100mL

11. 定量分析中，精密度与准确度之间的关系是（　　）。

A. 精密度高，准确度必然高　　B. 准确度高，精密度也就高

C. 精密度是保证准确度的前提　　D. 准确度是保证精密度的前提

12. 称量易挥发液体样品用（　　）。

A. 称量瓶　　B. 安瓿球　　C. 锥形瓶　　D. 滴瓶

13. 制备好的试样应储存于（　　）中，并贴上标签。

A. 广口瓶　　B. 烧杯　　C. 称量瓶　　D. 干燥器

14. 配制 0.1mol/L NaOH 标准溶液（M=40g/mol），下列配制错误的是（　　）。

A. 将 NaOH 配制成饱和溶液，储于聚乙烯塑料瓶中，密封放置至溶液清亮，取清液 5mL 注入 1L 不含 CO_2 的水中摇匀，储于无色试剂瓶中

B. 将 4.02g NaOH 溶于 1L 水中，加热搅拌，储于磨口瓶中
C. 将 4g NaOH 溶于 1L 水中，加热搅拌，储于无色试剂瓶中
D. 将 2g NaOH 溶于 500mL 水中，加热搅拌，储于无色试剂瓶中
15. 分析实验室的试剂药品不应按（　　）分类存放。
A. 酸、碱、盐等　　B. 官能团　　C. 基准物、指示剂等　　D. 价格的高低

三、判断题

（　　）1. 所谓化学计量点和滴定终点是一回事。
（　　）2. 所谓终点误差是由于操作者终点判断失误或操作不熟练而引起的。
（　　）3. 玻璃器皿不可盛放浓碱液，但可以盛放酸性溶液。
（　　）4. 在没有系统误差的前提条件下，总体平均值就是真实值。
（　　）5. 分子量的法定计量单位有克（g）、千克（kg）。
（　　）6. 滴定终点与反应的化学计量点不吻合，是指示剂选择不当造成的。
（　　）7. 电子天平一定比普通电光天平的精度高。
（　　）8. 将 7.63350 修约为四位有效数字的结果是 7.634。
（　　）9. 测定的精密度好，但准确度不一定好，消除了系统误差后，精密度好的，结果准确度就好。
（　　）10. 分析测定结果的偶然误差可通过适当增加平行测定次数来减免。

四、简答题

1. 滴定分析的化学反应必须具备的基本条件有哪些？
2. 直接配制标准溶液的基准物质应该符合哪些条件？

五、计算题

1. 在一组平行测定中测得试样中的铜的含量为 32.38%、32.39%、32.38%、32.37%、32.46%。
(1) 请用 Q 检验法判断 32.46%能否舍去（要求置信度为 95%）；
(2) 求试样中的铜的含量的平均偏差、相对平均偏差和极差。

测定次数 n	$Q_{90\%}$	$Q_{95\%}$	$Q_{99\%}$
4	0.76	0.85	0.99
5	0.64	0.73	0.82
6	0.56	0.64	0.74

2. 称取含钙试样 0.2000g，溶解后定容于 100mL 容量瓶中，从中吸取 25.00mL，用 0.002000mol/L EDTA 标准溶液滴定，耗去 19.86mL，求试样中 CaO 的含量，已知 $M_{CaO}=56.08$g/mol。

小常识

氢氧化钠（Sodium Hydroxide）

1. 性质（property）

氢氧化钠，化学式为 NaOH，分子量为 39.997，俗称烧碱、火碱、苛性钠。纯品是无色透明的晶体，工业品含有少量的氯化钠和碳酸钠，是白色不透明的晶体，有块状、片状、粒状和棒状等，熔点 318.4℃，沸点 1390℃，密度 2.130g/cm³。氢氧化钠的用途极广，广泛应用于生产纸、肥皂、染料、人造丝、冶炼金属、石油炼制、棉织品整理、煤焦油产物的提纯以及食品加工、木材加工及机械工业等方面。

2. 生产工艺（production）

工业上生产烧碱的方法有苛化法、电解法和离子交换膜法三种。离子交换膜法是将原盐化盐后按传统的办法进行盐水精制，使盐水中钙、镁含量降到0.002%以下，将二次精制盐水电解，于阳极室生成氯气，阳极室盐水中的 Na^+ 通过离子膜进入阴极室与阴极室的 OH^- 生成氢氧化钠。

3. 储存方法（storage）

固体氢氧化钠装入0.5mm厚的钢桶中严封，每桶净重不超过100kg；储存于阴凉、通风的库房。包装容器要完整、密封，有明显的“腐蚀性物品”标志，严禁与易燃物或可燃物、酸类、食用化学品等混装混运，运输时运输车辆应配备泄漏应急处理设备。

4. 危害防治（safety information）

NaOH有强烈刺激性和腐蚀性，粉尘或烟雾会刺激眼和呼吸道，腐蚀鼻中隔。皮肤和眼与NaOH直接接触会引起灼伤，误服可造成消化道灼伤、黏膜糜烂、出血和休克。少量误食时立即用食醋、3%～5%乙酸或5%稀盐酸、大量橘汁或柠檬汁等中和，给饮蛋清、牛奶或植物油并迅速就医，禁忌催吐和洗胃。

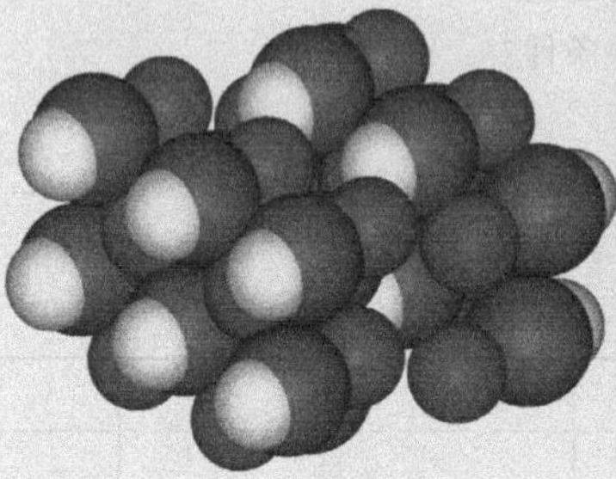

项目3

酸碱滴定法
Acid-base Titration

知识目标 （knowledge objectives）

1. 掌握酸碱质子理论；
2. 掌握不同溶液pH值的计算；
3. 掌握缓冲溶液的组成；
4. 掌握常用指示剂的变色范围和颜色变化；
5. 了解各种类型酸碱滴定法的原理。

技能目标 （skill objectives）

1. 能计算一元强酸、强碱、弱酸、弱碱的氢离子浓度；
2. 能根据酸碱指示剂的颜色变化，判断溶液酸碱性；
3. 能对酸碱标准溶液进行标定；
4. 会配制一定浓度的酸碱标准溶液；
5. 能正确应用酸碱滴定法进行相关定量计算。

素养目标 （attitude objectives）

1. 培养学生树立良好的职业道德；
2. 培养实事求是、严谨科学的工作作风；
3. 树立安全、环保和节约的意识；
4. 培养团结协作、互相帮助的职业精神。

项目引入

1. 人类认识酸碱有 200 余年的历史，酸碱物质和反应涉及食品、药物、日化用品、水质监测等各个领域。回顾一下，什么是酸？什么是碱？酸碱在各个行业中有哪些应用？

农用氮肥

果汁

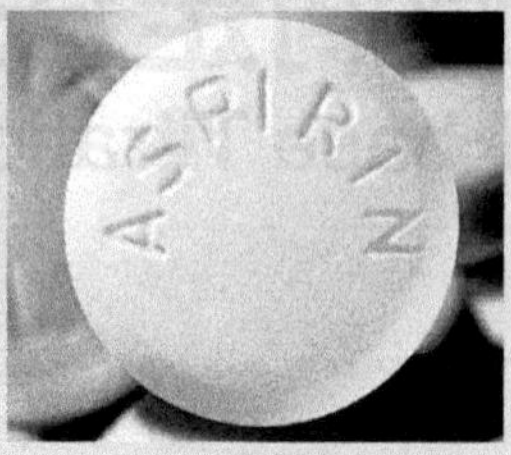

阿司匹林

2. 在分析检测中，利用酸碱反应进行滴定分析，称为酸碱滴定法。该法用途广泛，请举例说明酸碱滴定法在食品、药品、水质等领域的应用。

任务3.1

认识酸碱

3.1.1 认识酸碱理论

3.1.1.1 酸碱电离理论

人们对酸碱的认识经历了一个由浅入深的过程，最初局限在从性质上区分酸碱，认为能使蓝色石蕊溶液变红的物质是酸（acid）；有涩味和滑腻感，能使红色石蕊溶液变蓝的物质是碱（base）。1884 年，瑞典科学家阿仑尼乌斯（Arrhenius）提出了酸碱电离理论（acid-base ionization theory）：凡是在水溶液中电离产生的阳离子全部是 H^+ 的物质叫酸，电离产生的阴离子全部是 OH^- 的物质叫碱。例如：

$$\text{酸}\ HAc \rightleftharpoons H^+ + Ac^-$$

$$\text{碱}\ NaOH = Na^+ + OH^-$$

酸碱发生中和反应生成盐（salt）和水（water）：

$$HAc + NaOH = NaAc + H_2O$$

反应的实质是：

$$H^+ + OH^- = H_2O$$

酸碱电离理论提高了人们对酸碱本质的认识，对化学的发展起了很大的作用。根据电离学说，酸碱的强度用电离度（degree of ionization）α 表示。电离度现称解离度，表示解离的程度。

$$\alpha = \frac{\text{已解离的分子数}}{\text{初始分子总数}} \times 100\%$$

根据解离度的大小把电解质分为强电解质和弱电解质，相应的就有强酸和弱酸、强碱和弱碱之分。强酸和强碱是完全解离了的强电解质；弱酸和弱碱是部分解离的弱电解质。

随着科学的发展，人们认识到酸碱的电离理论也有一定的局限性。首先酸碱电离理论把酸和碱限制在以水为溶剂的系统中，不适用于非水溶液。而近几十年来，科学实验越来越多地使用非水溶剂（如乙醇、苯、丙酮等），电离理论无法说明物质在非水溶剂中的酸碱性。另外，电离理论无法说明一些物质的水溶液呈现的酸碱性，例如，无法说明氨水表现碱性这一事实，人们长期错误地认为氨溶于水生成强电解质 NH_4OH，但实验证明，氨水是一种弱碱。这些事实说明了酸碱电离理论尚不完善。为此，又产生了其他的酸碱理论，如酸碱质子理论。

NH_4Cl 溶液和 Na_2CO_3 溶液的酸碱性见图 3-1。

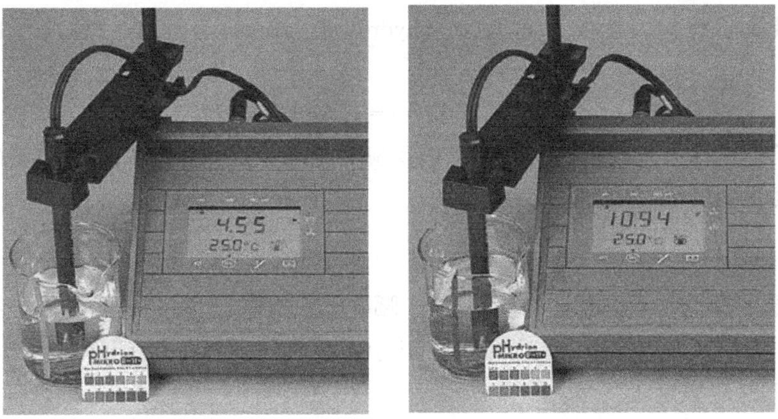

(a) NH_4Cl　　(b) Na_2CO_3

图 3-1　NH_4Cl 溶液和 Na_2CO_3 溶液酸碱性

练一练

1. 凡是盐都是强电解质吗？ AgCl、$BaSO_4$ 难溶于水，它们都是弱电解质吗？

2. 下列叙述正确的是（　　）。

A. 强电解质水溶液的导电性不一定比弱电解质强

B. 结晶硫酸铜含有一定量的水，所以硫酸铜晶体能导电

C. 在一定条件下，经过足够长的时间，电解质的电离一定能达到电离平衡

D. 当溶液中分子和离子浓度相等时，电离过程达到了平衡状态

3.1.1.2　酸碱质子理论

酸碱质子理论（proton theory of acid and base）认为：凡能给出质子（H^+）的物质都是酸，凡能接受质子的物质都是碱。它们的相互关系表示如下：

$$\text{酸} = H^+ + \text{碱}$$

例如：

$$HAc = H^+ + Ac^-$$

$$HCl = H^+ + Cl^-$$

$$NH_4^+ = H^+ + NH_3$$

按照酸碱质子理论，当酸失去一个质子而形成的碱称为该酸的共轭碱（conjugate base），而碱获得一个质子后就生成了该碱的共轭酸。由得失一个质子而发生共轭关系的一对酸碱称为共轭酸碱对（conjugate acid-base pair）。如 NH_4^+ 与 NH_3、H_2SO_4 与 HSO_4^-、HSO_4^- 与 SO_4^{2-} 都是共轭酸碱对，它们在化学组成上仅相差一个质子。既可以给出质子，也可以接受质子的物

质称为两性物质（amphoteric substance），如 HSO_4^-、H_2O、$H_2PO_4^-$ 等。

根据酸碱质子理论，酸碱反应的实质就是共轭酸碱对之间质子的传递过程。酸碱中和反应也不一定生成水。例如，HCl 和 NH_3 的反应中：

$$HCl \rightleftharpoons H^+ + Cl^-$$

$$NH_4^+ \rightleftharpoons H^+ + NH_3$$

$$HCl + NH_3 \xrightarrow{H^+} NH_4^+ + Cl^-$$

根据酸碱质子理论，盐的水解反应（hydrolysis reaction）也是一种质子的传递反应，例如：

$$NaAc + H_2O \rightleftharpoons HAc + NaOH$$

酸碱质子理论扩大了酸碱的含义及酸碱反应的范围，摆脱了酸碱反应必须在水中进行的局限性，从而得到广泛应用。

练一练

1. 根据质子理论，下列哪些物质是酸？ 哪些物质是碱？ 哪些是两性物质？

HS^-　　HCO_3^-　　CO_3^{2-}　　HCl　　H_2O　　CH_3NH_2　　ClO^-

2. NH_3 的共轭酸是（　　）。

A. NH_2^-　　B. $NH_2OH_2^-$　　C. NH_4^+　　D. NH_4OH

3. H_3PO_4 和 PO_4^{3-}、H_2CO_3 和 CO_3^{2-} 是共轭酸碱对吗？

3.1.2 弱电解质的解离平衡

3.1.2.1 水的离子积

水是一种极弱的电解质，有微弱的导电性，绝大部分以水分子形式存在，仅能解离出极少量的 H^+ 和 OH^-。水的解离平衡可表示为：

$$H_2O + H_2O \rightleftharpoons H_3O^+ + OH^-$$

这种水分子之间的质子传递作用称为质子自递反应（autoprotolysis reaction）。反应的平衡常数称为水的质子自递常数，也叫水的离子积常数，以 $K_w^{\ominus}$ 表示。

$$K_w^{\ominus} = [H_3O^+][OH^-] = 10^{-14} \quad (25℃)$$

水合离子为了简便起见，通常写为 H^+，则：

$$K_w^{\ominus} = [H^+][OH^-] = 10^{-14} \quad (25℃)$$

即 25℃时，实验测得 1L 纯水有 10^{-7} mol/L 的水分子解离，$[H^+]=[OH^-]=10^{-7}$ mol/L。因此 $K_w^{\ominus}=10^{-14}$，$pK_w^{\ominus}=14$。

水的解离是吸热反应，随温度升高，$K_w^{\ominus}$ 升高，但在常温下进行计算时可不考虑温度的影响。

3.1.2.2 弱酸弱碱的解离平衡

以 HA 表示一元弱酸，其在水溶液中的解离如下：

$$HA \rightleftharpoons H^+ + A^-$$

酸的解离平衡常数（acid-ionization constant）表示为 $K_a^{\ominus}$：

$$K_a^{\ominus}=\frac{[H^+][A^-]}{[HA]} \tag{3-1}$$

以 BOH 表示一元弱碱，解离平衡式为：

$$BOH \rightleftharpoons B^+ + OH^-$$

碱的解离平衡常数（base-ionization constant）表示为 $K_b^{\ominus}$：

$$K_b^{\ominus}=\frac{[B^+][OH^-]}{[BOH]} \tag{3-2}$$

解离常数与温度有关，与浓度无关。$K_a^{\ominus}$ 和 $K_b^{\ominus}$ 值越大，表示弱酸或弱碱的解离程度越大，相对的该弱电解质酸性或碱性较强。如 25℃时乙酸的解离常数为 1.8×10^{-5}，甲酸的解离常数为 1.8×10^{-4}，可见在相同浓度下，甲酸的酸性强。一些常见弱酸和弱碱的解离常数见附录六、附录七。

对于一元共轭酸碱对，以 HAc 为例，其酸的解离平衡常数为：

$$K_a^{\ominus}=\frac{[H^+][Ac^-]}{[HAc]}$$

其共轭碱 Ac^- 的解离平衡常数：

$$K_b^{\ominus}=\frac{[HAc][OH^-]}{[Ac^-]}$$

显然对于一元共轭酸碱对：

$$K_a^{\ominus}K_b^{\ominus}=\frac{[H^+][Ac^-]}{[HAc]}\times\frac{[HAc][OH^-]}{[Ac^-]}=[H^+][OH^-]=K_w^{\ominus}$$

因此，对于共轭酸碱对来说，如果酸的酸性越强，则其对应共轭碱的碱性越弱；反之，酸的酸性越弱，则其对应共轭碱的碱性越强。

[例 3-1] 已知 NH_3 的 $K_b^{\ominus}=1.8\times10^{-5}$，试求 NH_4^+ 的酸的解离平衡常数 $K_a^{\ominus}$。

解 NH_4^+ 的酸的解离平衡常数 $K_a^{\ominus}$：

$$K_a^{\ominus}=\frac{K_w^{\ominus}}{K_b^{\ominus}}=\frac{10^{-14}}{1.8\times10^{-5}}=5.6\times10^{-10}$$

多元弱酸和多元弱碱在水中分步电离。例如二元酸 H_2CO_3 分两步电离：

第一步 $H_2CO_3 \rightleftharpoons H^+ + HCO_3^-$ $K_{a1}^{\ominus}$

第二步 $HCO_3^- \rightleftharpoons H^+ + CO_3^{2-}$ $K_{a2}^{\ominus}$

其共轭碱也是两步解离：

第一步 $CO_3^{2-} + H_2O \rightleftharpoons OH^- + HCO_3^-$ $K_{b1}^{\ominus}$

第二步 $HCO_3^- + H_2O \rightleftharpoons OH^- + H_2CO_3$ $K_{b2}^{\ominus}$

则：

$$K_{a1}^{\ominus}K_{b2}^{\ominus}=K_{a2}^{\ominus}K_{b1}^{\ominus}=K_w^{\ominus}=[H^+][OH^-]$$

同理，对于三元酸，可以得到下列关系：

$$K_{a1}^{\ominus}K_{b3}^{\ominus}=K_{a2}^{\ominus}K_{b2}^{\ominus}=K_{a3}^{\ominus}K_{b1}^{\ominus}=K_w^{\ominus}=[H^+][OH^-]$$

练一练

1. 比较同浓度的 NH_3、CO_3^{2-}、HPO_4^{2-} 的碱性强弱及它们的共轭酸的酸性强弱。

2. 下列阴离子的水溶液，若浓度相同，则碱性最强的是（　　）。

A. CN^-（$K_{HCN}=6.2\times10^{-10}$）　　B. S^{2-}（$K_{HS^-}=7.1\times10^{-15}$，$K_{H_2S}=1.3\times10^{-7}$）

C. F^-（$K_{HF}=3.5\times10^{-4}$） D. CH_3COO^-（$K_{HAc}=1.8\times10^{-5}$）

3.1.3 同离子效应和盐效应

3.1.3.1 稀释定律

以一元弱酸 HA 为例，设起始浓度为 c，解离度为 α，解离平衡常数为 $K_a^\ominus$：

	HA	⇌	H^+	+	A^-
起始浓度	c		0		0
平衡浓度	$c(1-\alpha)$		$c\alpha$		$c\alpha$

$$K_a^\ominus=\frac{[H^+][A^-]}{[HA]}=\frac{c\alpha c\alpha}{c(1-\alpha)}=\frac{c\alpha^2}{1-\alpha}$$

对于弱酸，解离度很小，可认为 $1-\alpha\approx1$，近似计算时，得以下简式：

$$K_a^\ominus=c\alpha^2 \quad 或 \quad \alpha=\sqrt{K_a^\ominus/c} \tag{3-3}$$

同样对于一元弱碱溶液，得到：

$$K_b^\ominus=c\alpha^2 \quad 或 \quad \alpha=\sqrt{K_b^\ominus/c} \tag{3-4}$$

该公式称为稀释定律（law of dilution），它表明在一定温度下，同一弱电解质的解离度与其浓度的平方根成反比，溶液浓度越小，解离度越大。

[例 3-2] 298K 时 HAc 的 $K_a^\ominus=1.8\times10^{-5}$，计算 0.10mol/L HAc 溶液的 $[H^+]$ 和解离度 α。

解
$$\alpha=\sqrt{K_a^\ominus/c}=\sqrt{1.8\times10^{-5}/0.10}=1.3\%$$
$$[H^+]=c\alpha=0.10\times1.3\%=1.3\times10^{-3}\,mol/L$$

练一练

1. 已知氨水的浓度为 0.20mol/L 时，其解离度为 0.95%。计算氨水浓度为 0.05mol/L 时，其解离度为多少?

2. 25℃时，实验测得 0.020mol/L 氨水溶液的 pH 值为 10.78，求它的解离常数和解离度。

3.1.3.2 同离子效应和盐效应

(1) 同离子效应 一定温度下的弱酸，如 HAc 在溶液中存在以下解离平衡：

$$HAc \rightleftharpoons H^+ + Ac^-$$

若加入少量强电解质 NaAc，溶液中的 Ac^- 浓度增大，使平衡向左移动，结果使 H^+ 浓度减小，HAc 的解离度降低。

这种在弱电解质的溶液中，加入含有相同离子的强电解质，使弱电解质的解离度降低的现象叫同离子效应（common ion effect）。如果在 HAc 溶液中加入强酸 HCl，则 H^+ 浓度增加，平衡向左移动。此时，Ac^- 浓度减小，HAc 的解离度也降低。

[例 3-3] 298K 时 HAc 的 $K_a^\ominus=1.8\times10^{-5}$，向浓度为 0.10mol/L HAc 溶液中加入 NaAc 固体 0.10mol。试计算溶液的 $[H^+]$ 和解离度 α。

解

	HA	⇌	H^+	+	A^-
起始浓度	0.10		0		0.10
平衡浓度	$0.10-x$		x		$0.10+x$

$$K_a^{\ominus}=\frac{[H^+][A^-]}{[HA]}=\frac{x(0.10+x)}{0.10-x}\approx\frac{0.10x}{0.10}=1.8\times10^{-5}$$

$$x=[H^+]=1.8\times10^{-5},\alpha=\frac{[H^+]}{c}\times100\%=0.018\%$$

加入 NaAc 后，$[H^+]$ 和解离度 α 都减小了。

(2) 盐效应 在 HAc 溶液中加入不含相同离子的强电解质（如 NaCl），由于离子间相互牵制作用增强，Ac^- 和 H^+ 结合成分子的机会减小，从而使 HAc 的解离度略有升高，这种现象称为盐效应（salt effect）。

例如在 1L 0.1mol/L HAc 溶液中加入 0.1mol NaCl 时，HAc 的解离度从原来的 1.3% 增加到 1.7%。

和同离子效应相比，盐效应的影响很小。在同离子效应的同时，伴有盐效应的发生，但在一般情况下，通常只考虑同离子效应，而不考虑盐效应。

练一练

在氨水中加入下列物质，氨水的解离度有何变化？

（1）HCl （2）H_2O （3）NaOH （4）NH_4Cl

任务3.2

配制缓冲溶液

在生化、医药、合成和分析领域，经常要控制溶液的 pH 值。然而某些反应有 H^+ 或 OH^- 生成，溶液的 pH 会随反应的进行而发生变化，从而影响反应的正常进行。在这种情况下，就要借助于缓冲溶液来稳定溶液的 pH。这种能够对抗外来少量强酸、强碱或稍加稀释而 pH 改变很小的作用称为缓冲作用（buffering），具有缓冲作用的溶液称为缓冲溶液（buffer solution）。

3.2.1 缓冲溶液的组成和原理

3.2.1.1 缓冲溶液的组成

溶液要具有缓冲作用，其组成中必须具有抗酸和抗碱成分，两种成分之间必须存在着化学平衡。通常把具有缓冲作用的两种物质称为缓冲对或缓冲系。

缓冲溶液主要有三种类型：

① 弱酸及其对应的盐，例如，HAc-NaAc、H_2CO_3-$NaHCO_3$、H_2CO_3-$KHCO_3$ 和其他有机酸与有机酸盐等；

② 弱碱及其对应的盐，例如 $NH_3\cdot H_2O$-NH_4Cl；

③ 多元酸的酸式盐及其对应的次级盐，例如，$NaHCO_3$-Na_2CO_3、$KHCO_3$-K_2CO_3、NaH_2PO_4-Na_2HPO_4 等。

3.2.1.2 缓冲作用原理

下面以 HAc-NaAc 溶液为例，讨论缓冲作用的原理：

$$HAc \rightleftharpoons H^+ + Ac^-$$

$$NaAc = Na^+ + Ac^-$$

HAc 是弱电解质，仅有少部分电离成 H^+ 和 Ac^-，绝大部分仍以 HAc 分子存在，而 NaAc 是强电解质，几乎全部电离成 Na^+ 和 Ac^-。

若向此溶液中加入少量酸（如 HCl）时，Ac^- 和外来的 H^+ 结合生成 HAc，使电离平衡向左移动，而 $[H^+]$ 几乎没有增大，故溶液的 pH 值几乎不变。

若向此溶液中加入少量碱（如 NaOH）时，溶液中的 HAc 电离出的 H^+ 和外来的 OH^- 结合生成水，使 HAc 电离平衡向右移动，补充消耗的 H^+，使溶液 $[H^+]$ 几乎没有降低，故溶液的 pH 值几乎不变。

当把溶液稀释，使 $[H^+]$ 降低，$[Ac^-]$ 同时也降低，解离平衡向右移动，同离子效应减弱，使 HAc 的解离度 α 升高，所产生的 $[H^+]$ 抵消了稀释造成的 H^+ 浓度的减小，结果溶液的 pH 值基本不变。

在高浓度的强酸或强碱溶液中，由于 H^+ 或 OH^- 浓度本来就很高，外加少量酸或碱基本不会对溶液的酸度产生太大的影响。在这种情况下，强酸（pH<2）、强碱（pH>12）也是缓冲溶液，但此类缓冲溶液不具有抗稀释的作用。

练一练

1. 在氨水中加入少量氯化铵，溶液的解离度将（　　），溶液的 pH 值将（　　）。
2. 乙酸溶液稀释后，电离度会（　　），氢离子浓度会（　　）。

3.2.2 缓冲溶液 pH 值的计算

在弱酸 HA 及其对应盐 MA 所组成的缓冲溶液中，有以下电离过程：

$$HA \rightleftharpoons H^+ + A^-$$

$$K_a = \frac{[H^+][A^-]}{[HA]} \qquad [H^+] = K_a \frac{[HA]}{[A^-]}$$

两边取负对数，得到：

$$pH = pK_a - \lg \frac{c_{acid}}{c_{base}} \tag{3-5}$$

式(3-5) 即为计算弱酸及其对应盐组成的缓冲溶液 pH 值的公式，即亨德森-哈塞尔巴尔赫方程（Henderson-Hassel Balch equation）。此公式也适用于多元弱酸酸式盐及其对应的次级盐组成的缓冲溶液 pH 值计算。

当加水稀释缓冲溶液时，盐浓度和酸浓度以相同的比例稀释，酸碱的比值不变，因此缓冲溶液的 pH 值几乎不因稀释而改变。

[例 3-4] 有 50mL 含有 0.10mol/L HAc 和 0.10mol/L NaAc 的缓冲溶液，试求：(1) 该缓冲溶液的 pH 值。(2) 加入 0.1mL 1.0mol/L 的 HCl 后，溶液的 pH 值发生什么变化？已知 $K_a^\ominus = 1.8 \times 10^{-5}$。

解 (1) 缓冲溶液 pH 值：$pH = pK_a - \lg \frac{c_{acid}}{c_{base}} = 4.74 - \lg 1 = 4.74$

(2) 加入 0.1mL HCl 后，HCl 所解离的 H^+ 与 Ac^- 结合生成 HAc 分子，使 Ac^- 降低，HAc 升高。

$$c(HAc) = 0.1 + \frac{1 \times 0.1}{50.1} = 0.102 \text{ (mol/L)}$$

$$c(Ac^-)=0.1-\frac{1\times 0.1}{50.1}=0.098\ (mol/L)$$

$$pH=pK_a-\lg\frac{c(HAc)}{c(Ac^-)}=4.74-\lg\frac{0.102}{0.098}=4.72$$

加入 HCl 后，溶液的 pH 值基本不变。

练一练

1. 某缓冲溶液含 0.10mol/L HAc 和 0.20mol/L NaAc，试问此时 pH 值为多少？
2. 某缓冲溶液含 0.10mol/L NH_4Cl 和 0.20mol/L NH_3，试问此时 pH 值为多少？
3. 0.1000mol/L NaOH 滴定 20mL 0.1000mol/L HAc 溶液，当消耗碱 19.98mL 时，溶液的 pH 值为多少？

3.2.3　缓冲容量和缓冲范围

缓冲容量（buffer capacity）是衡量缓冲溶液能力大小的尺度，是使 1L 缓冲溶液的 pH 增加 1 个单位需加入的强碱的物质的量，或使溶液 pH 减小 1 个单位需加入的强酸的物质的量。

影响缓冲容量的主要因素有：

① 缓冲溶液总浓度，缓冲溶液组分比一定时，总浓度越大，缓冲容量越大；

② 缓冲溶液组分比，当缓冲溶液总浓度一定时，缓冲组分比为 1∶1 时，缓冲容量最大。

实验表明，当缓冲溶液组分比在 1∶10 和 10∶1 之间时，即溶液的 pH 值在 pK_a-1 和 pK_a+1 之间时，溶液具有较大的缓冲能力。在化学上把具有缓冲作用的 pH 值范围，即 $pH=pK_a\pm 1$ 称为缓冲溶液的缓冲范围。常用缓冲溶液的缓冲范围见表 3-1。

表 3-1　几种常用缓冲溶液的缓冲范围

缓冲溶液	pK_a	缓冲范围
HAc-NaAc	4.74	3.7～5.6
NaH_2PO_4-Na_2HPO_4	7.2	5.8～8.0
$NH_3\cdot H_2O$-NH_4Cl	9.25	8.3～10.3
$NaHCO_3$-Na_2CO_3	10.3	9.2～11.0

不同的缓冲溶液只有在其有效的 pH 范围内才有缓冲作用。通常根据试剂的要求选择不同的缓冲溶液。在选择缓冲溶液时，首先，应注意所使用的缓冲溶液不能与在缓冲溶液中进行反应的反应物或生成物发生作用；其次，缓冲溶液的 pH 值应在要求范围之内。为使缓冲溶液有较大的缓冲能力，所选择的弱酸的 pK_a 应尽可能接近缓冲溶液的 pH 值，或所选择的弱碱的 pK_b 应尽可能接近缓冲溶液的 pOH。例如，需要 pH 值为 4.8、5.0、5.2 等的缓冲溶液时，可以选择 HAc-NaAc 缓冲溶液，因为 HAc 的 pK_a 为 4.75，与所需要的 pH 值接近。如果需要的 pH 值大约等于 7.0 的缓冲溶液时，可选用 NaH_2PO_4-Na_2HPO_4 缓冲溶液。

［例 3-5］　欲配制 1L pH＝4.74 的 HAc-NaAc 缓冲溶液，其中 HAc 与 NaAc 的总浓度为 0.10mol/L，问此溶液如何配制？

解　由公式 $pH=pK_a-\lg\frac{c_{acid}}{c_{base}}=4.74-\lg\frac{c_{acid}}{c_{base}}=4.74$

得 $c_{酸}=c_{碱}=0.10/2=0.050$（mol/L）

各取 HAc 与 NaAc 0.05mol，溶解后，混合稀释至 1L 即得。

练一练

1. 欲配制500mL pH=5.00 的HAc-NaAc缓冲溶液，其中HAc的浓度为0.10mol/L，需要2.0mol/L HAc多少毫升？ 固体NaAc需要多少克？

2. 将0.30mol/L NH_3 溶液100mL与0.45mol/L NH_4Cl 溶液100mL混合所得溶液的pH值是（　　）。

A. 11.85　　B. 6.78　　C. 9.08　　D. 13.74

3. 欲配制pH值为3的缓冲溶液，下列三组缓冲对，哪一组最合适？

（1）HCOOH-HCOONa　　（2）HAc-NaAc　　（3）NaH_2PO_4-Na_2HPO_4

任务3.3

计算酸碱溶液的pH值

在制药、环保、化工等领域，经常要配制和调节体系的pH。为此，认识并理解溶液的pH值，并会根据不同性质学会如何计算溶液的pH值，是本次任务的主要内容。什么是pH值？与我们的生命体系有什么关联呢？

所谓pH值，是溶液中［H^+］的负对数：

$$pH=-\lg[H^+]$$

pH值越小，溶液的酸性越强；反之，pH值越大，溶液的碱性越强。如一个溶液中［H^+］为0.001mol/L，则 $pH=-\lg0.001=3$。

表3-2列举了一些常见溶液的pH值。

表3-2　常见溶液的pH值

名称	pH值	名称	pH值	名称	pH值
人的血液	7.3～7.5	饮用水	6.5～8.0	牛奶	6.3～6.6
人的唾液	6.5～7.5	纯水	5.0～7.5	柠檬汁	2.2～2.4
胃酸	2.8	食醋	3.0	咖啡	5
小肠液	7.6	啤酒	4～5	海水	8.3

同样，也可以用pOH表示溶液的酸碱度，定义为：

$$pOH=-\lg[OH^-]$$

因为 $K_w^\ominus=10^{-14}$，所以 $pH+pOH=14$。

还需指出，pH和pOH一般用在溶液中［H^+］≤1mol/L或［OH^-］≤1mol/L的情况，即pH在0～14范围内。如果［H^+］和［OH^-］在该范围外，采用物质的量浓度表示更为方便。

3.3.1 强酸强碱水溶液pH值的计算

强酸溶液，以HCl为例，其在水中完全解离：

$$HCl = H^+ + Cl^-$$

$$H_2O = H^+ + OH^-$$

如果HCl溶液的浓度不是很稀，水的解离可忽略不计，则：

$$pH=-\lg[H^+]=-\lg c$$

通常在强酸浓度大于 10^{-6} mol/L 时可用简化公式。

[例 3-6] 计算 0.010mol/L NaOH 溶液的 pH。

解 NaOH 的浓度大于 10^{-6} mol/L，利用简化公式：

$$[OH^-]=0.010\text{mol/L}$$

$$[H^+]=\frac{K_w^\ominus}{[OH^-]}=\frac{10^{-14}}{0.010}=10^{-12}$$

$$pH=-\lg[H^+]=-\lg 10^{-12}=12$$

[例 3-7] pH=1 的 HCl 溶液和 pH=2 的 HCl 溶液等体积混合后，溶液的 pH 值为多少？

解 pH=1 的 HCl，$[H^+]=0.1$mol/L；pH=2 的 HCl，$[H^+]=0.01$mol/L。

$$\text{混合后}[H^+]=(0.1+0.01)/2=0.055\ (\text{mol/L})$$

$$pH=-\lg[H^+]=-\lg 0.055=1.26$$

练一练

1. 把下列 H^+ 浓度换算成 pH 值：

(1) 5.8×10^{-5}　(2) 4.2×10^{-12}　(3) 8.9×10^{-8}　(4) 1.8×10^{-4}

2. 把下列 pH 值换算成 H^+ 浓度：

(1) 0.25　(2) 1.38　(3) 7.80　(4) 12.50

3. pH＝1.00 的 HCl 溶液和 pH＝13.00 的 NaOH 溶液等体积混合后，pH 值为（　）。

A. 14　B. 12　C. 7　D. 6

4. 0.1000mol/L NaOH 溶液滴定 20mL 0.1000mol/L HCl 溶液，当消耗碱 19.98mL 时溶液的 pH 值为多少？

3.3.2 一元弱酸、弱碱水溶液 pH 值的计算

对浓度为 c 的一元弱酸 HA，化学平衡：

$$HA \rightleftharpoons H^+ + A^-$$

$$[H^+]=[A^-]+[OH^-]$$

$$[H^+]=\frac{K_a[HA]}{[H^+]}+\frac{K_w}{[H^+]}$$

经整理得到：$$[H^+]=\sqrt{cK_a+K_w}$$

当 $c/K_a\geqslant500$ 时，上式可简化为：

$$[H^+]=\sqrt{cK_a} \tag{3-6}$$

这就是计算一元弱酸 $[H^+]$ 的最简式。

[例 3-8] 计算 0.010mol/L HAc 溶液的 pH 值，已知 $K_a=1.8\times10^{-5}$。

解 由于 $c/K_a\geqslant500$，用简化式：

$$[H^+]=\sqrt{cK_a}=\sqrt{0.010\times1.8\times10^{-5}}=4.2\times10^{-4}\ (\text{mol/L})$$

$$pH=3.38$$

对于一元弱碱溶液，可参照上述简化式，得到：$[OH^-]=\sqrt{cK_b}$。

[例 3-9] 计算 0.10mol/L 氨水溶液的 pH 值，已知 $K_b=1.8\times10^{-5}$。

解 由于 $c/K_b \geqslant 500$，用简化式：

$$[OH^-]=\sqrt{cK_b}=\sqrt{1.8\times10^{-5}\times0.10}=1.3\times10^{-3}\ (mol/L)$$

$$pOH=2.89$$

$$pH=14.00-2.89=11.11$$

练一练

1. 已知 25℃时，某一元弱酸 0.010mol/L 溶液的 pH 值为 4.00，求：

（1）该酸的解离常数 K_a　（2）该浓度下酸的解离度 α

2. 浓度为 0.10mol/L NH_4Cl（$pK_b=4.74$）溶液的 pH 值是（　　）。

A. 5.13　B. 4.13　C. 3.13　D. 2.13

3. 白醋是质量分数为 5.0%的乙酸（CH_3COOH）溶液，假定白醋的密度ρ 为 1.007g/mL，它的 pH 值为多少？

4. 在 0.10mol/L HCN 溶液中，解离度为 0.01%，则 HCN 溶液的 $K_a^{\ominus}$是（　　）。

3.3.3 多元弱酸、弱碱水溶液 pH 值的计算

在分析工作中常见的多元弱酸有 H_2CO_3、H_3PO_4 等，这类物质在水中是分步解离的，如 H_2CO_3：

$$H_2CO_3 \rightleftharpoons H^+ + HCO_3^- \qquad K_{a1}=4.2\times10^{-7}$$

$$HCO_3^- \rightleftharpoons H^+ + CO_3^{2-} \qquad K_{a2}=5.6\times10^{-11}$$

考虑到误差等因素，如满足 $K_{a1}\gg K_{a2}$、$c/K_{a1}\geqslant 500$ 时，多元弱酸计算可用简化式：

$$[H^+]=\sqrt{cK_{a1}} \qquad (3\text{-}7)$$

对于多元弱碱溶液，可参照上述简化式，得到：$[OH^-]=\sqrt{cK_{b1}}$。

[例 3-10] 计算 0.10mol/L Na_2CO_3 溶液的 pH 值。

解 $K_{b1}=\dfrac{K_w}{K_{a2}}=\dfrac{1.0\times10^{-14}}{5.6\times10^{-11}}=1.8\times10^{-4}$，由于 $c/K_{b1}\geqslant 500$，用简化式：

$$[OH^-]=\sqrt{cK_{b1}}=\sqrt{0.10\times1.8\times10^{-4}}=4.2\times10^{-3}\ (mol/L)$$

$$pOH=2.37，\quad 则\ pH=11.63$$

练一练

室温下 H_2S 饱和溶液的浓度为 0.10mol/L，求 H^+和 S^{2-} 的浓度。

3.3.4 两性物质水溶液 pH 值的计算

常见的两性物质，如 $NaHCO_3$、NaH_2PO_4、Na_2HPO_4 等，在水中既可以给出质子显示酸性，又可以接受质子显示碱性，这类物质的酸碱平衡较复杂，近似计算式为：

$$[H^+]=\sqrt{K_{a1}K_{a2}} \qquad (3\text{-}8)$$

式(3-8) 也可变换为 $pH=\dfrac{1}{2}(pK_{a1}+pK_{a2})$。

[例 3-11] 计算 0.10mol/L $NaHCO_3$ 的 pH 值，$pK_{a1}=6.38$，$pK_{a2}=10.25$。

解 $pH=\dfrac{1}{2}(pK_{a1}+pK_{a2})=\dfrac{1}{2}(6.38+10.25)=8.32$

练一练

1. 计算 0.10mol/L NaH_2PO_4 的 pH 值。
2. 计算 0.10mol/L Na_2HPO_4 的 pH 值。
3. 下列溶液 pH 值约为 7.00 的是（　　）。

A. HCOONa　　B. NaAc　　C. NH_4Ac　　D. $(NH_4)_2SO_4$

结合以前介绍的缓冲溶液酸度的计算，常用几种酸碱溶液和缓冲溶液的计算如表 3-3 所示。

表 3-3　酸碱溶液的 pH 值计算

物质	计算公式	使用条件
一元强酸	$[H^+]=c$	$c \geqslant 10^{-6}$mol/L
一元弱酸	$[H^+]=\sqrt{cK_a}$	$c/K_a \geqslant 500$
二元弱酸	$[H^+]=\sqrt{cK_{a1}}$	$K_{a1} \gg K_{a2}, c/K_{a1} \geqslant 500$
两性物质	$[H^+]=\sqrt{K_{a1}K_{a2}}$	$c/K_a \geqslant 500$
缓冲溶液	$[H^+]=K_a\frac{[HA]}{[A^-]}$	

任务3.4

认识酸碱指示剂

练一练

1. 将甲基橙指示剂加到无色水溶液中，溶液呈黄色，该溶液的酸碱性为（　　）。

A. 中性　　B. 碱性　　C. 酸性　　C. 不确定

2. 将酚酞指示剂加到无色水溶液中，溶液呈无色，该溶液的酸碱性为（　　）。

A. 中性　　B. 碱性　　C. 酸性　　D. 不确定

3. 选择酸碱指示剂时，下列哪种因素不需考虑（　　）。

A. 化学计量点的 pH　　B. 指示剂变色范围

C. 滴定方向　　D. 指示剂的物质的量

酸碱滴定过程中，通常需要加入指示剂来判断滴定的终点。

3.4.1　酸碱指示剂的变色原理

酸碱指示剂（acid-base indicator）一般是有机弱酸或弱碱，它们的酸式结构和碱式结构具有不同的颜色，当溶液 pH 改变时，指示剂获得质子转化为酸式或失去质子转化为碱式，从而引起溶液颜色的变化。

例如，酸性溶液中，甲基橙（methyl orange，MO）主要以酸式结构存在，溶液显红色；当溶液酸度减小时，甲基橙由酸式结构转变为碱式结构，使溶液显黄色。

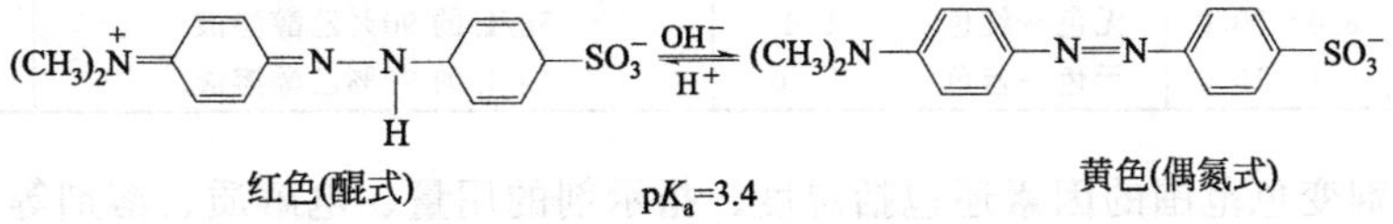

在酸性溶液中，酚酞（phenolphthalein，PP）以无色形式存在，在碱性溶液中转化为红色醌式结构。在足够浓的碱溶液中，又转化为无色的羧酸盐式。

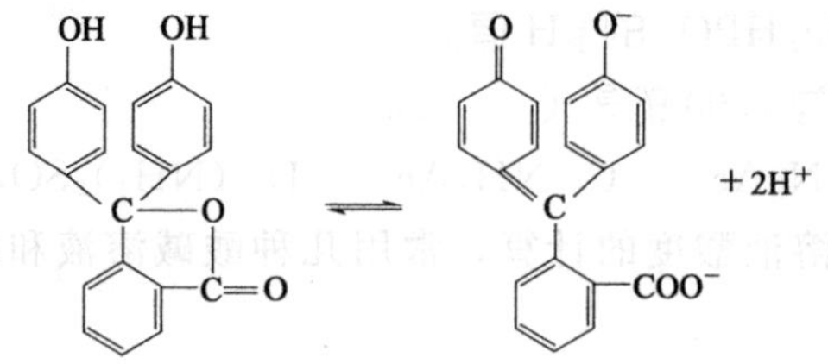

无色　　　　红色

3.4.2 酸碱指示剂的变色范围

常将指示剂颜色变化的 pH 区间称为变色范围（transition range），如甲基橙指示剂的变色范围是 pH 为 3.1～4.4，酚酞的变色范围是 pH 为 8.0～10.0。

以 HIn 表示指示剂的酸式，In^- 表示指示剂的碱式，在溶液中指示剂存在平衡：

$$HIn \rightleftharpoons H^+ + In^-$$

指示剂解离常数 K_{HIn}（indicator constant）为：

$$K_{HIn} = \frac{[H^+][In^-]}{[HIn]} \quad 或 \quad \frac{[In^-]}{[HIn]} = \frac{K_{HIn}}{[H^+]}$$

溶液颜色取决于指示剂碱式和酸式的浓度比值 $[In^-]/[HIn]$。当 $[In^-]/[HIn]=1$ 时，溶液 $[H^+]=K_{HIn}$，即 $pH=pK_{HIn}$，通常称为指示剂的理论变色点（equivalence point）。

一般认为，当 $[In^-]/[HIn]>10:1$ 时观察到的是 In^- 的颜色；当 $[In^-]/[HIn]=10:1$ 时可勉强看出 HIn 的颜色，此时 $pH=pK_{HIn}+1$；当 $[In^-]/[HIn]<1:10$ 时观察到的是 HIn 的颜色；当 $[In^-]/[HIn]=1:10$ 时可勉强看出 In^- 的颜色，此时 $pH=pK_{HIn}-1$。

由上述讨论中可知，$pH=pK_{HIn}\pm1$ 是指示剂的变色范围，为 2 个 pH 单位。但是大多数指示剂的变色范围小于 2 个 pH 单位，这主要是人们的视觉对不同颜色的敏感程度不同而造成的。常见酸碱指示剂变色范围见表 3-4。

表 3-4　常见酸碱指示剂

指示剂	变色 pH 值范围	颜色变化	pK_{HIn}	溶液配制方法	用量/(滴/10mL)
百里酚蓝	1.2～2.8	红色～黄色	1.7	1g/L 的 20%乙醇溶液	1～2
甲基黄	2.9～4.0	红色～黄色	3.3	1g/L 的 90%乙醇溶液	1
甲基橙	3.1～4.4	红色～黄色	3.4	0.5g/L 的水溶液	1
溴酚蓝	3.0～4.6	黄色～紫色	4.1	1g/L 的 20%乙醇溶液或其钠盐水溶液	1
溴甲酚绿	4.0～5.6	黄色～蓝色	4.9	1g/L 的 20%乙醇溶液或其钠盐水溶液	1～3
甲基红	4.4～6.2	红色～黄色	5.0	1g/L 的 60%乙醇溶液或其钠盐水溶液	1
溴百里酚蓝	6.2～7.6	黄色～蓝色	7.3	1g/L 的 20%乙醇溶液或其钠盐水溶液	1
中性红	6.8～8.0	红色～黄橙色	7.4	1g/L 的 60%乙醇溶液	1
苯酚红	6.8～8.4	黄色～红色	8.0	1g/L 的 60%乙醇溶液或其钠盐水溶液	1
酚酞	8.0～10.0	无色～红色	9.1	5g/L 的 90%乙醇溶液	1～3
百里酚酞	9.4～10.6	无色～蓝色	10.0	1g/L 的 90%乙醇溶液	1～2

影响指示剂变色范围的因素还包括温度、指示剂的用量、电解质、溶剂等。

3.4.3 混合指示剂

某些酸碱滴定中，需要把滴定终点限制在很窄的 pH 值范围内，以达到一定的准确度。有时单一指示剂难以达到要求，这时可采用混合指示剂（mixed indicator）。

混合指示剂可分为两类，一类是在某种指示剂中加入一种惰性染料（inert dye）。例如由甲基橙和靛蓝（indigo）组成的混合指示剂。靛蓝颜色不随 pH 改变而变化，只作为甲基橙的蓝色背景。在 pH>4.4 的溶液中，混合指示剂显绿色（黄与蓝配合）；在 pH<3.1 的溶液中，混合指示剂显紫色（红与蓝配合）；在 pH=4 的溶液中，混合指示剂显浅灰色（几乎无色），终点颜色变化非常敏锐。

另一类是由两种或两种以上的指示剂混合而成。例如溴甲酚绿（pK_a 为 4.9，黄色→蓝色）和甲基红（pK_a 为 5.2，红色→黄色），按 3∶1 混合后，使溶液在酸性条件下显酒红色（黄色+红色），碱性条件下显绿色（蓝色+黄色），而在 pH 5.1 时二者颜色发生互补，产生灰色，使颜色在此时发生突变，变色十分敏锐。常用混合指示剂见表 3-5。

表 3-5 常用混合指示剂

指示剂的组成	变色点 pH 值	颜色变化	备注
一份 0.1%甲基黄乙醇溶液 一份 0.1%亚甲基蓝乙醇溶液	3.25	蓝紫色→绿色	pH3.4 绿色，pH3.2 蓝紫色
一份 0.1%甲基橙水溶液 一份 0.25%靛蓝二磺酸水溶液	4.1	紫色→黄绿色	
三份 0.1%溴甲酚绿乙醇溶液 一份 0.2%甲基红乙醇溶液	5.1	酒红色→绿色	
一份 0.1%溴甲酚绿钠盐水溶液 一份 0.1%氯酚红钠盐水溶液	6.1	黄绿色→蓝紫色	pH5.4 蓝绿色，pH5.8 蓝色， pH6.0 蓝带紫，pH6.2 蓝紫
一份 0.1%中性红乙醇溶液 一份 0.1%亚甲基蓝乙醇溶液	7.0	蓝紫色→绿色	pH7.0 紫蓝
一份 0.1%甲酚红钠盐水溶液 三份 0.1%百里酚蓝钠盐水溶液	8.3	黄色→紫色	pH8.2 玫瑰色，pH8.4 清晰紫色
一份 0.1%百里酚蓝 50%乙醇溶液 三份 0.1%酚酞 50%乙醇溶液	9.0	黄色→紫色	从黄到绿再到紫
二份 0.1%百里酚酞乙醇溶液 一份 0.1%茜素黄乙醇溶液	10.2	黄色→紫色	

练一练

1. 酸碱指示剂变色范围的理论值是（ ），选择酸碱指示剂的原则是（ ）。
2. 甲基橙的变色范围是（ ），在 pH<3.1 时为（ ）色。
3. 判断题：常用的酸碱指示剂，大多是弱酸或弱碱，所以滴加指示剂的多少及时间的早晚不会影响分析结果。（ ）

任务3.5

酸碱滴定曲线

酸碱滴定过程中，随着滴定剂不断地加入到被滴定溶剂中，溶剂 pH 不断变化，根据滴定过程中的溶液 pH 的变化规律，选择合适的指示剂，才能正确地指明滴定终点。本次任务主要研究酸碱滴定过程中 pH 的变化规律和指示剂的选择。

3.5.1 强酸强碱的滴定

3.5.1.1 滴定曲线的绘制

现以 0.1000mol/L 的 NaOH 溶液滴定 20.00mL 0.1000mol/L HCl 溶液为例，讨论强碱滴定强酸的情况。

（1）**滴定前** 因 HCl 是强酸，故 $[H^+]=0.1000mol/L$，则 pH=1.00。

（2）**滴定至化学计量点前** 如加入 NaOH 溶液 19.98mL，溶液中 $[H^+]=\frac{0.1000\times0.02}{20.00+19.98}=5\times10^{-5}$ (mol/L)，则 pH=4.30。

（3）**化学计量点时** 在化学计量点时 NaOH 与 HCl 恰好中和完全，故化学计量点时 pH=7.0。

（4）**化学计量点后** 如滴入 NaOH 溶液 20.02mL，$[OH^-]=\frac{0.1000\times0.02}{20.00+20.02}=5\times10^{-5}$ (mol/L)，则 pH=9.70。

以 NaOH 加入量为横坐标，对应的 pH 值为纵坐标，绘制 pH-*V* 关系曲线，称为滴定曲线（titration curve），如图 3-2 所示。

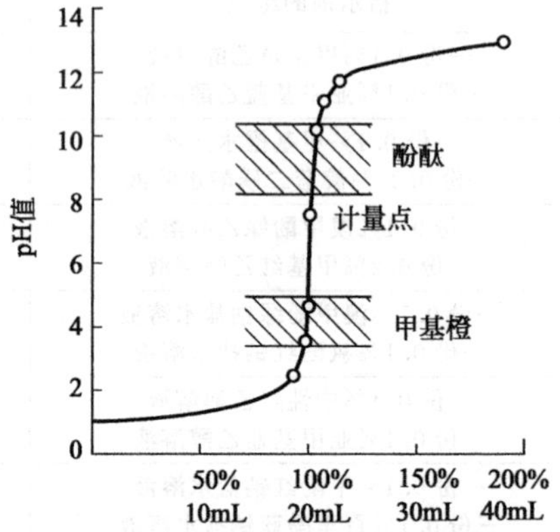

图 3-2 0.1000mol/L NaOH 溶液滴定 0.1000mol/L HCl 溶液的滴定曲线

从图 3-2 可以看出，滴定开始时曲线比较平坦。从 19.98mL 至 20.02mL，NaOH 加入量仅 0.04mL（约 1 滴），即在化学计量点前后 0.1%，溶液的 pH 值由 4.3 到 9.7，增大了 5.4，溶液酸性突变为碱性。这种溶液 pH 值的突变称为滴定突跃。

3.5.1.2 指示剂的选择

指示剂的选择主要以滴定突跃为依据。选择指示剂的原则是：指示剂的变色范围全部或部分落入滴定突越范围内，且指示剂的变色点尽量靠近化学计量点。

例如，当滴定至甲基橙由红色突变为橙色时，溶液的 pH 值约为 4.4，这时加入 NaOH 的量与化学计量点时应加入量的差值不足 0.02mL，终点误差小于−0.1%，符合滴定分析的要求。若改用酚酞为指示剂，溶液呈微红色时 pH 值略大于 8.0，此时 NaOH 的加入量超过化学计量点时应加入的量也不到 0.02mL，终点误差也小于 0.1%，仍然符合滴定分析的要求。

3.5.1.3 影响滴定突越范围的因素

对于强酸、强碱滴定，滴定突越范围大小取决于酸、碱的浓度。HCl 溶液（1mol/L）滴定相同浓度的 NaOH 溶液，pH 值突越范围为 3.30～10.70；而 HCl 溶液（0.01mol/L）滴定相同浓度的 NaOH 溶液，pH 值突越范围为 5.30～8.70，只能用酚酞、甲基红。滴定曲线在化学计量点附近的滴定突跃区间越长，可供选择的指示剂越多。如果滴定剂溶液的浓度越小，则化学计量点附近的滴定突跃区间就越短，可供选择的指示剂就越少，指示剂的选择就受到限制。

一般滴定液浓度控制在 0.01～1mol/L 比较合适。

练一练

1. 酸碱滴定曲线是以被滴定溶液的（　　）变化为特征的。滴定时酸碱溶液浓度越（　　），则滴定突越范围就越（　　）。
2. 判断题：使甲基橙显黄色的溶液一定是碱性溶液。（　　）

3.5.2　一元弱酸、弱碱的滴定

3.5.2.1　滴定曲线的绘制

现以 0.1000mol/L 的 NaOH 溶液滴定 20.00mL 0.1000mol/L HAc 溶液为例，讨论强碱滴定弱酸的情况。

(1) 滴定前　因 HAc 是若酸，故 $[H^+]=\sqrt{cK_a}=1.35\times10^{-3}$ mol/L，则 pH=2.87。

(2) 滴定至化学计量点前　如加入 NaOH 溶液 19.98mL，溶液中 $[H^+]=K_a\dfrac{[HAc]}{[Ac^-]}=1.8\times10^{-5}\times\dfrac{5\times10^{-5}}{5.00\times10^{-2}}=2\times10^{-8}$ (mol/L)，则 pH=7.70。

(3) 化学计量点时　溶液组成为 NaAc，恰好中和完全。

$[OH^-]=\sqrt{cK_b}=\sqrt{5.000\times10^{-2}\times\dfrac{10^{-14}}{1.8\times10^{-5}}}=5.3\times10^{-6}$ (mol/L)，故化学计量点时 pH=8.70。

(4) 化学计量点后　如滴入 NaOH 溶液 20.02mL，$[OH^-]=\dfrac{0.1000\times0.02}{20.00+20.02}=5\times10^{-5}$ (mol/L)，则 pH=9.70。以 NaOH 加入量为横坐标，对应的 pH 值为纵坐标，绘制 pH-*V* 关系曲线，如图 3-3 所示。

从图 3-3 可以看出，滴定开始时曲线起点高。从 19.98mL 至 20.02mL，即在化学计量点前后 0.1%，溶液的 pH 由 7.7→9.7，增大了 2 个 pH 单位，比强碱滴定强酸突越小很多。

3.5.2.2　指示剂的选择

滴定化学计量点（pH 8.70）在碱性范围，故甲基橙、甲基红都不能用，而要选择碱性区域变色的指示剂，如酚酞（$pK_{HIn}=9.1$）或百里酚酞（$pK_{HIn}=10.0$）。

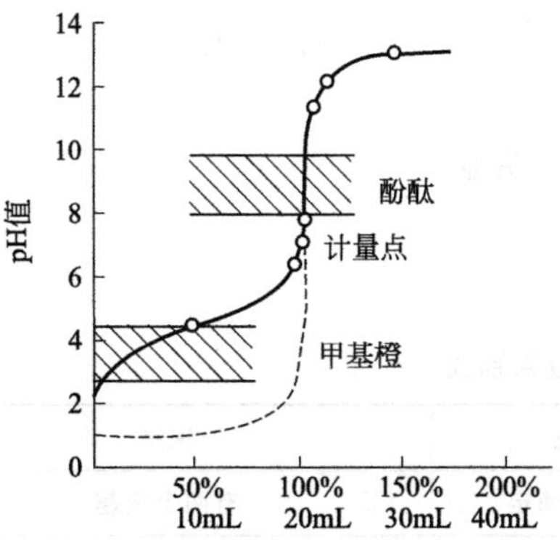

图 3-3　0.1000mol/L NaOH 溶液滴定 0.1000mol/L HAc 溶液的滴定曲线

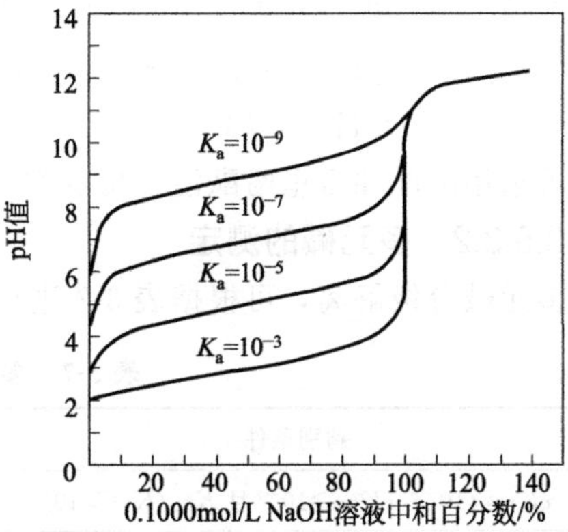

图 3-4　0.1000mol/L NaOH 溶液滴定 0.1000mol/L 一元酸溶液的滴定曲线

3.5.2.3 影响滴定突跃范围的因素

用 0.1000mol/L NaOH 溶液滴定 0.1000mol/L 不同强度一元弱酸，如图 3-4 所示。可见，弱酸的酸性越弱，突跃范围越小。

由图 3-4 可以看出，浓度为 0.1000mol/L、$K_a=10^{-7}$ 的弱酸还能出现 0.3pH 单位的滴定突跃。对于 $K_a=10^{-8}$ 的弱酸，其浓度若小于 0.1000mol/L，将不能直接目视准确滴定。通常，以 $cK_a \geqslant 10^{-8}$ 作为弱酸能被强碱溶液直接目视准确滴定的判据。

与一元弱酸类似，强碱滴定一元弱酸突跃范围取决于碱的浓度和解离常数，当 $cK_b \geqslant 10^{-8}$ 时，该一元弱碱才能直接被强酸准确滴定。

3.5.3 多元酸、多元碱的滴定

3.5.3.1 多元酸的测定

多元酸分级解离，可根据表 3-6 进行判断。

表 3-6 多元酸滴定的一般判别式

判别条件	结论	现象
$cK_{a1} \geqslant 10^{-8}, cK_{a2} \geqslant 10^{-8}$ 且 $K_{a1}/K_{a2} \geqslant 10^4$	可分步滴定	有两个突越
$cK_{a1} \geqslant 10^{-8}, cK_{a2} \geqslant 10^{-8}$ 且 $K_{a1}/K_{a2} < 10^4$	不能分步滴定	两级 H^+ 一并滴定，一个终点
$cK_{a1} \geqslant 10^{-8}, cK_{a2} < 10^{-8}$ 且 $K_{a1}/K_{a2} \geqslant 10^4$	不能分步滴定	只有一级解离 H^+ 能被滴定

多元酸 H_3PO_4 的解离平衡如下：

$$H_3PO_4 \rightleftharpoons H^+ + H_2PO_4^- \qquad K_{a1}=7.6\times10^{-3} \qquad pK_{a1}=2.12$$

$$H_2PO_4^- \rightleftharpoons H^+ + HPO_4^{2-} \qquad K_{a2}=6.3\times10^{-8} \qquad pK_{a2}=7.20$$

$$HPO_4^{2-} \rightleftharpoons H^+ + PO_4^{3-} \qquad K_{a3}=4.4\times10^{-13} \qquad pK_{a3}=12.36$$

则第一个化学计量点能准确滴定，生成 NaH_2PO_4，溶液第一化学计量点：

$$[H^+]=\sqrt{K_{a1}K_{a2}}=\sqrt{10^{-2.12}\times10^{-7.20}}=10^{-4.66}\ (mol/L)$$

$$pH=4.66$$

可以选择甲基橙或甲基红作指示剂，最好选用溴甲酚绿和甲基橙混合指示剂，其变色点 pH=4.3。

同理，对于第二化学计量点时的主要存在形式 Na_2HPO_4，也是两性物质：

$$[H^+]=\sqrt{K_{a2}K_{a3}}=\sqrt{10^{-7.20}\times10^{-12.36}}=10^{-9.78}\ (mol/L)$$

$$pH=9.78$$

可选用酚酞和百里酚酞混合指示剂，在终点时变色明显。

3.5.3.2 多元碱的测定

多元碱分级解离，可根据表 3-7 进行判断。

表 3-7 多元碱滴定的一般判别式

判别条件	结论	现象
$cK_{b1} \geqslant 10^{-8}, cK_{b2} \geqslant 10^{-8}$ 且 $K_{b1}/K_{b2} \geqslant 10^4$	可分步滴定	有两个突越
$cK_{b1} \geqslant 10^{-8}, cK_{b2} \geqslant 10^{-8}$ 且 $K_{b1}/K_{b2} < 10^4$	不能分步滴定	两级 OH^- 一并滴定，一个终点
$cK_{b1} \geqslant 10^{-8}, cK_{b2} < 10^{-8}$ 且 $K_{b1}/K_{b2} \geqslant 10^4$	不能分步滴定	只有一级解离 OH^- 能被滴定

Na_2CO_3 在水中的解离反应为：

$$CO_3^{2-}+H_2O \rightleftharpoons HCO_3^-+OH^- \qquad K_{b1}=\frac{K_w}{K_{a2}}=1.8\times10^{-4}$$

$$HCO_3^-+H_2O \rightleftharpoons H_2CO_3+OH^- \qquad K_{b2}=\frac{K_w}{K_{a1}}=2.4\times10^{-8}$$

HCl 溶液滴定 Na_2CO_3 到达第一化学计量点时，生成 $NaHCO_3$，属两性物质。此时 pH 值可按下式计算：

$$[H^+]=\sqrt{K_{a1}K_{a2}}=\sqrt{4.2\times10^{-7}\times5.6\times10^{-11}}=4.85\times10^{-9}\ (mol/L)$$

$$pH=8.32$$

第一化学计量点时可选用酚酞作指示剂。

由于 $K_{b1}/K_{b2}=10^{3.88}\approx10^4$，勉强可以分步滴定。第二化学计量点时，产物为 H_2CO_3，此时 pH 值：

$$[H^+]=\sqrt{cK_{a1}}=\sqrt{0.04\times4.2\times10^{-7}}=1.3\times10^{-4}\ (mol/L)$$

$$pH=3.89$$

第二化学计量点宜选择甲基橙作指示剂。但是，在滴定中因过多产生 CO_2，可能会使滴定终点出现过早，变色不够敏锐。因此快到第二化学计量点时应剧烈摇动，必要时可加煮沸溶液以除去 CO_2，冷却后再继续滴定至终点，以提高分析的准确度。

练一练

1. 某 0.1mol/L 的 HCl 溶液约含有 0.1mol/L NH_4Cl（氨水 $K_b=1.8\times10^{-5}$）。今欲测定其中的 HCl 的含量，用 0.1mol/L 的 NaOH 标准溶液滴定，应选用的指示剂为（　　）。

A. 甲基橙（pK=3.4）　　B. 甲基红（pK=5.0）

C. 百里酚蓝（pK=8.9）　　D. 酚酞（pK=9.1）

2. 浓度为 0.1mol/L 的下列酸，能用 NaOH 直接滴定的是（　　）。

A. HCOOH（pK_a=3.45）　　B. H_3BO_3（pK_a=9.22）

C. NH_4NO_3（pK_b=4.74）　　D. H_2O_2（pK_a=12）

3. 用 0.1mol/L 的 HCl 溶液滴定 0.1mol/L 的 $NH_3\cdot H_2O$ 时，应选择（　　）为指示剂。

A. 甲基橙　　B. 甲基红　　C. 酚酞　　D. 百里酚酞

4. 判断题：H_2SO_4 是二元酸，因此用 NaOH 滴定有两个突跃。（　　）

任务3.6

酸碱滴定法的应用

盐酸总酸度的测定，食醋含量的测定以及混合碱、药物含量测定都应用到酸碱滴定法。

3.6.1 酸碱标准溶液的配制与标定

在酸碱滴定中，一般用 HCl 和 NaOH 配制标准溶液，也可用 H_2SO_4、KOH 等配制，常用浓度为 0.1～1mol/L，最常用的是 0.1mol/L，通常采用间接法配制。

3.6.1.1 酸标准溶液的配制与标定

盐酸溶液，因其价格低廉、易于得到，因此用得较多。但市售盐酸常含有杂质，应采用间接法配制，再用基准物测其准确浓度。量取盐酸 9mL，注入 1000mL 水中，摇匀即得 0.1mol/L HCl，其他浓度按比例配制。常用的标定酸的基准物有无水碳酸钠和硼砂。

(1) 无水碳酸钠 无水碳酸钠（anhydrous sodium carbonate）易吸收空气中的水分，在使用前应在 270～300℃干燥至恒重。标定 HCl 的反应如下：

$$Na_2CO_3+2HCl \longrightarrow H_2O+CO_2\uparrow+2NaCl$$

化学计量点 pH＝3.90，可采用甲基橙或溴甲基绿-甲基红混合指示剂。

［**例 3-12**］ 标定 HCl 溶液，以无水碳酸钠作基准物，以甲基橙作指示剂。称取基准物 0.3576g，滴定用去 HCl 溶液 23.24mL，求 HCl 标准溶液的浓度。

解 $$c_{HCl}=\frac{2n_{Na_2CO_3}}{V}=\frac{2\times 0.3576}{106.0\times 23.24\times 10^{-3}}=0.2903\ (mol/L)$$

(2) 硼砂（borax） 硼砂（$Na_2B_4O_7\cdot 10H_2O$）称量质量大，不易吸水，但易失水，因而要求保存在相对湿度为 40%～60%的环境中。实验室常采用在干燥器底部装入食盐和蔗糖的饱和水溶液的方法，使相对湿度维持在 60%。硼砂标定 HCl 的反应：

$$Na_2B_4O_7+2HCl+5H_2O \longrightarrow 4H_3BO_3+2NaCl$$

化学计量点溶液的 pH＝5.1，可用甲基红作指示剂，溶液由黄色变为红色即为终点。

3.6.1.2 碱标准溶液的配制与标定

氢氧化钠易吸收空气中的 CO_2 生成 Na_2CO_3，一般采用间接法配制。常见的配制方法是先将 NaOH 配成饱和溶液，待 Na_2CO_3 沉淀后，取上层清液，稀释配制成所需浓度。常用标定 NaOH 的基准物有邻苯二甲酸氢钾（potassium hydrogen phthalate）和草酸（oxalate）。

(1) 邻苯二甲酸氢钾 邻苯二甲酸氢钾（$KHC_8H_4O_4$，KHP）在空气中不吸水、易保存，摩尔质量大（204.23g/mol），在水溶液中呈酸性。标定时，准确称取一定量的在 105～110℃烘至恒重的基准邻苯二甲酸氢钾，用酚酞作指示剂，用配制好的 NaOH 溶液滴定至溶液由无色变为粉红色且 30s 内不褪色为终点。

$$c_{NaOH}=\frac{m}{V\times 0.2042}$$

(2) 草酸 草酸（$H_2C_2O_4\cdot 2H_2O$）相当稳定，在相对湿度为 5%～95%的环境中不会因风化而失水，通常保存在密闭的容器里备用。草酸的 $K_{a1}=5.9\times 10^{-2}$，$K_{a2}=6.4\times 10^{-5}$，用 NaOH 溶液滴定时，按二元酸一次被滴定：

$$H_2C_2O_4+2NaOH \longrightarrow Na_2C_2O_4+2H_2O$$

化学计量点时，溶液偏碱性（pH 8.4），可用酚酞作指示剂。

练一练

1. 标定 NaOH 溶液，用邻苯二甲酸氢钾基准物 0.5672g，以酚酞为指示剂滴定至终点，用去 NaOH 溶液 20.32mL，求 NaOH 溶液浓度。

2. 标定 NaOH 溶液若采用①部分风化的草酸，②含有少量中性杂质的草酸，则标定所得的浓度偏高、偏低，还是无影响？为什么？

3.6.2 食醋中总酸度的测定

凡能溶于水或其中的酸碱组分可用水溶解，且它们的 $cK_a \geqslant 10^{-8}$ 的酸性物质和 $cK_b \geqslant 10^{-8}$ 的碱性物质均可用酸碱标准溶液直接滴定。

食醋的主要成分是乙酸（HAc），GB 18187—2000《酿造食醋》规定了食醋中总酸度不得小于 3.50g/100mL。测试步骤如下：准确吸取 10.0mL 食醋试样溶液，置于 100mL 容量瓶中，加水稀释至刻度，并混匀。吸取其 25.00mL 置于锥形瓶中，以酚酞作指示剂，用浓度为 c 的 NaOH 标准溶液滴定至溶液呈淡红色且 30s 内不褪色为终点，消耗体积 V_1。同时做空白试验，消耗体积为 V_2。

$$\text{总酸度(g/100mL)} = \frac{c(V_1 - V_2) \times 0.0600}{10 \times \dfrac{10.0}{100.0}} \times 100$$

该法也可采用酸度计测定 pH 8.2 为终点。

3.6.3 混合碱的测定

混合碱的组分主要有 NaOH、Na_2CO_3、$NaHCO_3$，由于 NaOH 与 $NaHCO_3$ 不可能共存，因此混合碱的组成为三种组分中任一种，为 NaOH 与 Na_2CO_3 的混合物，或者为 Na_2CO_3 与 $NaHCO_3$ 的混合物。

双指示剂法测定混合碱时，具体操作如下：准确称取一定量试样，用蒸馏水溶解后先以酚酞为指示剂，用 HCl 标准滴定溶液滴定至溶液粉红色消失，消耗的体积为 V_1(mL)。此时，存在于溶液中的 NaOH 全部被中和，而 Na_2CO_3 则被中和为 $NaHCO_3$。然后在溶液中加入甲基橙指示剂，继续用 HCl 标准溶液滴定至溶液由黄色变为橙红色，又消耗的体积为 V_2(mL)。显然，V_2 是滴定溶液中 $NaHCO_3$ 所消耗的体积。Na_2CO_3 被中和到 $NaHCO_3$ 与 $NaHCO_3$ 被中和到 H_2CO_3 所消耗的 HCl 标准滴定溶液的体积是相等的，因此，有如下判别式：

① $V_1 > V_2$　这表明溶液中有 NaOH 存在，因此，混合碱由 NaOH 与 Na_2CO_3 组成。

$$w_{NaOH} = \frac{c_{HCl}(V_1 - V_2) \times 10^{-3} M_{NaOH}}{m} \times 100\%$$

$$w_{Na_2CO_3} = \frac{c_{HCl} V_2 \times 10^{-3} M_{Na_2CO_3}}{m} \times 100\%$$

② $V_1 < V_2$　这表明溶液中有 $NaHCO_3$ 存在，因此，混合碱由 Na_2CO_3 与 $NaHCO_3$ 组成。

$$w_{Na_2CO_3} = \frac{c_{HCl} V_1 \times 10^{-3} M_{Na_2CO_3}}{m} \times 100\%$$

$$w_{NaHCO_3} = \frac{c_{HCl}(V_2 - V_1) \times 10^{-3} M_{NaHCO_3}}{m} \times 100\%$$

[例 3-13]　有一含 NaOH 和 Na_2CO_3 的混合碱。现称取试样 0.5900g 溶于水，用 0.2942mol/L HCl 标准溶液滴定至酚酞变色，用去 HCl 标准溶液 21.60mL。加甲基橙后继续用酸溶液滴定，又消耗 16.42mL。试计算试样中 NaOH 和 Na_2CO_3 的含量。

解

$$w_{NaOH} = \frac{c_{HCl}(V_1 - V_2) \times 10^{-3} M_{NaOH}}{m} \times 100\%$$

$$= \frac{0.2942 \times (21.60 - 16.42) \times 10^{-3} \times 40.00}{0.5900} \times 100\% = 10.33\%$$

$$w_{Na_2CO_3}=\frac{c_{HCl}V_2\times10^{-3}M_{Na_2CO_3}}{m}\times100\%=\frac{0.2942\times0.01642\times106.0}{0.5900}\times100\%=86.79\%$$

3.6.4 铵盐中含氮量的测定

肥料、食品、药物常常需要测定其含氮量。很多时候需要把氮化物都转化成弱酸 NH_4^+，利用间接法测定。

(1) 蒸馏法 在铵盐溶液中加入过量强碱并将之蒸馏，加热煮沸将 NH_3 驱出，用过量的硫酸或盐酸标准溶液来吸收，剩余的酸则用标准碱溶液返滴定。

也可用硼酸溶液吸收氨，用 HCl 标准溶液滴定所生成的 $H_2BO_3^-$，反应式如下：

$$NH_3+H_3BO_3 = NH_4^+ + H_2BO_3^-$$

$$HCl+H_2BO_3^- = H_3BO_3+Cl^-$$

试样中含氮量用下式计算：

$$w_N=\frac{c_{HCl}V\times10^{-3}M_N}{m}\times100\%$$

(2) 甲醛法 甲醛与铵有如下反应：

$$6HCHO+4NH_4^+ +4NaOH = (CH_2)_6N_4+4Na^+ +10H_2O$$

选酚酞为指示剂，用 NaOH 标准溶液滴定。试样中含氮量用下式计算：

$$w_N=\frac{c_{NaOH}V\times10^{-3}M_N}{m}\times100\%$$

若甲醛中含有游离酸，需用碱预先中和除去。甲醛法也可用于氨基酸的测定。

练一练

1. 称取混合碱试样 0.6880g，以酚酞为指示剂，用 0.1942mol/L HCl 标准溶液滴定至终点，用去酸溶液 13.45mL，再加甲基橙指示剂，滴定至终点，又耗去酸溶液 20.78mL。求试详中各组分的含量。

2. 粗铵盐 1.000g，加过量的 NaOH 溶液，加热，逸出的氨用 50mL 0.5000mol/L 的一元强酸吸收，过量的酸用 0.5000mol/L NaOH 标准溶液回滴，用去碱 1.78mL，计算此粗铵盐试样中 NH_3 的质量分数。

技能训练4

酸碱溶液的配制和比较滴定

一、实训目的

1. 学习并掌握酸碱溶液的配制和比较滴定方法。
2. 熟悉滴定分析仪器，练习滴定操作技术和滴定终点的判断。
3. 掌握滴定结果的数据记录和数据处理方法。

二、仪器与试剂

1. 仪器：酸式和碱式滴定管（50mL）、试剂瓶（500mL）、锥形瓶、量筒（10mL）。

2. 试剂：HCl 溶液（6mol/L）、NaOH 溶液（6mol/L）、甲基橙、酚酞。

三、实训原理

在酸碱滴定中，酸标准溶液通常是用 HCl 溶液。碱标准溶液一般都用 NaOH 配制。盐酸易挥发，固体 NaOH 容易吸收空气中水分和 CO_2，因此这两种标准溶液一般用间接法配制，即先配制近似浓度的溶液，然后用基准物质标定其准确浓度。

酸碱反应达到理论终点时，$c_aV_a=c_bV_b$。酸碱比较滴定是在误差允许的情况下，根据酸碱溶液的体积比，只要标定其中任意一种溶液的浓度，即可算出另一种溶液的准确浓度。

四、实训步骤

1. 0. 1mol/L HCl 溶液的配制

用洁净的量筒量取 6mol/L HCl ________ mL，倒入 500mL 试剂瓶中，用蒸馏水稀释至 500mL，盖上玻璃瓶塞，摇匀，贴好标签备用。

2. 0. 1mol/L NaOH 溶液的配制

用洁净的量筒量取 6mol/L NaOH ________ mL，倒入 500mL 试剂瓶中，用蒸馏水稀释至 500mL，盖上橡皮瓶塞，摇匀，贴好标签备用。

3. 比较滴定

(1) 酚酞作指示剂 准确移取 0.1mol/L HCl 溶液 25.00mL 于锥形瓶中，加 25mL 水，加入 2 滴酚酞指示剂，用 0.1mol/L NaOH 溶液滴定至粉红色并保持 30s 内不褪色，视为终点。平行测定三次，要求三次测定结果的相对偏差不大于 0.2%。计算 NaOH 和 HCl 消耗的体积比 V_{NaOH}/V_{HCl}，结果保留四位有效数字，记录在表 3-8。

表 3-8 酚酞作指示剂测定结果记录表

测定次数	1	2	3
NaOH 体积 V_{NaOH}/mL			
HCl 体积 V_{HCl}/mL			
V_{NaOH}/V_{HCl}			
体积比平均值			
绝对偏差			
平均偏差			
相对平均偏差/%			

(2) 甲基橙作指示剂 准确移取 25.00mL NaOH 于锥形瓶中，加 25mL 水，加入 2 滴甲基橙为指示剂，用 0.1mol/L HCl 溶液滴定至橙色视为终点。平行测定三次，要求三次测定结果的相对偏差不大于 0.2%。计算 NaOH 和 HCl 消耗的体积比 V_{NaOH}/V_{HCl}，结果保留四位有效数字，记录在表 3-9。

表 3-9 甲基橙作指示剂测定结果记录表

测定次数	1	2	3
NaOH 体积 V_{NaOH}/mL			
HCl 体积 V_{HCl}/mL			
V_{NaOH}/V_{HCl}			
体积比平均值			
绝对偏差			
平均偏差			
相对平均偏差/%			

五、数据记录和结果计算

绝对偏差 $d=x_i-\overline{x}$，平均偏差 $\overline{d}=\dfrac{\sum_{i=1}^{n}|x_i-\overline{x}|}{n}$，相对平均偏差$=\dfrac{\overline{d}}{\overline{x}}\times100\%$。

六、问题思考

1. 在滴定分析前，滴定管要用所盛的滴定剂洗三次，锥形瓶是否要用所盛的溶液洗三次，为什么？

2. 为什么用 HCl 滴定 NaOH 时选用甲基橙作指示剂，而用 NaOH 滴定 HCl 时，选用酚酞作指示剂？

技能训练5

盐酸标准溶液(0.1mol/L)的配制和标定

一、实训目的

二维码3.1

标定盐酸终点颜色

1. 掌握滴定管、容量瓶、移液管的使用和滴定操作。
2. 掌握盐酸标准溶液的配制和标定方法。
3. 学会混合指示剂滴定终点的判断。

二、仪器与试剂

1. 仪器：聚四氟乙烯酸式滴定管（50mL）、分析天平、烧杯、锥形瓶、电炉。

2. 试剂：浓盐酸、无水碳酸钠（基准）、溴甲酚绿-甲基红混合指示液。

三、实训原理

市售盐酸为无色透明的 HCl 水溶液，含量 36%～38%，约 12mol/L。由于盐酸易挥发，需采用间接法配制。

标定 HCl 的基准物常采用无水碳酸钠，反应式如下：

$$Na_2CO_3+2HCl \xlongequal{} 2NaCl+H_2O+CO_2\uparrow$$

反应完全时，溶液的 pH 值为 3.89，通常选用溴甲酚绿-甲基红混合指示剂。

四、实训步骤

1. 0.1mol/L HCl 溶液的配制

用洁净的量筒量取________ mol/L HCl ________ mL，倒入 500mL 试剂瓶中，用蒸馏水稀释至 500mL，盖上玻璃瓶塞，摇匀，贴好标签备用。

2. HCl 溶液的标定

称取于 270～300℃灼烧至恒重的基准无水碳酸钠 0.2g，称准至 0.0001g，溶于 50mL 水中，加 10 滴溴甲酚绿-甲基红混合指示液，用配制好的盐酸溶液滴定至溶液由绿色变为暗红色，煮沸 2min，冷却后，继续滴定至溶液再呈暗红色。平行测定三次，同时做空白实验。

五、数据记录和结果计算

将实验数据记录在表 3-10 中，盐酸标准溶液的浓度按下式计算：

$$c_{HCl}=\frac{m}{(V_1-V_2)\times 0.05299}$$

式中，m 为基准无水碳酸钠的质量，g；V_1 为样品实际消耗盐酸溶液的体积，mL；V_2 为空白实验消耗盐酸溶液的体积，mL。

表 3-10　盐酸标准溶液的标定记录表

项　目		1	2	3
称量瓶和试样的质量(第一次读数)/g				
称量瓶和试样的质量(第二次读数)/g				
基准无水碳酸钠的质量 m/g				
试样实验	滴定消耗盐酸的体积 V/mL			
	滴定管校正值 V_a/mL			
	溶液温度补正值 b/(mL/L)			
	实际消耗盐酸溶液的体积 V_1/mL			
空白实验	滴定消耗盐酸的体积/mL			
	滴定管体积校正值 V_a/mL			
	溶液温度补正值 b/(mL/L)			
	实际消耗盐酸溶液的体积 V_2/mL			
盐酸标准溶液的浓度 c/(mol/L)				
平均值 $\bar{c}$/(mol/L)				
平行测定结果的极差/(mol/L)				
相对极差/%				

三份测定的相对极差应不大于 0.3%，否则重新测定。

实际消耗的体积校正公式为：

$$V_1=V+V_a+\frac{Vb}{1000}$$

式中，V_1 为校正为 20℃时实际的体积，mL；V 为滴定管读数体积，mL；V_a 为滴定管校正值，mL；b 为标准溶液在该温度下的体积补正值（见附录一），mL/L。

例如，在 10℃标定时 0.1mol/L 的盐酸溶液消耗了 31.56mL，查附录二的附图 2-1 知 $V_a=0.03$mL，$b=1.5$mL/L，则实际消耗的盐酸体积为：

$$V_1=31.56+0.03+\frac{31.56\times 1.5}{1000}=31.64\ (\text{mL})$$

六、问题思考

1. 为什么无水碳酸钠要灼烧至恒重？怎样是恒重？
2. 为什么盐酸溶液滴定至溶液由绿色变为暗红色后需加热 2min？

技能训练6

氢氧化钠标准溶液(0.1mol/L)的配制和标定

一、实训目的

1. 掌握 NaOH 标准溶液的配制和标定方法。
2. 掌握滴定管、容量瓶、移液管的使用和滴定操作。
3. 学会酚酞指示剂终点颜色的判断。

二、仪器与试剂

1. 仪器：聚四氟乙烯酸式滴定管（50mL）、电子天平、烧杯、锥形瓶、量筒、试剂瓶。
2. 试剂：NaOH 溶液（6mol/L）、邻苯二甲酸氢钾（基准）、酚酞指示液（10g/L 乙醇溶液）。

三、实训原理

由于 NaOH 容易吸收 CO_2，需采用间接法配制。一般采用固体配制，或配成一定浓度溶液，取上层清液经稀释得到需要浓度。

标定 NaOH 的基准物常采用邻苯二甲酸氢钾（$KHC_8H_4O_4$），其摩尔质量为 204.2g/mol，反应式如下：

$$KHC_8H_4O_4 + NaOH \longrightarrow KNaC_8H_4O_4 + H_2O$$

反应完全时，溶液呈碱性，通常选用酚酞为指示剂。

四、实训步骤

1. 0.1mol/L NaOH 溶液的配制

用洁净的量筒量取________ mol/L NaOH ________ mL，倒入 500mL 试剂瓶中，用蒸馏水稀释至 500mL，盖上橡胶瓶塞，摇匀，贴好标签备用。

2. NaOH 溶液的标定

称取 0.4g（称准至 0.0001g）于 105～110℃烘箱中干燥至恒重的基准邻苯二甲酸氢钾，加 50mL 无二氧化碳的水溶解，加 2 滴酚酞指示液，用配制好的氢氧化钠溶液滴定至溶液呈粉红色，并保持 30s 内不褪色为终点，记下消耗的体积。平行测定 3 次，同时做空白实验。

五、数据记录和结果计算

将实验数据记录在表 3-11 中，NaOH 标准溶液的浓度按下式计算：

$$c_{NaOH} = \frac{m}{(V_1 - V_2) \times 0.2042}$$

式中，m 为基准邻苯二甲酸氢钾的质量，g；V_1 为样品实际消耗 NaOH 溶液的体积，mL；V_2 为空白实验消耗 NaOH 溶液的体积，mL。

表 3-11 NaOH 标准溶液的标定记录表

项目		1	2	3
称量瓶和试样的质量(第一次读数)/g				
称量瓶和试样的质量(第二次读数)/g				
基准邻苯二甲酸氢钾的质量 m/g				
试样实验	滴定消耗 NaOH 的用量 V/mL			
	滴定管校正值 V_a/mL			
	溶液温度补正值 b/(mL/L)			
	实际消耗 NaOH 溶液的体积 V_1/mL			
空白实验	滴定消耗 NaOH 的体积/mL			
	滴定管体积校正值 V_a/mL			
	溶液温度补正值 b/(mL/L)			
	实际消耗 NaOH 溶液的体积 V_2/mL			
NaOH 标准溶液的浓度 c/(mol/L)				
平均值 $\bar{c}$/(mol/L)				
平行测定结果的极差/(mol/L)				
相对极差/%				

三份测定的相对极差应不大于 0.3%，否则重新测定。

实际消耗的体积校正公式为：

$$V_1=V+V_a+\frac{Vb}{1000}$$

式中，V_1 为校正为 20℃时实际的体积，mL；V 为滴定管读数体积，mL；V_a 为滴定管校正值，mL；b 为标准溶液在该温度下的体积补正值（见附录一），mL/L。

例如，在 10℃标定 0.1mol/L 的 NaOH 溶液消耗了 31.56mL，查附录二附图 2-1 知 $V_a=0.03$mL，$b=1.5$mL/L，则实际消耗的 NaOH 体积为：

$$V_1=31.56+0.03+\frac{31.56\times1.5}{1000}=31.64\ (\text{mL})$$

六、问题思考

1. 以邻苯二甲酸氢钾基准试剂标定氢氧化钠溶液时，可否选用甲基橙作指示剂，为什么？

2. 邻苯二甲酸氢钾作基准试剂未干燥，对测定的结果有什么影响？

技能训练7

食醋中总酸度的测定

一、实训目的

1. 学会食醋中总酸度的测定方法。

2. 掌握滴定管、容量瓶、移液管的使用和滴定操作。

3. 学会酚酞指示剂终点颜色的判断。

二、仪器与试剂

1. 仪器：聚四氟乙烯酸式滴定管（50mL）、吸量管、移液管（25mL）、分析天平、锥形瓶、容量瓶。

2. 试剂：NaOH 溶液（0.1mol/L）、食醋、酚酞指示液（10g/L 乙醇溶液）。

三、实训原理

食醋的主要成分是乙酸，此外还有少量其他弱酸（如乳酸等）。用 NaOH 标准溶液滴定，化学计量点时溶液呈弱碱性，选用酚酞作指示剂，终点由无色至淡红色，且 30s 内不褪色。反应如下：

$$CH_3COOH + NaOH = CH_3COONa + H_2O$$

四、实训步骤

准确吸取 10.0mL 食醋试样溶液，置于 250mL 容量瓶中，加水稀释至刻度，并混匀。吸取其 25.00mL 置于锥形瓶中，以酚酞作指示剂，用 NaOH 标准溶液滴定至溶液呈淡红色且 30s 内不褪色为终点，消耗体积为 V_1。同时做空白实验，消耗体积为 V_2。

五、数据记录和结果计算

将实验数据记录在表 3-12 中，食醋中总酸度按下式计算：

$$总酸度(g/100mL)=\frac{c(V_1-V_2)\times 0.0600}{10\times\frac{25.00}{250.0}}\times 100$$

式中，c 为 NaOH 标准溶液浓度，mol/L；V_1 为样品实际消耗 NaOH 溶液的体积，mL；V_2 为空白实验消耗 NaOH 溶液的体积，mL。

表 3-12 食醋中总酸度测定记录表

项　目	1	2	3	4
HAc 溶液用量/mL	10.00			
NaOH 标准溶液浓度 c/(mol/L)				
滴定消耗 NaOH 的用量 V/mL				
滴定管校正值 V_a/mL				
溶液温度补正值 b/(mL/L)				
实际消耗 NaOH 溶液的体积 V_1/mL				
空白消耗 NaOH 溶液的体积 V_2/mL				
总酸度/(g/100mL)				
总酸度平均值/(g/100mL)				
相对平均偏差/%				

实际消耗体积校正公式为$V_1=V+V_a+\frac{Vb}{1000}$。相对平均偏差$=\frac{\sum_{i=1}^{n}|x_i-\bar{x}|}{n\bar{x}}\times 100\%$。

六、问题思考

1. 强碱滴定弱酸与强碱滴定强酸相比，测定过程中 pH 的变化有哪些不同？

2. 以下情况对滴定结果有什么影响？

(1) 滴定管中有气泡；

(2) 滴定近终点时，没有用蒸馏水冲锥形瓶内壁；

(3) 锥形瓶装液前，使用配制好的乙酸试样润洗三遍。

技能训练8

烧碱中NaOH和Na_2CO_3含量的测定

一、实训目的

1. 了解测定混合碱中 NaOH 和 Na_2CO_3 含量的原理和方法。

2. 掌握在同一份溶液中用双指示剂法测定混合碱中 NaOH 和 Na_2CO_3 含量的操作技术。

3. 掌握滴定管、容量瓶、移液管的使用和滴定操作。

二、仪器与试剂

1. 仪器：聚四氟乙烯酸式滴定管（50mL）、容量瓶（250mL）、移液管（25mL）、锥形瓶。

2. 试剂：HCl 标准溶液（0.1mol/L）、食醋、甲基橙指示剂、酚酞指示剂、混合碱液。

三、实训原理

工业产品碱液中 NaOH 和 Na_2CO_3 的含量，可在同一份试液中用两种不同的指示剂酚酞及甲基橙来分别指示滴定终点，此种方法称为“双指示剂法”。

测定时，当酚酞变色时 NaOH 已全部被中和，而 Na_2CO_3 只被滴定到 $NaHCO_3$，即只中和了一半，消耗 HCl 溶液的体积为 V_1。在此溶液中再加甲基橙指示剂，继续滴定到终点，则生成的 $NaHCO_3$ 进一步中和为 CO_2，又用去 HCl 溶液的体积为 V_2。根据滴定的体积关系，可计算试样中 NaOH 和 Na_2CO_3 的含量。

四、实训步骤

1. 混合碱液的稀释

准确吸取混合碱液 25.00mL 于 250mL 容量瓶中，加水稀释至刻度，摇匀。

2. 混合碱液的测定

用移液管吸取混合碱液的稀释试液 25.00mL 三份，分别置于 250mL 锥形瓶中，加 25mL 蒸馏水，加 1～2 滴酚酞指示剂，用 HCl 标准溶液滴定至溶液由红色刚变为无色，记

下所消耗酸的体积 V_1（注意酸要逐滴加入并不断摇动，以免局部酸度过大）。然后再加入 2 滴甲基橙指示剂，继续用 HCl 标准溶液滴定至溶液出现橙色，记下所酸用量 V_2。根据 V_1 和 V_2 体积，计算 NaOH 和 Na_2CO_3 的质量分数（要求相对平均偏差≤0.3%）。

五、数据记录和结果计算

将实验数据记录在表 3-13 中，NaOH 和 Na_2CO_3 的含量按下式计算（单位为 g/L）：

$$w_{NaOH}=\frac{c_{HCl}(V_1-V_2)\times 40.00}{25.00\times\frac{25}{250}}$$

$$w_{Na_2CO_3}=\frac{c_{HCl}V_2\times 106.0}{25.00\times\frac{25}{250}}$$

表 3-13 混合碱测定记录表

项　目	1	2	3
混合碱/mL	25.00		
HCl 初读数/mL			
HCl 第一终点读数/mL	0.00	0.00	0.00
消耗 HCl 体积 V_1/mL			
HCl 第二终点读数/mL			
消耗 HCl 体积 V_2/mL			
w_{NaOH}/(g/L)			
w_{NaOH}平均值/(g/L)			
相对平均偏差/%			
$w_{Na_2CO_3}$/(g/L)			
$w_{Na_2CO_3}$平均值/(g/L)			
相对平均偏差/%			

$$相对平均偏差=\frac{\overline{d}}{\overline{x}}\times 100\%=\frac{\sum_{i=1}^{n}|x_i-\overline{x}|}{n\overline{x}}\times 100\%$$

六、问题思考

1. Na_2CO_3 和 $NaHCO_3$ 的混合物能不能用“双指示剂法”测定？测定结果如何表示？
2. 酸碱滴定中，指示剂用量可以多吗？

技能训练9

盐酸总酸度的测定

一、实训目的

1. 能规范使用电子天平对基准物进行称量操作。

2. 能用酸碱滴定法对盐酸总酸度进行测定。
3. 掌握滴定管、容量瓶、移液管的使用和滴定操作。

二、仪器与试剂

1. 仪器：聚四氟乙烯滴定管（50mL）、电子天平、具塞锥形瓶。
2. 试剂：NaOH 标准溶液（0.1mol/L）、盐酸试样、溴甲酚绿指示液（1g/L）。

三、实训原理

以溴甲酚绿为指示液，用氢氧化钠标准滴定溶液滴定至盐酸溶液由黄色变为蓝色为终点。反应式如下：

$$H^+ + OH^- = H_2O$$

四、实训步骤

量取约 3mL 实验室样品，置于内装约 15mL 水并已称量（精确到 0.0001g）的具塞锥形瓶中，混匀并称量（精确到 0.0001g）。向锥形瓶中加 2～3 滴溴甲酚绿指示液，用氢氧化钠标准溶液滴定至溶液由黄色变为蓝色为终点，平行测定三次。

五、数据记录和结果计算

将实验数据记录在表 3-14 中，总酸度以氯化氢（HCl）的质量分数 w 计，数值以%表示，按下式计算：

$$w = \frac{(V/1000)cM}{m} \times 100 = \frac{cVM}{10m}$$

表 3-14 盐酸总酸度的测定记录表

测定次数	1	2	3
第一次瓶＋盐酸质量/g			
第二次瓶＋盐酸质量/g			
盐酸质量 m/g			
滴定消耗 NaOH 用量/mL			
滴定管校正值/mL			
溶液温度补正值/(mL/L)			
NaOH 实际用量 V/mL			
NaOH 浓度 c/(mol/L)			
总酸度 w/%			
总酸度平均值 w/%			
极差/%			

极差 $= x_{max} - x_{min}$，要求极差不大于 0.2%。

六、问题思考

1. 称量 HCl 时候，具塞锥形瓶为什么要预先装入 15mL 水？

2. 可以用酚酞作指示剂吗？

职业素养（professional ethics）

“三个和尚挑水喝”“三个臭皮匠，胜过诸葛亮”，这些俗语都可以看出团结协作的重要性。集体是一个大家庭，我们每个人都是其中的一分子。团结、互助、友爱是人生必不可少的道德品质。只有懂得团结协作的人，才能明白团结协作对自己、对别人、对整个团队的意义，才会把团结协作当成自己的一份责任。

习题

一、填空题

1. 写出下列物质的共轭酸：HPO_4^{2-}（　　）；HCO_3^-（　　）。
2. 在弱酸或弱碱溶液中，pH 和 pOH 之和等于（　　）。
3. 0.1000mol/L NH_4^+ 溶液的 pH=（　　），已知 $K_b=1.8\times10^{-5}$。
4. 0.1000mol/L $NaHCO_3$ 溶液的 pH=（　　），已知 $K_{a1}=4.2\times10^{-7}$，$K_{a2}=5.6\times10^{-11}$。
5. 某溶液 pH=11.30，换算成 H^+ 浓度为（　　）mol/L。
6. 酸碱滴定中，判断弱酸能否直接滴定的依据是（　　）。
7. 常用于盐酸标准溶液浓度标定的基准物质有（　　）（写出两种）。
8. 常用于标定氢氧化钠标准溶液标定的基准物质有（　　）。
9. 甲基橙的变色范围是（　　），在 pH<3.1 时为（　　）色。
10. 常温下，0.01mol/L 盐酸溶液中的氢氧根离子浓度 $[OH^-]$=（　　）mol/L。
11. 在 500mL NaOH 溶液中含有 0.02g NaOH，该溶液的 pH=（　　）。
12. $T_{NaOH/HCl}=0.003000$g/mL 表示 1mL（　　）相当于 0.003000g（　　）。

二、单项选择题

1. 某酸碱指示剂的 $K_{HIn}=1.0\times10^{-5}$，则从理论上推算其变色范围是（　　）。

A. 4～5　　B. 5～6　　C. 4～6　　D. 5～7

2. 在不加样品的情况下，用测定样品同样的方法、步骤，对空白样品进行定量分析，称为（　　）。

A. 对照试验　　B. 空白试验　　C. 平行试验　　D. 预试验

3. 用同一浓度的 NaOH 标准溶液分别滴定体积相等的 H_2SO_4 溶液和 HAc 溶液，消耗的体积相等，说明 H_2SO_4 溶液和 HAc 溶液浓度的关系是（　　）。

A. $c(H_2SO_4)=c(HAc)$　　B. $c(H_2SO_4)=2c(HAc)$

C. $2c(H_2SO_4)=c(HAc)$　　D. $4c(H_2SO_4)=c(HAc)$

4. pH＝2.00 和 pH＝4.00 的两种溶液等体积混合后 pH 值是（　）。

A. 2.3　B. 2.5　C. 2.8　D. 3.2

5. 配制 pH＝7.0 左右的缓冲溶液，应选用下列哪一种体系（　）。

A. HAc-NaAc（$pK_a=4.74$）　B. NaH_2PO_4-Na_2HPO_4（$pK_a=7.20$）

C. H_3BO_3-$Na_2B_4O_7$（$pK_a=9.24$）　D. $ClCH_2COOH$-NaOH（$pK_a=3.85$）

6. 双指示剂法测定混合碱，试样中若含有 NaOH 和 Na_2CO_3，则消耗标准盐酸溶液的体积为（　）。

A. $V_1=V_2$　B. $V_1<V_2$　C. $V_1>V_2$　D. $V_2=0$

7. 已知 HAc 的 $pK_a=4.75$，HF 的 $pK_a=3.45$，HCN 的 $pK_a=9.31$，则下列物质的碱性强弱顺序正确的是（　）。

A. $F^->CN^->Ac^-$　B. $Ac^->CN^->F^-$　C. $CN^->Ac^->F^-$　D. $CN^->F^->Ac^-$

8. 用 0.1mol/L NaOH 滴定 0.1mol/L CH_3COOH（$pK_a=4.74$）对此滴定，适用的指示剂是（　）。

A. 酚酞　B. 溴酚蓝　C. 甲基橙　D. 百里酚蓝

9. 将 50mL 浓硫酸和 100mL 水混合的溶液浓度表示为（　）。

A. $(1+2)H_2SO_4$　B. $(1+3)H_2SO_4$　C. 50% H_2SO_4　D. 33.3% H_2SO_4

10. 将 0.10mol/L 的 HCl 和 0.10mol/L 的 HAc（$K_a=1.8\times10^{-5}$）等体积混合后的 pH 值为（　）。

A. 1.0　B. 1.3　C. 1.5　D. 2.0

11. 于 1L 0.2000mol/L HCl 溶液中，需加入（　）mL 水才能使稀释后的盐酸溶液对氧化钙的滴定度（$T_{HCl/CaO}$）为 0.005000g/mL？已知 CaO 分子量为 56.08。

A. 61mL　B. 122mL　C. 244mL　D. 32mL

12. 以甲基橙为指示剂标定含有 Na_2CO_3 的 NaOH 标准溶液，用该标准溶液滴定某酸（以酚酞为指示剂），则测定结果（　）。

A. 偏高　B. 偏低　C. 不变　D. 无法确定

13. 测定 $(NH_4)_2SO_4$ 中的氮时，不能用 NaOH 直接滴定，这是因为（　）。

A. NH_3 的 K_b 太小　B. $(NH_4)_2SO_4$ 不是酸

C. NH_4^+ 的 K_a 太小　D. $(NH_4)_2SO_4$ 中含游离 H_2SO_4

14. 已知邻苯二甲酸氢钾的摩尔质量为 204.2g/mol，用它来标定 0.1mol/L 的 NaOH 溶液，宜称取邻苯二甲酸氢钾（　）。

A. 0.25g 左右　B. 1g 左右　C. 0.1g 左右　D. 0.45g 左右

15. 若将 $H_2C_2O_4\cdot2H_2O$ 基准物质长期保存于保干器中，用以标定 NaOH 溶液的浓度时，结果将（　）。

A. 偏高　B. 偏低　C. 产生随机误差　D. 没有影响

16. 用 NaOH 溶液分别滴定体积相等的 H_2SO_4 和 HAc 溶液，消耗的体积相等，说明 H_2SO_4 和 HAc 两溶液中（　）。

A. 氢离子浓度相等　B. H_2SO_4 和 HAc 的浓度相等

C. H_2SO_4 的浓度为 HAc 的 1/2　D. 两个滴定的 pH 值突跃范围相同

17. 向 1mL pH＝1.8 的盐酸中加入水（　）才能使溶液的 pH＝2.8。

A. 9mL　B. 10mL　C. 8mL　D. 12mL

18. 某混合碱液，先用 HCl 滴至酚酞变色，消耗 V_1(mL)，继以甲基橙为指示剂，又消耗 V_2(mL)，已知 $V_1<V_2$，其组成为（　）。

A. NaOH-Na_2CO_3　B. Na_2CO_3　C. $NaHCO_3$　D. $NaHCO_3$-Na_2CO_3

19. 用 0.1mol/L HCl 滴定 0.1mol/L NaOH 时的 pH 值突跃范围是 4.3～9.7，用 0.01mol/L HCl 滴定 0.01mol/L NaOH 的突跃范围是（　）。

A. 4.3～9.7　B. 4.3～8.7　C. 5.3～8.7　D. 3.3～10.7

20. 用甲醛法测定工业 $(NH_4)_2SO_4$（其摩尔质量为 132g/mol）中的 NH_3（摩尔质量为 17.0g/mol）的含量，将试样溶解后用 250mL 容量瓶定容，移取 25mL 用 0.2mol/L 的 NaOH 标准溶液滴定，则试样称取量应为（　　）。

A. 0.13～0.26g　　B. 0.3～0.6g　　C. 0.5～1.0g　　D. 1.3～2.6g

三、判断题

（　　）1. 0.1mol/L HAc-NaAc 缓冲溶液的 pH 值是 4.74（$K_a=1.8\times10^{-5}$）。

（　　）2. 准确称取分析纯的固体 NaOH，就可直接配制标准溶液。

（　　）3. Na_2HPO_4 的水溶液可使广泛 pH 试纸变红。

（　　）4. 酸碱滴定中有时需要用颜色变化明显的变色范围较窄的指示剂，即混合指示剂。

（　　）5. 酚酞和甲基橙都可用于强碱滴定弱酸的指示剂。

（　　）6. 缓冲溶液在任何 pH 值条件下都能起到缓冲作用。

（　　）7. 在 pH=0 的溶液中，H^+ 的浓度等于零。

（　　）8. H_2SO_4 是二元酸，用 NaOH 标准溶液滴定时有两个滴定突跃。

（　　）9. 乙酸溶液稀释后，其 pH 值增大。

（　　）10. 以硼砂标定盐酸溶液时，硼砂的基本单元是 $Na_2B_4O_7\cdot10H_2O$。

（　　）11. 强酸滴定弱碱达到化学计量点时 pH>7。

四、简答题

1. 缓冲液中的缓冲对主要有三种类型？

2. 什么是双指示剂法，碳酸钠和碳酸氢钠的混合能不能用双指示剂法，测试结果如何表示？

五、计算题

1. 已知 25℃时，$K_a=1.8\times10^{-5}$，计算该温度下 0.10mol/L 的 HAc 溶液中 H^+、Ac^- 的浓度及溶液的 pH 值。

2. 试计算：(1) pH=1.00 与 pH=3.00 的 HCl 溶液等体积混合后溶液的 pH 值和 $c(H^+)$；(2) pH=3.00 的 HCl 溶液与 pH=13.00 的 NaOH 溶液等体积混合后溶液的 pH 值和 $c(H^+)$。

3. 用基准 Na_2CO_3 标定 0.1mol/L 溶液。标定时考虑消耗 HCl 溶液为 30～35mL，问 Na_2CO_3 称量范围是多少克？

4. 吸取液体烧碱样品 50mL 于 1000mL 容量瓶中，用蒸馏水稀释至刻度。吸出 25.00mL 于锥形瓶中，加酚酞指示剂，用 $c(HCl)=1.020$mol/L 的 HCl 标准溶液滴定，消耗 21.02mL，再加甲基橙指示剂继续滴定，又消耗 HCl 标准溶液 0.30mL，计算液体烧碱中 NaOH 和 Na_2CO_3 的含量（单位为 g/L）。（已知 $M_{Na_2CO_3}=106.0$，$M_{NaOH}=40.00$）

小常识

乙酸（acetic acid）

1. 性状（property）

乙酸，化学式 CH_3COOH，分子量 60.05，纯的无水乙酸（冰醋酸）是无色的吸湿性固体，凝固点为 16.6℃（62 ℉），凝固后为无色晶体，其水溶液呈弱酸性且腐蚀性强，蒸气对眼和鼻有刺激性作用。乙酸能溶于水、乙醇、乙醚、四氯化碳及甘油等。乙酸是最重要的有机酸之一，主要可用于生产乙酸乙烯酯、乙酐、乙酸酯和乙酸纤维素等。在食品工业中，乙酸用作酸化剂、增香剂和香料。乙酸还可制造药物，如阿司匹林等，在农药、医药、染料、照相药品制造和橡胶工业等中都有广泛应用。

2. 生产工艺（production）

工业制备乙酸主要采用人工合成和细菌发酵两种方法。人工合成方法主要有甲醇羰基化法，利用甲醇和一氧化碳在催化剂作用下反应生成乙酸。英国石油公司（BP）是世界上最大的乙酸供应商，世界乙酸生产的70%采用BP技术。BP公司1996年推出Cativa技术专利，Cativa工艺采用基于铱的新催化剂体系，并使用多种新的助剂，如铼、钌、锇等，铱催化剂体系活性高于铑催化剂，副产物少。

3. 储存方法（storage）

乙酸储存于阴凉、通风的库房，应远离火种、热源，冬季应保持库温高于16℃，以防凝固，保持容器密封，应与氧化剂、碱类分开存放，切忌混储，采用防爆型照明、通风设施，禁止使用易产生火花的机械设备和工具，储区应备有泄漏应急处理设备和合适的收容材料。

4. 危害防治（safety information）

侵入途径为吸入、食入、经皮吸收。皮肤接触时先用水冲洗，再用肥皂水彻底洗涤。眼睛受刺激时用水冲洗，再用干布擦拭，严重的需送医院诊治。若吸入蒸气，使患者脱离污染区，安置休息并保暖。误服立即漱口，给予催吐剂催吐，急送医院诊治。

模块二　盐产品分析

Module Two　Analysis of Salt

盐主要成分为氯化钠，工业上的用途很广，被称为“化学工业之母”。基本化学工业主要产品盐酸、烧碱、纯碱、氯化铵、氯气等主要是用工业盐为原料生产的。此外，盐还用于日用化工、橡胶行业、造纸工业、医药工业、食品工业等。为此，国家标准 GB/T 5462—2016《工业盐》规定了工业盐的要求、采样、试验方法和检验规则等，质量指标见下表。杭州电化集团有限公司质检部安排你对盐酸车间采购的一批工业盐原料采样并进行常规检验，判断产品质量是否符合国家相关标准要求，并填写检验报告单。

工业盐质量指标

项目		指标								
		精制工业盐						日晒工业盐		
		工业干盐			工业湿盐					
		优级	一级	二级	优级	一级	二级	优级	一级	二级
氯化钠/%	≥	99.1	98.5	97.5	96.0	95.0	93.3	96.2	94.8	92.0
水分/%	≤	0.30	0.50	0.80	3.00	3.50	4.00	2.80	3.80	6.00
水不溶物/%	≤	0.05	0.10	0.20	0.05	0.10	0.20	0.20	0.30	0.40
钙镁离子总量/%	≤	0.25	0.40	0.60	0.30	0.50	0.70	0.30	0.40	0.60
硫酸根离子/%	≤	0.30	0.50	0.90	0.50	0.70	1.00	0.50	0.70	1.00

项目4

沉淀滴定法
Precipitation Titration

知识目标 （knowledge objectives）

1. 理解溶解度和溶度积的概念；
2. 掌握溶度积规则判断沉淀的生成及溶解；
3. 掌握银量法的基本原理与滴定条件；
4. 了解银量法指示剂的选择和使用要求；
5. 了解重量分析法的基本原理和基本方法。

技能目标 （skill objectives）

1. 能进行溶解度和溶度积的正确换算；
2. 会使用平衡公式进行溶度积和沉淀离子浓度的计算；
3. 能正确使用莫尔法进行硝酸银溶液浓度的标定；
4. 能准确进行氯化钠含量的计算；
5. 能正确应用银量法进行相关离子的测定。

素养目标 （attitude objectives）

1. 培养学生吃苦耐劳的职业精神；
2. 培养实事求是、严谨科学的工作作风；
3. 培养学生树立职业责任感；
4. 培养团结协作、互相帮助的职业精神。

项目引入

1. 沉淀是发生化学反应时生成的不溶物质，溶洞中的石笋、钟乳石就是由于碳酸钙经过不断的沉淀，历经万年形成的。同时沉淀反应在食品、制药、环保和化工行业等方面有着广泛的应用。如用氯化铝净水，是通过氯化铝水解产生的絮状沉淀吸附水中的杂质，达到分离净化的目的。

钟乳石

胆结石

石像

2. 在分析检测中，利用沉淀反应进行滴定分析，称为沉淀滴定法。请举例说明沉淀滴定法在食品、药品、水质等行业的应用。

3. 食品、药物行业中常量水分含量是怎么测定的?

任务4.1

认识溶度积

$CaCO_3$ 在水中可以溶解吗？如何表述物质在水中的溶解程度？在科学实验和生产实际中，常常利用沉淀的生成和溶解进行产品的制备、物质的分离和提纯。本次任务，通过讨论溶度积和溶解度，探讨沉淀反应和平衡原理。

4.1.1 溶度积常数

各种不同的物质在水中的溶解度（solubility）是不同的。电解质按其溶解度的大小可分为易溶电解质（soluble electrolyte）和难溶电解质（insoluble electrolyte）两大类，习惯上把在100g水中溶解度小于0.01g的物质称为“难溶电解质”，如AgCl、$BaSO_4$、$CaCO_3$、$Mg(OH)_2$。

难溶电解质的溶解是一个可逆过程。例如把AgCl放入水中，固体表面的Ag^+、Cl^-会脱离表面，进入水中，这一过程称为溶解（dissolution）。同时，水中Ag^+、Cl^-相互碰撞，重新结合成AgCl固体，这一过程称为沉淀（precipitation）。在一定温度下，当沉淀速度和溶解速度相等时，就达到沉淀-溶解平衡（precipitation-dissolution equilibrium）。

$$AgCl(s) \rightleftharpoons Ag^+ + Cl^-$$

难溶电解质沉淀-溶解平衡的平衡常数称为溶度积常数（solubility product constant），简称溶度积，记作K_{sp}，它反映了物质的溶解能力。对于AgCl，则有：

$$K_{sp} = [Ag^+][Cl^-]$$

对于组成为A_mB_n的难溶电解质，在一定温度下达到沉淀-溶解平衡（图4-1）：

$$A_mB_n(s) \rightleftharpoons mA^{n+} + nB^{m-}$$

溶度积常数为：

$$K_{sp} = [A^{n+}]^m[B^{m-}]^n$$

例如：

$$Ag_2C_2O_4(s) \rightleftharpoons 2Ag^+ + C_2O_4^{2-}$$

$$K_{sp}(Ag_2C_2O_4) = [Ag^+]^2[C_2O_4^{2-}]$$

K_{sp}只适用于难溶电解质的饱和溶液，且只是温度的函数，而与溶液中离子浓度无关。常见难溶电解质的 K_{sp}列于附录九。

图 4-1 沉淀-溶解平衡

练一练

写出下列各难溶电解质的溶度积 K_{sp}的表达方式：

（1）PbI_2 （2）$BaSO_4$ （3）$Fe(OH)_3$

（4）$Ca_3(PO_4)_2$ （5）Ag_2CrO_4

4.1.2 溶解度和溶度积的关系

溶解度和溶度积的大小均可衡量难溶电解质的溶解能力，一些手册上溶度积的单位为 g/100g 水，计算时需换算为物质的量浓度，即换算成单位为 mol/L。由于难溶电解质的溶解度很小，一般认为它们饱和溶液的密度等于水的密度（1g/mL）。

根据沉淀-溶解平衡可得到溶解度 s 与溶度积 K_{sp}关系见表 4-1。

表 4-1 溶解度与溶度积关系

难溶电解质类型	示例	换算公式
AB	$AgCl$、$AgBr$、$BaSO_4$、$CaCO_3$	$K_{sp}=[A^+][B^-]=s^2$
AB_2 或 A_2B	PbI_2、Ag_2S、Ag_2CrO_4	$K_{sp}=[A^+]^2[B^{2-}]=[A^{2+}][B^-]^2=4s^3$
AB_3 或 A_3B	Ag_3PO_4、$Fe(OH)_3$、$Al(OH)_3$	$K_{sp}=[A^{3+}][B^-]^3=[A^+]^3[B^{3-}]=27s^4$
A_3B_2	$Ca_3(PO_4)_2$、$Cu_3(PO_4)_2$	$K_{sp}=[A^{2+}]^3[B^{3-}]^2=108s^5$

［例 4-1］ 298K 时，$BaSO_4$ 的溶解度为 2.42×10^{-4} g/100g 水。求 $BaSO_4$ 的溶度积 K_{sp}。已知 $M(BaSO_4)=223.4$g/mol。

解 因溶液极稀，可认为密度为 1g/mL，则：

溶解度 $s=2.42\times10^{-4}\times10/223.4=1.04\times10^{-5}$ (mol/L)

$$BaSO_4(s) \rightleftharpoons Ba^{2+} + SO_4^{2-}$$

$$K_{sp}=[A^+][B^-]=s^2=(1.04\times10^{-5})^2=1.08\times10^{-10}$$

［例 4-2］ $Ag_2C_2O_4$ 在某温度下的溶解度为 $s=1.34\times10^{-4}$ mol/L，求该温度下的溶度积。

解

$$Ag_2C_2O_4(s) \rightleftharpoons 2Ag^+ + C_2O_4^{2-}$$

$$K_{sp}(Ag_2C_2O_4)=[Ag^+]^2[C_2O_4^{2-}]=4s^3=9.62\times10^{-12}$$

同类型的化合物，溶度积 K_{sp}越大，其溶解度也越大；K_{sp}越小，其溶解度也越小。不同类型的难溶化合物，由于离子浓度幂不同，不能从溶度积直接比较溶解度。

练一练

1. 已知下列物质的溶解度，计算其溶度积常数。

（1）$CaCO_3$，$s=5.3\times10^{-3}$g/L　（2）Ag_2CrO_4，$s=2.2\times10^{-2}$g/L

2. 通过计算，说明常温下 AgCl 和 Ag_2CrO_4 在纯水中的溶解度谁大。

任务4.2

溶度积规则及应用

在实际工作中，应用沉淀-溶解平衡可以判断难溶电解质在一定条件下是否能产生沉淀，已有的沉淀是否发生溶解。

4.2.1 溶度积规则

对于组成为 A_mB_n 的难溶电解质，在水溶液中存在下列解离过程：

$$A_mB_n(s) \rightleftharpoons mA^{n+} + nB^{m-}$$

在此过程的任一状态，离子浓度的乘积 Q 表示为：

$$Q=[A^{n+}]^m[B^{m-}]^n$$

Q 称为难溶电解质的离子积（ion product），即溶液中离子浓度幂的乘积。判断是否生成沉淀，或已有沉淀是否溶解用溶度积规则：

(1) 当 $Q>K_{sp}$，生成沉淀，直至溶液呈饱和状态；

(2) 当 $Q<K_{sp}$，溶液未达饱和，沉淀溶解；

(3) 当 $Q=K_{sp}$，饱和溶液，无沉淀生成。

［例 4-3］ 现有 350mL 6.0×10^{-3} mol/L 的含 Ag^+ 废水，加入 250mL 0.012mol/L 的 NaCl 溶液。试问能否有 AgCl 沉淀产生。若有沉淀，沉淀后溶液中 Ag^+ 的浓度为多少？已知 $K_{sp}(AgCl)=1.8\times10^{-10}$。

解 两种溶液混合后：

$$[Ag^+]=6.0\times10^{-3}\times(350/600)=3.5\times10^{-3}\ (mol/L)$$

$$[Cl^-]=0.012\times(250/600)=5.0\times10^{-3}\ (mol/L)$$

$$Q=[Ag^+][Cl^-]=3.5\times10^{-3}\times5.0\times10^{-3}=1.75\times10^{-5}>K_{sp}$$

故有 AgCl 沉淀生成。

设平衡时 $[Ag^+]=x$，Ag^+ 沉淀了 $(3.5\times10^{-3}-x)$mol/L

$$AgCl \rightleftharpoons Ag^+ + Cl^-$$

平衡时　x　　$5.0\times10^{-3}-(3.5\times10^{-3}-x)$

则　$x[5.0\times10^{-3}-(3.5\times10^{-3}-x)]=K_{sp}$

即　$x(1.5\times10^{-3}+x)=K_{sp}$

由于 x 很小，故 $1.5\times10^{-3}+x\approx1.5\times10^{-3}$

则 $x=1.8\times10^{-10}/(1.5\times10^{-3})=1.2\times10^{-7}$ (mol/L)

则溶液中 Ag^+ 的浓度降至 1.2×10^{-7}mol/L。

练一练

1. 血浆中钙离子浓度为 0.0025mol/L，如果血液中草酸根离子浓度为 1.0×10^{-7}mol/L，是否有沉淀产生？

2. 在浓度为 0.10mol/L $CaCl_2$ 溶液中，加入少量 Na_2CO_3，使 Na_2CO_3 浓度为

0.0010mol/L，是否会有沉淀产生?

4.2.2　应用溶度积规则

4.2.2.1　沉淀的生成

当溶液中组成沉淀离子的离子积大于该温度下的溶度积时，就会有沉淀生成。工业上，用沉淀反应制备产品或分离杂质时，还需要沉淀完全。通常认为，溶液中残留离子的浓度小于 10^{-5} mol/L，即认为沉淀完全。

[例 4-4]　向 0.010mol/L 硝酸银溶液中加入盐酸（不考虑体积的变化）：(1) 当氯离子浓度为多少时，开始产生 AgCl 沉淀？(2) 加入的 HCl 使溶液氯离子浓度为 0.010mol/L，此时银离子是否沉淀完全？已知 $K_{sp}(AgCl)=1.8\times10^{-10}$。

解　(1) 根据溶度积规则，$Q=[Ag^+][Cl^-]=0.010\times[Cl^-]\geqslant K_{sp}$

$$[Cl^-]\geqslant1.8\times10^{-8}\text{mol/L}$$

即氯离子浓度为 1.8×10^{-8} mol/L 时开始出现沉淀。

(2) 加入 HCl，使溶液氯离子浓度为 0.010mol/L，则：

$$[Ag^+]=\frac{K_{sp}}{[Cl^-]}=1.8\times10^{-8}\text{mol/L}$$

此时银离子浓度小于 10^{-5} mol/L，即认为沉淀完全。

4.2.2.2　分步沉淀

分步沉淀（fractional precipitation）是指在一定条件下，使一种离子先沉淀，而其他离子在另一条件下沉淀的现象。该方法广泛应用于冶金，如浸铜后渣硫酸盐分离沉淀过程是按银、铜、镍的先后顺序进行析出的。

(1) 对于同种类型的沉淀（如 AB 型），K_{sp}小的先沉淀。溶解积差别越大，后沉淀的离子浓度就越小，分离效果也就越好。

(2) 当一种试剂能沉淀溶液中多种离子时，生成沉淀所需试剂离子浓度越小的越先沉淀；如果生成各种沉淀所需试剂离子浓度相差较大，就能分步沉淀，从而达到分离的目的。

(3) 分步沉淀的次序还与被沉淀的各离子在溶液中的浓度有关。如果将生成沉淀物的离子浓度加以适当改变，也可能改变沉淀顺序。

[例 4-5]　向含有 0.1mol/L 的含氯离子和碘离子的溶液中，逐渐加入硝酸银，两种沉淀是同时析出，还是一种先沉淀？已知 $K_{sp}(AgCl)=1.8\times10^{-10}$，$K_{sp}(AgI)=8.3\times10^{-17}$。

解　氯离子开始沉淀时所需 $[Ag^+]=K_{sp}/[Cl^-]=1.8\times10^{-9}$ mol/L。碘离子开始沉淀时所需$[Ag^+]=K_{sp}/[I^-]=8.3\times10^{-16}$ mol/L，故 AgI 先沉淀。

随着 $AgNO_3$ 的加入使 AgI 不断生成，溶液中碘离子越来越小，而 $[Ag^+]$ 越来越大；当$[Ag^+]=K_{sp}/[Cl^-]=1.8\times10^{-9}$ mol/L 时，AgCl 开始沉淀，此时溶液中：

$$[I^-]=K_{sp}/[Ag^+]=8.3\times10^{-17}/(1.8\times10^{-9})=4.6\times10^{-8}\ (\text{mol/L})$$

可见，当 AgCl 开始沉淀时溶液中的碘离子已经沉淀完全，所以通过加入 $AgNO_3$ 可以达到分离氯离子和碘离子的目的。

练一练

1. 溶液中含 0.10mol/L Ba^{2+} 和 0.10mol/L Sr^{2+}，向其中慢慢加入 K_2CrO_4，问哪一种离子先生成沉淀？两种离子能否分步沉淀？

2. 溶液中含 0.10mol/L Cd^{2+} 和 0.10mol/L Zn^{2+}，为使 Cd^{2+} 形成沉淀与 Zn^{2+} 分离，问沉淀剂 S^{2-} 应控制在什么范围?

4.2.2.3 沉淀的溶解

二维码4.1

沉淀溶解操作过程

如果降低饱和溶液中阳离子或阴离子的浓度，使 $Q<K_{sp}$，固体难溶化合物就会溶解，直到达到新的平衡为止。

(1) 生成弱酸 例如沉淀 Ag_2CrO_4 可溶解于弱酸溶液中，CrO_4^{2-} 可与 H^+ 生成弱电解质 $HCrO_4^-$，使沉淀-溶解平衡向右移动，引起 Ag_2CrO_4 的溶解。这个过程示意如下：

$$Ag_2CrO_4(s)+H^+ \longrightarrow 2Ag^+ + HCrO_4^-$$

又如 $CaCO_3$ 溶于盐酸，其反应如下：

$$CaCO_3+2HCl \longrightarrow CaCl_2+H_2O+CO_2\uparrow$$

(2) 生成弱碱 例如 $Mg(OH)_2$ 能溶于铵盐中，是由于生成了弱碱氨水。

$$Mg(OH)_2+2NH_4Cl \longrightarrow MgCl_2+2NH_3\cdot H_2O$$

(3) 生成水 例如 $Mg(OH)_2$ 能溶于强酸中，是由于生成了弱电解质水。

$$Mg(OH)_2+2HCl \longrightarrow MgCl_2+2H_2O$$

(4) 生成配合物 通过生成配合物（complex），使难溶电解质中某一离子浓度减小。如 AgCl 沉淀溶解于氨水中，发生了如下反应：

$$AgCl+2NH_3 \longrightarrow [Ag(NH_3)_2]^+ + Cl^-$$

4.2.2.4 沉淀的转化

在含有沉淀的溶液中加入另一种沉淀剂，使其与溶液中某一离子结合成更难溶的物质，引起一种沉淀转变成另一种沉淀的现象，叫沉淀的转化（transformation of precipitation)。一般来说，沉淀转化的方向总是朝着生成更难溶的电解质方向进行。

例如锅炉中会形成含 $CaSO_4$ 的锅垢，这种锅垢不溶于酸，不易除去。如果向其中加入 Na_2CO_3 溶液，$CaSO_4$ 会逐渐溶解，生成 $CaCO_3$，产物极易溶于酸性溶液中，容易处理。

$$CaSO_4+Na_2CO_3 \longrightarrow CaCO_3+Na_2SO_4$$

练一练

解释下列现象:

(1) $Mg(OH)_2$ 可溶于铵盐，而 $Fe(OH)_3$ 不溶

(2) $Fe(OH)_3$ 可溶于稀硫酸

(3) AgCl 不溶于稀盐酸，却可以适当溶于浓盐酸

4.2.3 影响沉淀的因素

影响沉淀的主要因素有同离子效应、盐效应、酸效应和配位效应。

(1) 同离子效应 当溶液中含有与难溶电解质相同的阴阳离子时，会使难溶电解质的溶解度降低。这种因加入含有共同离子的强电解质而使难溶电解质的溶解度降低的效应，称为沉淀-溶解平衡的同离子效应（common ion effect)。

[例 4-6] 比较 $BaSO_4$ 在纯水中和在 0.10mol/L Na_2SO_4 溶液中的溶解度。已知 $K_{sp}=1.08\times10^{-10}$。

解 (1) 在纯水中，$s_1=\sqrt{K_{sp}}=\sqrt{1.08\times10^{-10}}=1.04\times10^{-5}$ (mol/L)。

(2) 在 0.10mol/L Na_2SO_4 溶液中：

$$BaSO_4(s) \rightleftharpoons Ba^{2+} + SO_4^{2-}$$

起始浓度　　s_2　　$s_2+0.10$

$$s_2(s_2+0.10)=K_{sp}$$

因 $s_2 \ll 0.10$，故 $s_2+0.10=0.10$，则 $s_2=K_{sp}/0.10=1.08\times10^{-9}$ (mol/L)。

由计算结果可知，Na_2SO_4 的加入使 $BaSO_4$ 的溶解度大大下降。在洗涤沉淀时候，为了减少沉淀的流失，常用含有相同离子的溶液代替纯水洗涤。如洗涤 CaC_2O_4 沉淀时，用稀 $(NH_4)_2C_2O_4$ 作为洗涤剂。

(2) **盐效应**　在难溶电解质饱和溶液中加入不含相同离子的强电解质，使难溶电解质的溶解度略有升高，这种现象称为盐效应（salt effect）。

例如 $PbSO_4$ 在 KNO_3 溶液中溶解度比纯水中大，而且 KNO_3 溶液越浓，溶解度越大。

和同离子效应相比，盐效应的影响很小。在同离子效应作用的同时，伴有盐效应发生，但在一般情况下，通常只考虑同离子效应，而不考虑盐效应。

由于盐效应，过量加入沉淀剂不仅浪费试剂，而且易造成沉淀杂质的污染。一般沉淀剂过量 20%～30%为宜。

(3) **酸效应**　溶液的酸度对沉淀溶解度的影响称为酸效应（acid effect）。例如 CaC_2O_4 在酸性溶液中会逐渐溶解。

[例 4-7]　要使 Mn^{2+} 沉淀完全，应控制溶液的 pH 值为多少？已知 $K_{sp}[Mn(OH)_2]=1.9\times10^{-13}$。

解　当残留的 $[Mn^{2+}]<1\times10^{-5}$ mol/L，可认为沉淀完全。

$$K_{sp}=[Mn^{2+}][OH^-]^2$$

$$[OH^-]=\sqrt{K_{sp}/[Mn^{2+}]}=\sqrt{1.9\times10^{-13}/10^{-5}}=1.38\times10^{-4}\ (mol/L)$$

$$pH=10.14$$

(4) **配位效应**　在沉淀-溶解平衡中，由于形成配位反应生成配离子，导致溶解度增大的现象叫配位效应。例如向含有 AgCl 沉淀的饱和溶液中加入氨水，AgCl 沉淀溶解。向硫酸铜溶液中加入氨水，先生成沉淀，继续加入过量氨水后沉淀消失。反应式如下：

$$Cu(OH)_2+4NH_3 = [Cu(NH_3)_4]^{2+}+2OH^-$$

练一练

1. 向含 0.002mol/L 硫酸根的 20mL 溶液中加入 20mL 0.02mol/L 的 $BaCl_2$ 溶液，试计算溶液中残余的 SO_4^{2-} 浓度为多少。是否沉淀完全？

2. 判断题：

① 同离子效应可使难溶强电解质的溶解度大大降低。(　)

② AgCl 沉淀在 NaCl 溶液中，由于盐效应的影响使其溶解度比在纯水大。(　)

③ 控制一定的条件，沉淀反应可以达到绝对完全。(　)

任务4.3

沉淀滴定法

利用沉淀反应进行滴定分析的方法称为沉淀滴定法。用于沉淀滴定的沉淀反应必须满足以下条件：

（1）沉淀反应必须迅速、定量完成；

（2）生成沉淀的组成要固定，溶解度要小；

（3）沉淀的吸附和共沉淀现象不影响终点的确定；

（4）有适当的指示剂指示滴定终点。

符合以上条件，并在分析中应用最广泛的是银量法。

$$Ag^{+}+X^{-} \xlongequal{} AgX(s)$$

银量法主要可以测定 Cl^-、Br^-、I^-、SCN^-、Ag^+ 和一些含卤素的有机化合物，在化学工业、环境监测、农药、医药等领域广泛应用。

银量法根据指示剂的不同可分为莫尔法（Mohr method）、佛尔哈德法（Volhard method）和法扬司法（Fajans method）。

4.3.1 莫尔法

莫尔法是以 K_2CrO_4 为指示剂，在中性或弱碱性介质中用 $AgNO_3$ 标准溶液测定卤素混合物含量的方法。

（1）滴定原理 以测定 Cl^- 为例，K_2CrO_4 作指示剂，用 $AgNO_3$ 标准溶液滴定，其反应为：

$$Ag^{+}+Cl^{-} \xlongequal{} AgCl\downarrow（白色）$$

$$2Ag^{+}+CrO_4^{2-} \xlongequal{} Ag_2CrO_4\downarrow（砖红色）$$

依据分步沉淀原理，由于 AgCl 的溶解度比 Ag_2CrO_4 的溶解度小，因此在用 $AgNO_3$ 标准溶液滴定时，AgCl 先析出沉淀。当滴定剂 Ag^+ 与 Cl^- 达到化学计量点时，微过量的 Ag^+ 与 CrO_4^{2-} 反应析出砖红色的 Ag_2CrO_4 沉淀，指示滴定终点的到达。

（2）滴定条件

① 指示剂作用量　指示剂 K_2CrO_4 的用量对于终点指示有较大的影响，CrO_4^{2-} 浓度过高或过低，Ag_2CrO_4 沉淀的析出就会过早或过迟，就会产生一定的终点误差。因此要求 Ag_2CrO_4 沉淀应该恰好在滴定反应的化学计量点时出现。

实验证明，滴定溶液中 K_2CrO_4 为 5×10^{-3} mol/L 是确定滴定终点的适宜浓度。通常反应液在 50～100mL 中加入 5% K_2CrO_4 溶液 1～2mL 为宜。

② 滴定时的酸度　在酸性溶液中，CrO_4^{2-} 有如下反应：

$$2CrO_4^{2-}+2H^{+} \rightleftharpoons 2HCrO_4^{-} \rightleftharpoons Cr_2O_7^{2-}+H_2O$$

因而降低了 CrO_4^{2-} 的浓度，使 Ag_2CrO_4 沉淀出现过迟，甚至不会沉淀。

在强碱性溶液中，会有棕黑色 Ag_2O 沉淀析出：

$$2Ag^{+}+2OH^{-} \rightleftharpoons Ag_2O\downarrow+H_2O$$

因此，莫尔法只能在中性或弱碱性（pH 为 6.5～10.5）溶液中进行。若溶液酸性太强，可用硼砂或 $NaHCO_3$ 中和；若溶液碱性太强，可用稀 HNO_3 溶液中和。而有铵盐存在时，容易形成配离子而消耗硝酸银滴定液，这时滴定 pH 值范围应控制在 6.5～7.2 之间。

（3）应用范围 莫尔法主要用于测定 Cl^-、Br^- 和 Ag^+，如氯化物、溴化物纯度测定以及天然水中氯含量的测定。当试样中 Cl^- 和 Br^- 共存时，测得的结果是它们的总量。若测定 Ag^+，应采用返滴定法，即向 Ag^+ 的试液中加入过量的 NaCl 标准溶液，然后再用

$AgNO_3$ 标准溶液滴定剩余的 Cl^-。

莫尔法不宜测定 I^- 和 SCN^-，因为 AgI、AgSCN 沉淀会强烈吸附 I^- 和 SCN^-，使滴定终点过早出现。

莫尔法的选择性较差，凡能与 CrO_4^{2-} 生成沉淀的阳离子（如 Ba^{2+}、Pb^{2+}、Hg^{2+}），或与 Ag^+ 生成沉淀的阴离子（如 S^{2-}、PO_4^{3-}、AsO_4^{3-}、$C_2O_4^{2-}$ 等）均对测定有干扰。

[例 4-8] 称取试样 0.5000g，经一系列步骤处理后，得到纯 NaCl 和 KCl 共 0.1803g。将此混合氯化物溶于水后，加入 $AgNO_3$ 沉淀剂，得 AgCl 固体 0.3904g，计算试样中 NaCl 和 KCl 的质量分数。

解 设 NaCl 质量为 m_a，KCl 质量为 m_b：

$$m_a+m_b=0.1803\ (g)$$

$$m_a/58.44+m_b/74.55=0.3904/143.4$$

求得：$m_a=0.08234g$，$m_b=0.09796g$

则

$$w_{NaCl}=0.08234/0.5000\times100\%=16.47\%$$

$$w_{KCl}=0.09796/0.5000\times100\%=19.59\%。$$

练一练

1. 莫尔法滴定要求 pH 值的范围是______，用____作指示剂。

2. 莫尔法测 Cl^- 含量，若酸度过高，则（　　）。

A. AgCl 沉淀不完全　　B. AgCl 沉淀易胶溶

C. AgCl 沉淀吸附 Cl^- 增强　　D. Ag_2CrO_4 沉淀不易形成

3. 莫尔法适用于测定 Cl^- 和 Br^-，而不适用于测定 I^- 是因为（　　）。

A. AgI 强烈吸附 I^-　　B. 没有合适的指示剂

C. I^- 不稳定且易被氧化　　D. $K_{sp}(AgI)<K_{sp}(AgCl)$

4.3.2 佛尔哈德法

佛尔哈德法是在酸性溶液中，以铁铵矾 $[NH_4Fe(SO_4)_2\cdot12H_2O]$ 作指示剂，以 NH_4SCN 或 KSCN 为标准溶液滴定 Ag^+ 的一种银量法。

(1) 滴定原理

$$Ag^+ + SCN^- \longrightarrow AgSCN\downarrow \quad (白色)$$

$$Fe^{3+} + SCN^- \longrightarrow [FeSCN]^{2+} \quad (红色)$$

当 AgSCN 定量沉淀后，稍过量的 SCN^- 便指示终点到达。佛尔哈德法按滴定方式的不同分为直接法和返滴定法。

(2) 滴定条件 由于指示剂是 Fe^{3+}，滴定必须在酸性溶液中进行，一般在 0.1～1mol/L HNO_3 介质中进行。

用 NH_4SCN 标准溶液直接滴定 Ag^+ 时要充分振荡，避免 AgSCN 沉淀对 Ag^+ 的吸附，防止终点过早出现。

(3) 应用范围 采用直接滴定法可以测定 Ag^+，采用返测定法可以测定 Cl^-、Br^-、I^- 和 SCN^- 等。由于佛尔哈德法在酸性介质中进行，许多弱酸根离子的存在不影响测定，因此选择性高于莫尔法。但强氧化剂、氮的氧化物、铜盐、汞盐等能与 SCN^- 作用，对测定有干扰，需预先除去。

当用返滴定法测定 Cl^- 时，稍过量的 SCN^- 会与 Fe^{3+} 形成红色的 $Fe(SCN)^{2+}$，也会使

AgCl 转化为溶解度更小的 AgSCN 沉淀。可加热煮沸使 AgCl 凝聚然后过滤，也可加入有机溶剂［如硝基苯（有毒）］，用力振荡使 AgCl 沉淀进入有机层，避免 AgCl 与 SCN^- 的接触，或提高 Fe^{3+} 浓度，以减少终点误差。

返滴定法测定 Br^- 和 I^- 时，由于 AgBr 和 AgI 溶解度均小于 AgSCN 溶解度，故不会发生沉淀的转化反应。

［例 4-9］ 称取含银废液 2.041g，加入适量硝酸，以铁铵矾为指示剂，用 0.05050mol/L NH_4SCN 标准溶液进行滴定，消耗 28.20mL。计算此废液中 Ag 的质量分数。

解 $$w=\frac{cvM}{m}\times100\%=\frac{0.05050\times0.02820\times107.9}{2.041}\times100\%=7.529\%$$

练一练

1. 判断题：水中 Cl^- 的含量可用 NH_4SCN 标准溶液直接滴定。（　　）

2. 以铁铵矾为指示剂，用返滴法以 NH_4SCN 标准溶液滴定 Cl^- 时，下列错误的是（　　）。

A. 滴定前加入过量定量的 $AgNO_3$ 标准溶液

B. 终点前将 AgCl 沉淀滤去

C. 滴定前加入硝基苯，并振摇

D. 应在中性溶液中测定，以防 Ag_2O 析出

4.3.3 法扬司法

用吸附指示剂指示滴定终点的银量法称为法扬司法，也叫吸附指示剂法。

（1）滴定原理 吸附指示剂是一类有机染料，当它被带正电荷的胶状沉淀所吸附时，会因为分子结构的变化而引起颜色的变化，以指示滴定终点。

用 $AgNO_3$ 溶液滴定 Cl^- 时，用荧光黄（HFIn）作指示剂。荧光黄是一种有机弱酸，在溶液中它的阴离子呈黄绿色。在化学计量点前，溶液中 Cl^- 过量，AgCl 沉淀吸附 Cl^- 而带负电荷，FIn^- 不被吸附，溶液呈黄绿色。化学计量点后，AgCl 沉淀吸附过量的 Ag^+ 而带正电荷，再去吸附 FIn^- 使溶液由黄绿色转为粉红色：

$$HFIn \rightleftharpoons H^+ + FIn^- \quad （黄绿色）$$

$$AgCl\cdot Ag^+ + FIn^- \rightleftharpoons AgCl\cdot Ag^+\cdot FIn^- \quad （粉红色）$$

（2）滴定条件

① **沉淀的比表面积要尽可能大** 沉淀比表面积大有利于加强吸附，使发生在沉淀表面的颜色变化明显。为此常加入一些保护胶体试剂，如糊精、淀粉等，阻止卤化银凝聚，保持其胶体状态。

② **溶液酸度要适当** 常用的吸附指示剂多为有机弱酸，其解离常数各不相同，必须控制适当的酸度，使指示剂呈阴离子状态。如荧光黄，只能在中性或弱碱性（pH 7～10）溶液中使用。若 pH 值小于 7，指示剂主要以 HFIn 形式存在，就不被沉淀吸附，无法指示终点。

③ **选择合适的指示剂** 指示剂的吸附性能也不同，指示剂的吸附性能应适当，不能过大或过小，否则变色不敏锐。例如，卤化银对卤化物和几种吸附指示剂的吸附能力的次序为 $I^- > SCN^- > Br^- >$ 曙红 $> Cl^- >$ 荧光黄。因此滴定 Cl^- 时，应选荧光黄，不能选曙红。

④ **避强光滴定** 因为卤化银对光敏感，见光会分解转化为灰黑色，影响终点观察。

(3) 应用范围 法扬司法可用于测定 Cl^-、Br^-、I^-、SCN^-、Ag^+ 等离子，常用吸附指示剂及其使用条件见表 4-2。

表 4-2 常用的吸附指示剂

指示剂	滴定剂	待测离子	适用 pH 值范围
荧光黄	Ag^+	Cl^-	7～10
二氯荧光黄	Ag^+	Cl^-	4～10
曙红	Ag^+	Br^-、I^-、SCN^-	2～10
甲基紫	Ag^+、SO_4^{2-}	Cl^-、Ba^{2+}	1.5～3.5
二甲基二碘荧光黄	Ag^+	I^-	中性

练一练

以下银量法测试中，分析结果偏高还是偏低？ 为什么？

（1）pH＝4 条件下，莫尔法测定氯离子

（2）采用佛尔哈德法测定氯离子，未加硝基苯

（3）以曙红为指示剂测定氯离子

（4）莫尔法测定 Na_2SO_4 和 NaCl 混合液中的 NaCl

任务4.4

沉淀滴定法的应用

4.4.1 配制标准溶液

银量法常用的标准溶液是 $AgNO_3$ 和 NH_4SCN（或 KSCN）溶液。标定的基准物质 NaCl 易吸潮，使用前应高温 500～600℃，置于干燥器中冷却备用。

4.4.1.1 $AgNO_3$ 标准溶液的配制与标定

(1) 配制 可精密称取一定量基准 $AgNO_3$，用直接法配制。但市售的 $AgNO_3$ 常常含有杂质，一般先配成近似浓度，再用基准 NaCl 标定。$AgNO_3$ 溶液见光易分解，应保存于棕色瓶中。

(2) 标定 标定 $AgNO_3$ 可采用三种方法中的任意一种，但最好与测定方法相一致，以消除系统误差。一般采用莫尔法，称取一定量的基准 NaCl，加水溶解，以铬酸钾为指示剂，$AgNO_3$ 浓度按下式计算：

$$c(AgNO_3)=\frac{m\times 1000}{V\times 58.44}$$

4.4.1.2 NH_4SCN 标准溶液的配制与标定

(1) 配制 市售的 NH_4SCN 易吸潮，常常含有杂质，所以只能用间接法配制。

(2) 标定 标定 NH_4SCN 一般用已知浓度的 $AgNO_3$ 标准溶液，以铁铵矾为指示剂进行标定。

练一练

称取 NaCl 基准试剂 0.1169g，加水溶解后，以 K_2CrO_4 为指示剂，用 $AgNO_3$ 标准溶液

滴定时共用去 20.00mL，求 $AgNO_3$ 溶液的浓度。

4.4.2 应用实例

(1) 自来水中氯离子含量的测定 自来水或天然水中几乎都含 Cl^-，其含量一般多用莫尔法测定。若水样中含有 SO_3^{2-}、PO_4^{3-}、S^{2-} 等离子时，则需采用佛尔哈德法测定。

$$\rho_{Cl}=\frac{c(V-V_0)\times 35.45}{V_{水}}\times 1000$$

(2) 烧碱中氯化钠含量的测定 工业固体烧碱中含有少量的氯化钠。测定时在样品溶液中加入 HNO_3 以调节酸度，用佛尔哈德法返滴定方法测定 Cl^- 后，计算 NaCl 的含量。

(3) 生理盐水中 NaCl 的含量 准确量取生理盐水，加入 5% 铬酸钾指示剂，以 $AgNO_3$ 标准溶液滴定至刚出现砖红色，摇动不褪色即为终点。

(4) 银合金中银含量的测定 称取一定量的试样，用 HNO_3 加热溶解制成溶液，并煮沸去除氮的低价氧化物。加入铁铵矾指示剂，用 NH_4SCN 标准溶液滴至淡红色，剧烈振荡不消失为终点。

(5) 有机卤化物的测定 以农药“六六六”（六氯环己烷）残留测定为例，将试样与碱-乙醇溶液一起加热回流，使有机氯转化为 Cl^- 而进入溶液：

$$C_6H_6Cl_6+3OH^- = C_6H_3Cl_3+3Cl^-+3H_2O$$

溶液冷却后，加 HNO_3 调至酸性，用佛尔哈德法测定其中的 Cl^- 含量。

练一练

1. 称取 NaCl 基准试剂 0.1345g，溶解后加入 $AgNO_3$ 标准溶液 50.00mL，过量的银离子需要 22.00mL NH_4SCN 标准溶液滴定至终点。已知 1.00mL NH_4SCN 标准溶液相当于 1.10mL $AgNO_3$ 标准溶液，计算 $AgNO_3$ 和 NH_4SCN 标准溶液的浓度？

2. 用 0.02mol/L $AgNO_3$ 溶液滴定 0.1g 试样中的 Cl^-（$M_{Cl}=35.45$g/mol），耗去 40mL，则试样中 Cl^- 的含量约为（　　）。

A. 7%　　B. 14%　　C. 35%　　D. 28%

任务4.5 重量分析法

工业盐中的水不溶物怎么测定？工业产品很多含有水分，水分含量是如何测定的？

重量分析法（gravimetric analysis）也叫称量分析法，是通过称量物质的质量进行含量测定的方法。在重量分析中，一般先使被测组分从试样中分离出来，转化成一定的称量形式，然后称量。依据不同的分离方法，重量分析法可以分为沉淀法（precipitation method）、挥发法（volatilization method）和萃取法（extraction method）。

重量分析法中的全部数据都是直接由分析天平称量得来的，不需要基准物质或标准溶液，没有容量器皿引起的误差。因此，对于高含量组分的测定，重量分析法具有准确度较高的优点，测定的相对误差一般不大于 0.2%。重量分析法的不足之处是操作烦琐，费时较长，对低含量组分的测定误差较大。

4.5.1 沉淀重量分析法

沉淀重量分析法是利用沉淀反应使被测组分生成难溶性的沉淀，将沉淀过滤、洗涤后，烘干或灼烧成一定组成的物质，然后称重，再计算被测组分含量。

例如测定土壤中的 SO_4^{2-}，其程序如下：

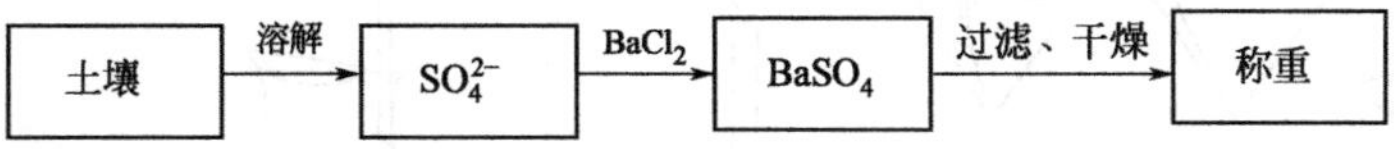

4.5.1.1 沉淀的形态与特征

沉淀按其物理性质的不同，可分为晶形沉淀（crystalline precipitate）和无定形沉淀（amorphous precipitation），介于两者之间的是凝乳状沉淀（curdy precipitate），主要特征如表 4-3 所示。

表 4-3 沉淀的分类和沉淀操作要求

类别	晶形沉淀	无定形沉淀
示例	$BaSO_4$、$MgNH_4PO_4$	$Fe_2O_3 \cdot 2H_2O$、$Pb(OH)_2$、$Al(OH)_3$
沉淀特征	①颗粒直径 0.1～1μm； ②排列整齐，结构紧密； ③比表面积小，吸附杂质少； ④易于过滤、洗涤	①颗粒直径＜0.02μm； ②结构疏松； ③比表面积大，吸附杂质多； ④不易过滤、洗涤
沉淀操作要求	①稀溶液，降低过饱和度，减少均相成核； ②热溶液，增大溶解度，减少杂质吸附； ③充分搅拌下慢慢滴加沉淀剂，防止局部过饱和； ④加热陈化，生成大颗粒纯净晶体	①浓溶液，降低水化程度，使沉淀颗粒结构紧密； ②热溶液，促进沉淀微粒凝聚，减少杂质吸附； ③搅拌下较快加入沉淀剂，加快沉淀聚集速度； ④不需要陈化，趁热过滤、洗涤，防止杂质包裹； ⑤适当加入电解质，防止胶溶

4.5.1.2 沉淀的过滤

(1) 滤纸和漏斗的选择 按沉淀性质的不同，过滤方式分为常压过滤和减压过滤。过滤器包括滤纸、微孔玻璃漏斗及微孔玻璃滤埚，见图 4-2。需要灼烧的沉淀，要用定量（无灰）滤纸过滤；若滤纸灰分过重，则需进行空白校正。而对于过滤后只要烘干就可进行称量的沉淀，则可采用微孔玻璃滤埚过滤。

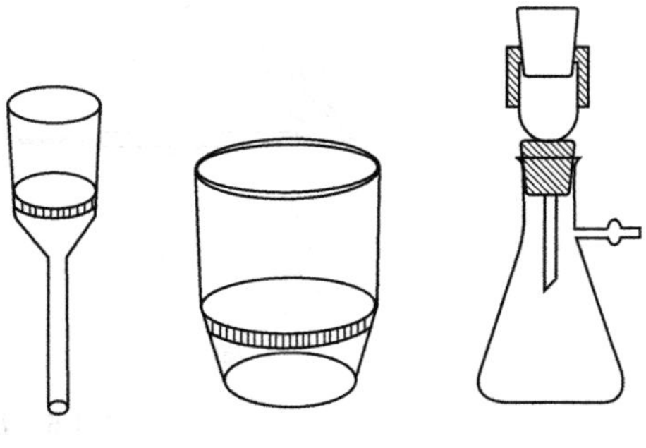

图 4-2 微孔玻璃漏斗（a）、微孔玻璃滤埚（b）和减压过滤装置（c）

(2) 滤纸的折叠 先将滤纸对折成半圆，再对折，如图 4-3 所示。用手指按住滤纸中三层的一边，以少量的水润湿滤纸，使它紧贴在漏斗壁上，轻压滤纸，赶走气泡。

(3) 过滤方法 一般采用倾泻法进行过滤：首先只过滤上层清液，将沉淀留在烧杯中，然后在烧杯中加洗涤液，初步洗涤沉淀，澄清后再滤去上层清液，经几次洗涤后，最后再转移沉淀。倾泻法的主要优点是过滤开始时，不致因沉淀堵塞滤纸而减缓过滤速度，而且在烧杯中初步洗涤沉淀可提高洗涤效果。

注意玻璃棒位于三层滤纸的上方，但不和滤纸接触，如图 4-4 所示。

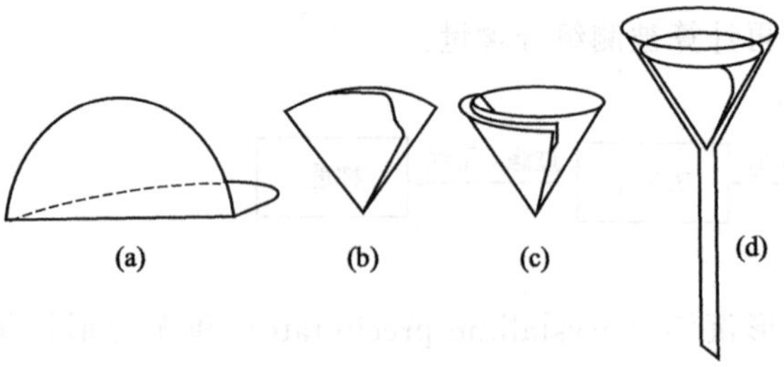

图 4-3 滤纸的折叠

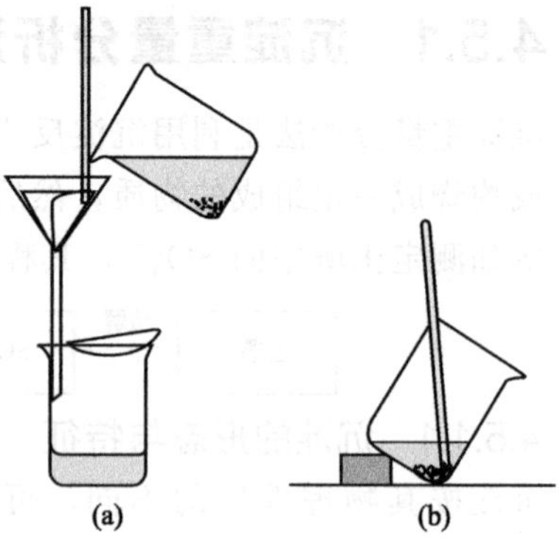

图 4-4 倾泻法过滤

4.5.1.3 沉淀的烘干和灼烧

烘干一般在 250℃以下，除去沉淀中的水分和可挥发物质，同时使沉淀组成固定为称量形式。烘干的温度和时间随沉淀的不同而不同。沉淀的烘干都是在已恒重的玻璃砂芯漏斗中进行的。第一次烘干时间为 2h 左右，第二次为 0.75～1h，直至恒重。

灼烧指高于 250℃以上的热处理，主要是使沉淀在较高温度下分解为组成固定的称量形式。例如沉淀得到的 SiO_2，其中含有组成不定的化合水（$SiO_2 \cdot xH_2O$），烘干时不易除尽，还需要高温灼烧。

如图 4-5(a) 所示，先把坩埚斜放在泥三角架上，坩埚盖斜靠在坩埚口和泥三角上，用煤气灯小心加热坩埚盖，这时热空气流反射到坩埚内部，使滤纸和沉淀烘干。

滤纸烘干、部分炭化后，将灯放在坩埚下，如图 4-5(b) 所示，先用小火使滤纸大部分炭化，再逐渐加大火焰把碳完全烧成灰。碳粒完全消失后，竖直坩埚，可改用喷灯在一定的温度下灼烧沉淀片刻，如 $BaSO_4$ 沉淀，一般第一次灼烧 30min，按空坩埚冷却方法冷却，称重。然后进行第二次灼烧（15min），称量，至恒重。

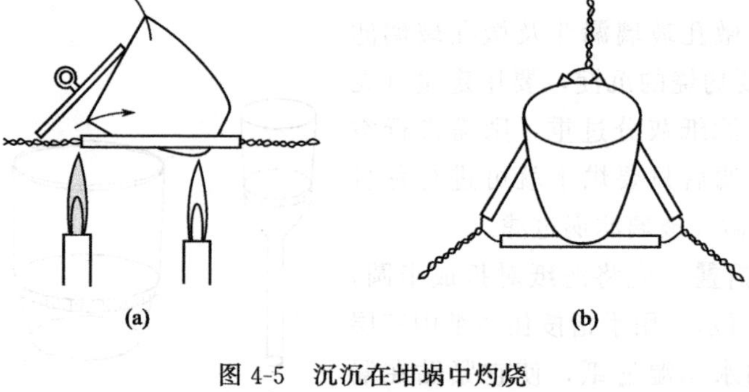

图 4-5 沉沉在坩埚中灼烧

沉淀也可事先在煤气灯上或电炉上灰化，然后将坩埚移入适当温度的马弗炉中灼烧至恒重。每次灼烧完毕，都应在空气中稍冷后，再移入干燥器中，冷却至室温后称重。

4.5.1.4 换算因素和结果计算

重量分析中，称量式往往与被测组分不一。换算因素（gravimetric factor）是被测组分的摩尔质量与称量形式的摩尔质量之比，以 F 表示。

$$换算因数\ F=\frac{a\times 被测组分的摩尔质量}{b\times 称量形式的摩尔质量}$$

式中，a，b 为平衡原子数或分子数的系数。常见换算因数如表 4-4 所示。

表 4-4 常见换算因数

被测组分	称量形式	换算因数 F	被测组分	称量形式	换算因数 F
Ba	$BaSO_4$	$M(Ba)/M(BaSO_4)$	Fe_3O_4	Fe_2O_3	$2M(Fe_3O_4)/3M(Fe_2O_3)$
Fe	Fe_2O_3	$2M(Fe)/M(Fe_2O_3)$	Na_2SO_4	$BaSO_4$	$M(Na_2SO_4)/M(BaSO_4)$
Cl^-	AgCl	$M(Cl^-)/M(AgCl)$	P	$Mg_2P_2O_7$	$M(P)/M(Mg_2P_2O_7)$

由此得出称量形式的质量 m'、试样的质量 m 及换算因数与被测组分的含量关系如下：

$$w=\frac{m'F}{m}\times 100\%$$

[例 4-10] 称取铁矿石试样 0.1666g，经溶解将铁沉淀为 $Fe(OH)_3$，最后灼烧为 Fe_2O_3，得到质量为 0.1370g。求试样中 Fe_3O_4 的质量分数。

解 $$w(Fe_3O_4)=\frac{m(Fe_2O_3)}{m_{样}}\times\frac{2M(Fe_3O_4)}{3M(Fe_2O_3)}\times 100\%=\frac{0.1370}{0.1666}\times\frac{2\times 231.53}{3\times 159.69}\times 100\%=79.48\%$$

[例 4-11] 称取磷矿石 0.4530g，经溶解沉淀为 $MgNH_4PO_4$，最后灼烧为 $Mg_2P_2O_7$，得到质量为 0.2825g。求试样中以 P 及 P_2O_5 表示的质量分数。

解 $$w(P)=\frac{m(Mg_2P_2O_7)}{m_{样}}\times\frac{2M(P)}{M(Mg_2P_2O_7)}\times 100\%=\frac{0.2825}{0.4530}\times\frac{2\times 30.97}{222.55}\times 100\%$$
$$=17.36\%$$

$$w(P_2O_5)=\frac{m(Mg_2P_2O_7)}{m_{样}}\times\frac{M(P_2O_5)}{M(Mg_2P_2O_7)}\times 100\%=\frac{0.2825}{0.4530}\times\frac{141.94}{222.55}\times 100\%$$
$$=39.77\%$$

练一练

1. 测定黄铁矿中硫的含量，称取试样 0.3853g，最后得到的 $BaSO_4$ 沉淀重为 1.0210g，则试样中硫的含量为（　　）[$M(BaSO_4)=233.4g/mol$，$M(S)=32.07g/mol$]。

A. 36.41%　　B. 96.02%　　C. 37.74%　　D. 35.66%

2. 测量明矾纯度时，称取试样 1.4200g，得到 Al_2O_3 沉淀 0.1410g，试计算试样中 $KAl(SO_4)_2\cdot 12H_2O$ 的质量分数。

4.5.2 挥发重量法

挥发重量法或挥发法是利用被测组分的挥发性或可转化为挥发性物质的性质，进行含量测定的方法。挥发法又分为直接挥发法和间接挥发法。

4.5.2.1 直接挥发法

直接挥发法是利用加热等方法使试样中挥发性组分逸出，用适宜的吸收剂将其全部吸收，根据吸收剂质量的增加来计算该组分含量的方法。

例如，将一定量带有结晶水的固体试样加热至适当温度，用高氯酸镁吸收逸出的水分，则高氯酸镁增加的质量就是固体试样中结晶水的质量。又如，碳酸盐的测定，加入盐酸使之放出 CO_2，用石棉与烧碱的混合物吸收，混合物的增重可间接用来测定碳酸盐的含量。

药典中经常要检测药品的炽灼残渣，称取一定量被检药品，经过高温炽灼，除去挥发性物质后，称量剩下的非挥发性无机物（称为炽灼残渣）。所测得的虽不是挥发物，但由于称量的是被测物质，仍属直接挥发法。

4.5.2.2 间接挥发法

间接挥发法是利用加热等方法使试样中挥发性组分逸出以后，称量其残渣，根据挥发前后试样质量的差值来计算挥发组分的含量。例如，测定氯化钡晶体中结晶水的含量，可将一定质量的试样加热，使水分挥去，氯化钡试样减失的质量即为结晶水的质量。这是测定药物或其他固体物质中水分的干燥法。

药典中有些药物要求干燥失重，它是代表试样在干燥温度下挥发组分的含量。通常是将试样置于电热干燥箱中，以105～110℃加热。该法适用于受热不易分解变质、氧化或挥发等性质稳定的试样。对于水分不易挥发的试样，可提高温度或延长时间。

练一练

1. 铸铁试样2.000g，置于电炉中燃烧，使C生成CO_2，用碱石棉吸收增重0.0956g。求铸铁中C的质量分数。

2. 葡萄糖干燥失重测定：称取葡萄糖，置于已恒重的称量皿中真空干燥至恒重，得称量皿加样品质量25.925g，已知干燥前葡萄糖与称量皿总质量为26.034g，称量皿质量24.020g，则葡萄糖干燥失重为（　　）。

A. 5.84%　　B. 0.584%　　C. 5.41%　　D. 0.541%

4.5.3 常用电热设备

化验室常用的电热设备有恒温水浴锅、电炉、电热板、电热套、电热恒温箱和马弗炉等。

4.5.3.1 恒温水浴锅

电热恒温水浴锅（thermostat water bath）用来加热和蒸发易挥发、易燃的有机溶剂和进行低于100℃的加热实验。恒温水浴锅有两孔、四孔、八孔等，功率有500～2000W等规格。恒温水浴锅见图4-6。

图4-6 恒温水浴锅

恒温水浴锅使用步骤如下：

(1) 向工作室水箱中注入适量的洁净自来水，注意不要超过警戒线。

(2) 接通电源。

(3) 按“SET”或“设置”键，设定温度，再次按“SET”或“设置”键，数字停止跳动，显示实际温度。SV即set value，设定值；PV即practical value，实际值。

(4) 工作完毕，切断电源。

注意事项：

(1) 注意用电安全，不要将水溅入电器盒中，以免漏电；

(2) 水箱要定期刷洗，保持清洁，如长时间不用，应将水排干；

(3) 电水浴锅一定要接好地线。

4.5.3.2 电炉

电炉（electric stove）是化验室常用的加热设备，电炉靠炉丝通过电流加热，属明火加热，功率有 200～2000W 等规格。

注意事项：

（1）注意用电安全，电炉电源最好用电闸开关，不要只靠插头控制；

（2）电炉不要放在木质、塑料等可燃的台面上，以免长时间加热烤坏台面；

（3）若加热玻璃容器，按要求加垫石棉网。

4.5.3.3 电热板

电热板（electric heating plate）实际上是一种封闭的电炉。由于炉丝不外露，功率可调，使用安全、方便，已逐渐替代电炉。

4.5.3.4 电热套

电热套是加热烧瓶的专用电热设备，按规格有 50mL、100mL、250mL、500mL 等多种。

4.5.3.5 电热恒温箱

二维码4.2

电热恒温箱温度调节

电热恒温箱（oven）也称烘箱、干燥箱，是利用电热丝隔层加热、使物体干燥的设备。它用于室温至 300℃范围内的恒温烘焙、干燥、热处理等操作。

电热恒温箱型号很多，但结构类似，一般由箱体、电热系统和自动恒温控制系统三部分组成。

电热恒温箱使用步骤如下：

（1）接通电源。

（2）按“SET”或“设置”键，设定温度（图 4-7），再次按“SET”或“设置”键，数字停止跳动，显示实际温度。SV 即 set value，设定值；PV 即 practical value，实际值。

（3）根据需要，放入样品，关上箱门。

（4）工作完毕，切断电源。

注意事项：

（1）干燥时，应打开排气孔，以便箱内水分逸出；

（2）需烘干的物品必须控干水后，才能放入烘箱，箱内干燥物品不可过多、过挤；

（3）凡能产生腐蚀性及其他有害气体的物品不能用干燥箱干燥，干燥物品含挥发性物质时，应使挥发性物质在空气中挥发后再放入箱内干燥；

（4）干燥温度切忌超过被干燥物品的熔点。

4.5.3.6 马弗炉

马弗炉（muffle furnace）也称箱式电阻炉、高温炉，常用于质量分析中沉淀灼烧、灰分测定与有机物炭化等。

常用电热式结构马弗炉（图 4-8），最高使用温度 950℃。马弗炉使用注意事项有以下几点。

（1）马弗炉必须放在稳固的水泥台上，周围不要存放化学试剂或易燃易爆物品。

（2）灼烧完毕，不应立刻打开炉门，以免炉膛受冷脆裂。

（3）新的炉膛必须低温烘烤数小时，以免炉膛受潮破裂。使用时，炉温最高不得超过额定温度，以免烧毁电热元件。

（4）定期检查电炉、控制器的各接线的连线是否良好，指示仪指针运动时有无卡住滞留现象。

图 4-7　电热恒温箱温度设定

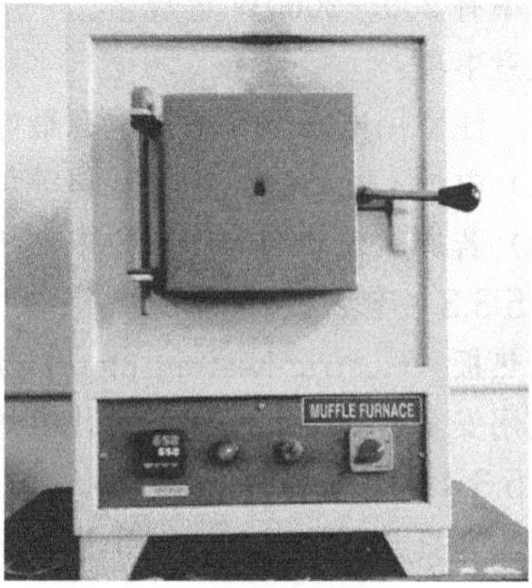

图 4-8　马弗炉

练一练

1. 水不溶物测定时，加热用的设备是（　　）。

A. 电炉　　B. 电烘箱　　C. 马弗炉　　D. 酒精喷灯

2. 基准物 NaCl 在使用前用（　　）干燥，再放于干燥器中冷却至室温。

A. 电炉　　B. 电烘箱　　C. 马弗炉　　D. 酒精喷灯

技能训练10

硝酸银标准溶液(0.1mol/L)的配制和标定

一、实训目的

1. 学习 $AgNO_3$ 标准溶液的配制和标定方法。

2. 熟悉滴定分析仪器，练习滴定操作技术和滴定终点的判断。

3. 掌握银量法指示终点的原理及应用条件。

二、仪器与试剂

1. 仪器：棕色酸式滴定管（50mL）、棕色试剂瓶（500mL）、锥形瓶、量筒（100mL）、分析天平。

2. 试剂：$AgNO_3$（AR）、NaCl（基准物质）、K_2CrO_4 溶液（5%）。

三、实训原理

市售的 $AgNO_3$ 常常含有杂质，一般先配成近似浓度，再用基准 NaCl 标定。

标定 $AgNO_3$ 一般采用莫尔法，称取一定量的基准 NaCl，加水溶解，以铬酸钾为指示剂，AgCl 定量沉淀后，即生成砖红色的沉淀，指示终点到达。

$$\text{终点前：}Ag^+ + Cl^- = AgCl\downarrow\text{（白色）}$$

$$\text{终点时：}2Ag^+ + CrO_4^{2-} = Ag_2CrO_4\downarrow\text{（砖红色）}$$

四、实训步骤

1. 配制

称取 8.5g $AgNO_3$ 于烧杯中，加水 100mL 溶解，然后转入棕色试剂瓶中，加水稀释至 500mL，充分摇匀。

2. 标定

准确称取 0.13g 于 500～600℃中灼烧至恒重的 NaCl 基准物质，置于 250mL 锥形瓶中，加 50mL 水溶解，再加 1mL 5% K_2CrO_4 指示剂，在不断摇动下用 $AgNO_3$ 溶液滴定至白色沉淀中出现砖红色，即为终点。平行测定三次。

五、数据记录和结果计算

将实验数据记录在表 4-5 中，$AgNO_3$ 标准溶液浓度按下式计算：

$$c_{AgNO_3}=\frac{m\times 1000}{V\times 58.44}$$

式中，m 为基准物 NaCl 的质量，g；V 为样品实际消耗 $AgNO_3$ 溶液的体积，mL。

表 4-5　硝酸银标准溶液的标定结果记录表

项目		1	2	3
称量瓶和 NaCl 的质量(第一次读数)/g				
称量瓶和 NaCl 的质量(第二次读数)/g				
基准物 NaCl 的质量 m/g				
试样试验	滴定消耗 $AgNO_3$ 的体积/mL			
	滴定管校正值/mL			
	溶液温度补正值/(mL/L)			
	实际消耗 $AgNO_3$ 的体积 V/mL			
$AgNO_3$ 标准溶液的浓度 c/(mol/L)				
平均值 $\bar{c}$/(mol/L)				
平行测定结果的极差/(mol/L)				
相对极差/%				

六、问题思考

1. 如何减小实验的误差？
2. K_2CrO_4 指示剂的浓度大小对测定结果有什么影响？

技能训练11

氯化钠含量的测定

一、实训目的

1. 掌握沉淀滴定法中以 K_2CrO_4 为指示剂，测定氯离子的原理和方法。

2. 学会工业盐中氯化钠含量的测定方法。

3. 掌握滴定管、容量瓶、移液管的使用和滴定操作。

二、仪器与试剂

1. 仪器：棕色酸式滴定管（50mL）、移液管（25mL）、锥形瓶、量筒（100mL）、容量瓶。

2. 试剂：$AgNO_3$ 标准溶液（0.1mol/L）、工业盐、K_2CrO_4 溶液（5%）。

三、实训原理

工业盐中氯化钠含量的测定，常采用莫尔法，即在中性或弱碱性溶液中，以 K_2CrO_4 为指示剂，用 $AgNO_3$ 标准溶液进行滴定。由于 AgCl 的溶解度小于 Ag_2CrO_4 的溶解度，当 AgCl 定量沉淀后，即生成砖红色的沉淀，指示终点到达。

$$\text{终点前：} Ag^+ + Cl^- = AgCl\downarrow \text{（白色）}$$

$$\text{终点时：} 2Ag^+ + CrO_4^{2-} = Ag_2CrO_4\downarrow \text{（砖红色）}$$

四、实训步骤

准确称取工业盐 1.4g，置于 100mL 烧杯中，加水溶解后，转入 250mL 容量瓶中，加水稀释到标线，摇匀。

准确移取 25.00mL 试液于 250mL 锥形瓶中，加入 25mL 水及 1mL 5% K_2CrO_4 溶液，在不断摇动下，用 $AgNO_3$ 标准溶液滴定，至白色沉淀中呈现砖红色即为终点。平行测定三份，同时做空白实验。

五、数据记录和结果计算

将实验数据记录在表 4-6 中，氯化钠含量按下式计算：

$$w(\mathrm{NaCl})=\frac{c(V-V_0)\times10^{-3}\times58.44}{m\times\dfrac{25.00}{250.0}}\times100\%$$

式中，c 为 $AgNO_3$ 标准溶液浓度，mol/L；m 为试样的质量，g；V 为试样实际消耗硝酸银溶液的体积，mL；V_0 为空白实际消耗硝酸银溶液的体积，mL。

表 4-6 氯化钠含量的测定记录表

项目		1	2	3
称量瓶和试样的质量(第一次读数)/g				
称量瓶和试样的质量(第二次读数)/g				
试样的质量 m/g				
$AgNO_3$ 标准溶液的浓度 c/(mol/L)				
试样试验	滴定消耗 $AgNO_3$ 的用量/mL			
	滴定管校正值/mL			
	溶液温度补正值/(mL/L)			
	实际消耗 $AgNO_3$ 溶液的体积 V/mL			

续表

项目		1	2	3
空白试验	滴定消耗 $AgNO_3$ 的体积/mL			
	滴定管体积校正值/mL			
	溶液温度补正值/(mL/L)			
	实际消耗 $AgNO_3$ 的体积 V_0/mL			
氯化钠含量(质量分数)w/%				
氯化钠含量(质量分数)平均值$\overline{w}$/%				
相对平均偏差/%				

三次测定的相对平均偏差应不大于0.3%，否则重新测定。实际消耗体积校正公式为$V=V_c+V_a+\frac{V_c b}{1000}$。相对平均偏差$=\frac{\overline{d}}{\overline{x}}\times100\%=\frac{\sum_{i=1}^{n}|x_i-\overline{x}|}{n\overline{x}}\times100\%$。

六、问题思考

1. K_2CrO_4 指示剂过多或过少，对测定结果有什么影响？

2. 莫尔法测定氯离子的酸度条件是怎么？能否测定碘离子？

技能训练12

自来水中氯离子含量的测定

一、实训目的

1. 掌握沉淀滴定法中以 K_2CrO_4 为指示剂，测定氯离子含量的原理和方法。

2. 学会自来水中氯离子含量的测定方法。

3. 掌握滴定管、容量瓶、移液管的使用和滴定操作。

二、仪器与试剂

1. 仪器：棕色酸式滴定管（50mL）、移液管（50mL）、锥形瓶。

2. 试剂：$AgNO_3$ 标准溶液（0.02mol/L）、自来水试样、K_2CrO_4 溶液（5%）、$CaCO_3$ 固体。

三、实训原理

自来水或天然水中含微量氯离子，可采用莫尔法测定，即在中性或弱碱性溶液中，以 K_2CrO_4 为指示剂，用 $AgNO_3$ 标准溶液直接滴定。过量的 $AgNO_3$ 与指示剂生成 Ag_2CrO_4 砖红色沉淀，指示终点到达。

$$终点前：Ag^+ + Cl^- \longrightarrow AgCl\downarrow(白色)$$

$$终点时：2Ag^+ + CrO_4^{2-} \longrightarrow Ag_2CrO_4\downarrow(砖红色)$$

四、实训步骤

1. 水样测定

准确移取 50.00mL 自来水样于 250mL 锥形瓶中，加入 1mL K_2CrO_4 指示剂，在不断摇动下，用 $AgNO_3$ 标准溶液滴定至白色沉淀中呈现砖红色即为终点。平行测定三次。

2. 空白试验

准确移取 50.00mL 蒸馏水于 250mL 锥形瓶中，加适量 $CaCO_3$ 作背景，加入 1mL K_2CrO_4 指示剂，不断摇动下，用 $AgNO_3$ 标准溶液滴定至白色沉淀中呈现砖红色即为终点。

五、数据记录和结果计算

将试验数据记录在表 4-7 中，氯离子含量按下式计算（单位为 mg/L）：

$$\rho_{Cl}=\frac{c(V_1-V_0)\times 35.45}{V_{水}}\times 1000$$

式中，c 为 $AgNO_3$ 标准溶液浓度，mol/L；$V_{水}$ 为自来水试样的体积，mL；V_1 为试样实际消耗硝酸银溶液的体积，mL；V_0 为空白实际消耗硝酸银溶液的体积，mL。

表 4-7　氯离子含量的测定记录表

项目		1	2	3
自来水试样的体积 $V_{水}$/mL				
$AgNO_3$ 标准溶液的浓度 c/(mol/L)				
试样试验	滴定消耗 $AgNO_3$ 的用量/mL			
	滴定管校正值/mL			
	溶液温度补正值/(mL/L)			
	实际消耗 $AgNO_3$ 溶液的体积 V_1/mL			
空白试验	滴定消耗 $AgNO_3$ 的体积/mL			
	滴定管体积校正值/mL			
	溶液温度补正值/(mL/L)			
	实际消耗 $AgNO_3$ 的体积 V_0/mL			
氯离子含量 ρ/(mg/L)				
氯离子含量平均值 $\bar{\rho}$/(mg/L)				
相对平均偏差/%				

三次测定的相对平均偏差应不大于 0.3%，否则重新测定。

六、问题思考

1. K_2CrO_4 指示剂过多或过少，对测定结果有什么影响？
2. 本试验为什么要做空白试验？

技能训练13

复合肥中氯含量的测定

一、实训目的

1. 掌握沉淀滴定法中以铁铵矾为指示剂，测定氯含量的原理和方法。
2. 学会复合肥中氯含量的测定方法。
3. 掌握返滴定法基本操作。

二、仪器与试剂

1. 仪器：棕色酸式滴定管（50mL）、电子天平、移液管（25mL）、锥形瓶、电热板、容量瓶。

2. 试剂：$AgNO_3$ 标准溶液（0.05mol/L）、NH_4SCN 标准溶液（0.05mol/L）、硝酸（1+1）、邻苯二甲酸二丁酯（或硝基苯）、复合肥试样、铁铵矾指示剂（80g/L）。

三、实训原理

试样在酸性溶液中，加入过量的 $AgNO_3$ 溶液，使氯离子转化为氯化银沉淀，用邻苯二甲酸二丁酯（或硝基苯）包裹沉淀，以铁铵矾作指示剂，以 NH_4SCN 标准溶液滴定剩余的 $AgNO_3$ 溶液，出现红色指示终点。

$$Ag^{+} + SCN^{-} = AgSCN\downarrow \text{(白色)}$$

$$Fe^{3+} + SCN^{-} = [FeSCN]^{2+} \text{(红色)}$$

四、实训步骤

1. 样品处理

准确称取试样 1～10g 于 250mL 烧杯中，加 100mL 水，缓缓加热至沸并保持 10min，冷却至室温，溶液转移到 250mL 容量瓶中，稀释至刻度，摇匀。

2. 样品测定

准确吸取一定量的滤液（含氯离子约 25mg）于 250mL 锥形瓶中，加 5mL 硝酸溶液，加 25mL 硝酸银溶液，摇动至沉淀分层，加入 5mL 邻苯二甲酸二丁酯，摇动片刻。

加入水至溶液总体积约为 100mL，加入 2mL 铁铵矾指示剂，用 NH_4SCN 标准溶液滴定至浅橙红色或浅砖红色为终点。同时做空白试验。

五、数据记录和结果计算

将试验数据记录在表 4-8 中，氯离子的质量分数以百分数表示，按下式计算：

$$w(\text{Cl}) = \frac{c(V_0 - V_1) \times 35.45}{mD \times 1000} \times 100\%$$

式中，c 为 NH_4SCN 标准溶液浓度，mol/L；m 为复合肥试样的质量，mL；V_0 为空白实际消耗 NH_4SCN 溶液的体积，mL；V_1 为试样实际消耗 NH_4SCN 溶液的体积，mL；

D 为测定时吸取试液体积与试液总体积的比值。

表 4-8 复合肥中氯含量的测定记录表

项目		1	2	3
复合肥试样的质量 m/g				
试样移取的体积/mL				
测定时吸取试液体积与试液总体积的比值 D				
NH_4SCN 标准溶液的浓度 c/(mol/L)				
试样试验	滴定消耗 NH_4SCN 的用量/mL			
	滴定管校正值/mL			
	溶液温度补正值/(mL/L)			
	实际消耗 NH_4SCN 溶液的体积 V_1/mL			
空白试验	滴定消耗 NH_4SCN 的体积/mL			
	滴定管体积校正值/mL			
	溶液温度补正值/(mL/L)			
	实际消耗 NH_4SCN 的体积 V_0/mL			
氯离子含量(质量分数)w/%				
平均值(质量分数)$\overline{w}$/%				
相对平均偏差/%				

三次测定的相对平均偏差应不大于 0.3%，否则重新测定。

六、问题思考

1. 加入邻苯二甲酸二丁酯的目的是什么？
2. 为什么佛尔哈德法比莫尔法选择性高？

技能训练14

水不溶物含量的测定

一、实训目的

二维码4.3

抽滤操作

1. 熟悉水中不溶物测定的基本原理。
2. 了解电热恒温箱的结构和操作原理。
3. 能正确安全使用电热恒温箱。
4. 会利用重量法测定水中不溶物含量。

二、仪器与试剂

1. 仪器：电热恒温箱、加热板、玻璃坩埚、定量滤纸、电子天平、烧杯（500mL)、水泵。

2. 试剂：工业盐试样、硝酸银溶液。

三、实训原理

利用重量法可以准确测定水不溶物的含量。试样溶于水，用玻璃坩埚抽滤，残渣经干燥称量，测定不溶物含量。

四、实训步骤

准确称取2g粉碎至2mm以下均匀试样（杂质少应增大称量），置于400mL烧杯中，加150mL水，在不断搅拌下加热近沸至样品全部溶解，静置温热10min，用已于（110±2)℃恒重的垫有定量滤纸的3号（或4号）玻璃坩埚抽滤，倾泻溶液，洗涤不溶物2～3次，然后将不溶物全部转入坩埚中，并洗涤至滤液中无氯离子（硝酸介质中硝酸银检验）。冲洗坩埚外壁，将坩埚置于电热恒温箱中搪瓷盘内，升温至（110±2)℃干燥1h，取出移入干燥器中，冷却至室温称重，以后每次干燥0.5h称重，直至两次称重之差不超过0.0002g视为恒重。

五、数据记录和结果计算

将试验数据记录在表4-9中，水不溶物含量（%）按下式计算：

$$水不溶物含量=\frac{G_1-G_2}{W}\times100$$

式中，G_1为玻璃坩埚加水不溶物质量，g；G_2为玻璃坩埚质量，g；W为称取样品质量，g。

表4-9 水不溶物含量测定记录表

样品质量 W/g		
坩埚加水不溶物质量 G_1/g		
坩埚质量 G_2/g		
水不溶物/%		
水不溶物平均值/%		
极差/%		

极差应不大于0.3%，否则重新测定。

六、问题思考

1. 怎样判断是否达到恒重？
2. 简述电热恒温箱的使用要点。

技能训练15

葡萄糖干燥失重测定

一、实训目的

1. 掌握干燥失重的测定原理和方法。

2. 掌握挥发重量法的基本操作。

3. 了解干燥失重测定在化工、药物、食品等行业分析中的应用。

二、仪器与试剂

1. 仪器：低型称量瓶、电子天平、干燥器、电热恒温箱。

2. 试剂：葡萄糖试样。

三、实训原理

干燥失重是指药品在规定条件下，经干燥后所减失的质量，以百分率表示。干燥失重的内容物主要指水分，也包括其他挥发性物质，如残留的有机溶剂等。水分及某些挥发性组分可能影响药品质量，因此必须控制其限量。

本实验采用挥发重量法对葡萄糖进行干燥失重测定。葡萄糖含有1分子结晶水和少量吸湿水，当加热到100℃以上时转化成水蒸气而逸出。另外，在该温度下试样中的挥发性组分也同时逸出。中国药典规定，葡萄糖在105℃下干燥至恒重，减失质量不得过9.5%。

四、实训步骤

1. 称量瓶干燥恒重

将洗净的称量瓶置于电热恒温箱中，打开瓶盖，放于称量瓶旁，于105℃下进行干燥，取出称量瓶，加盖，置干燥器中冷却至室温，精密称定质量，再干燥、冷却、称量，直至恒重。

2. 试样干燥失重测定

取混合均匀的试样1～2g（若试样结晶较大，应先迅速捣碎使成2mm以下的颗粒），平铺在已恒重的称量瓶中，厚度不可超过5mm，加盖，精密称定质量。置电热恒温箱中，开瓶盖，逐渐升温，并于105℃干燥至恒重。根据减失的质量即可计算试样的干燥失重。

五、数据记录和结果计算

将试验数据记录在表4-10中，葡萄糖干燥失重的数值以%表示，按下式计算：

$$\text{干燥失重}=\frac{m_2-m_3}{m}\times 100\%$$

表4-10 葡萄糖干燥失重记录表

称量瓶质量 m_1/g		
称量瓶+试样质量 m_2/g		
试样质量 m/g		
烘干后称量瓶+试样质量 m_3/g		
干燥失重/%		
干燥失重平均值/%		
极差/%		

要求极差不大于0.2%。

六、问题思考

1. 葡萄糖 $C_6H_{12}O_6 \cdot H_2O$ 的理论含水量应为多少？

2. 什么叫恒重？影响恒重的因素有哪些？

职业素养（professional ethics）

“书山有路勤为径，学海无涯苦作舟”。自古能吃苦的人有许多，如：王冕为学作画因贫穷买不起纸，就在沙上绘画，终于成了画坛圣手；匡衡为学知识，凿壁偷光，勤奋读书，终于成了一位文学巨匠；童第周因家境贫寒，晚上在路灯下看书，自强不息，终于成了第一个将青蛙卵和外膜隔开的生物学家。

一个优秀的员工要有吃苦耐劳的精神。工作也许很辛苦，但美好的生活是靠我们用双手劳动去争取的。员工付出多少，就会有多少收获。具有吃苦耐劳的精神，是一个人成就事业的基本条件。

习　题

一、填空题

1. 下列效应中对沉淀溶解度的影响（填增大，减小或无影响）：同离子效应（　　），盐效应（　　）。

2. 定量分析中，当被测离子浓度小于（　　）mol/L 时，可认为该离子沉淀完全。

3. 佛尔哈德法用的滴定剂是（　　），指示剂是（　　）。

4. 以铬酸钾作指示剂，在中性或弱碱性溶液中用 $AgNO_3$ 标准溶液直接测定含 Cl^-（或 Br^-）溶液的银量法，叫（　　）。

5. 恒重是指连续两次干燥，其质量差应在（　　）以下。

6. 影响沉淀溶解度的主要因素有（　　）、（　　）、酸效应和（　　）。

7. 根据沉淀的物理性质，可将沉淀分为（　　）沉淀和（　　）沉淀。

8. 在沉淀的形成过程中，存在两种速度：（　　）和（　　）。

9. 银量法按照知识滴定终点的方法不同而分为三种：（　　）、（　　）和（　　）。

10. 佛尔哈德法可分为直接滴定法和返滴定法，直接滴定法用来测定（　　），返滴定法测定（　　）。

二、单项选择题

1. 漏斗位置的高低，以过滤过程中漏斗颈的出口（　　）为度。

A. 低于烧杯边缘 5mm　　B. 触及烧杯底部

C. 不接触滤液　　D. 位于烧杯中心

2. 下面有关布氏漏斗与抽滤瓶的使用，叙述错误的是（　　）。

A. 使用时滤纸要略大于漏斗的内径　　B. 布氏漏斗的下端斜口应与抽滤瓶的支管相对

C. 抽滤瓶上的橡皮塞不宜太小　　D. 橡皮塞与抽滤瓶之间气密性要好

3. Na_2CO_3 溶液中滴入 $BaCl_2$ 溶液，有 $BaCO_3$ 沉淀产生，能使此沉淀又溶解的物质是（　　）。

A. HCl　　B. NaCl　　C. $Ba(OH)_2$　　D. Na_2SO_4

4. 有关影响沉淀完全的因素，叙述错误的是（　　）。

A. 利用同离子效应，可使被测组分沉淀更完全

B. 盐效应的存在，可使被测组分沉淀完全

C. 配位效应的存在，将使被测离子沉淀不完全

D. 温度升高，会增加沉淀的溶解损失

5. 在含有 0.01mol/L 的 I^-、Br^-、Cl^- 溶液中，逐滴加入 $AgNO_3$ 试剂，先出现的沉淀是（　　）[K_{sp}（AgCl）>K_{sp}（AgBr）>K_{sp}（AgI）]。

A. AgI　　B. AgBr　　C. AgCl　　D. 同时出现

6. 在含有 AgCl 沉淀的溶液中，加入 $NH_3 \cdot H_2O$，则 AgCl（　　）。

A. 增多　　B. 转化　　C. 溶解　　D. 不变

7. 在含有 $BaSO_4$ 沉淀的饱和溶液中，加入足够的 KNO_3，这时 $BaSO_4$ 的溶解度会（　　）。

A. 减小　　B. 增大　　C. 不变　　D. 先减小后增大

8. 佛尔哈德法的指示剂是（　　）。

A. 铬黑 T　　B. 甲基橙　　C. 铁铵矾　　D. 铬酸钾

9. 有利于减少吸附和吸留的杂质，使晶形沉淀更纯净的选项是（　　）。

A. 沉淀时温度应稍高　　B. 沉淀时在较浓的溶液中进行

C. 沉淀时加入适量电解质　　D 沉淀完全后进行一定时间的陈化

10. 被测组分的摩尔质量与沉淀称量式的摩尔质量之比称为（　　）。

A. 被测组分的含量　B. 被测组分的质量　C. 被测组分的溶解度　D. 换算因数

11. 下列盐中只有哪种盐可采用莫尔法测定其中的氯含量（　　）。

A. $BaCl_2$　　B. $PbCl_2$　　C. KCl　　D. $KCl+Na_3AsO_4$

12. 测定黄铁矿中硫的含量，称取试样 0.3853g，最后得到的 $BaSO_4$ 沉淀质量为 1.0210g，则试样中硫的含量为（　　）[已知：$M(BaSO_4)=233.4g/mol$，$M(S)=32.07g/mol$]。

A. 36.41%　　B. 96.02%　　C. 37.74%　　D. 35.66%

13. 用 0.02mol/L $AgNO_3$ 溶液滴定 0.1g 试样中的 Cl^-[$M(Cl)=35.45g/mol$]，耗去 40mL，则试样中 Cl^- 的含量约为（　　）。

A. 7%　　B. 14%　　C. 35%　　D. 28%

14. CaF_2 沉淀在 pH=2 的溶液中的溶解度较在 pH=5 的溶液中的溶解度（　　）。

A. 大　　B. 相等　　C. 小　　D. 难以判断

15. 将同体积的 KCl 和 $FeCl_3$ 溶液中的 Cl^- 完全沉淀，用去相同浓度的 $AgNO_3$ 溶液的体积相同，则这两溶液的物质的量浓度之比为（　　）。

A. 1∶3　　B. 1∶2　　C. 3∶1　　D. 3∶2

16. 关于以 K_2CrO_4 为指示剂的莫尔法，下列说法正确的是（　　）。

A. 指示剂 K_2CrO_4 的量越少越好

B. 滴定应在弱酸性介质中进行

C. 本法可测定 Cl^- 和 Br^-，但不能测定 I^- 或 SCN^-

D. 莫尔法的选择性较强

三、判断题

（　　）1. 溶度积是难溶电解质的固体和它的饱和溶液在达到溶解和沉淀平衡时的平衡常数。

（　　）2. 沉淀转化是由一种难溶化合物转化为另一种更难溶化合物。

（　　）3. 选择适当的洗涤液洗涤沉淀可使沉淀更纯净。

（　　）4. 莫尔法中与 Ag^+ 形成沉淀或配合物的阴离子均不干扰测定。

（　　）5. 25℃时，AgBr 的溶度积 K_{sp} 为 5.0×10^{-13}，则 AgBr 在水中的溶解度是 1.3×10^{-4} g/L（AgBr 的分子量是 187.8）。

（　　）6. 纯碱中 NaCl 的测定，是在弱酸性溶液中，以 $K_2Cr_2O_7$ 为指示剂，用 $AgNO_3$ 滴定。

（　　）7. 在法扬司法中，为了使沉淀具有较强的吸附能力，通常加入适量的糊精或淀粉使沉淀处于胶体状态。

（　　）8. 根据同离子效应，可加入大量沉淀剂以降低沉淀在水中的溶解度。

（　　）9. 分析纯的 NaCl 试剂，如不做任何处理，用来标定 $AgNO_3$ 溶液的浓度，结果会偏高。

（　　）10. 佛尔哈德法是以 NH_4SCN 为标准滴定溶液、铁铵矾为指示剂，在稀硝酸溶液中进行滴定。

四、简答题

1. 莫尔法测定 Cl^- 时，为什么溶液 pH 值需要控制在 6.5～10.5 之间？用 $K_2Cr_2O_4$ 作为指示剂，其浓度太大和太小对测定有何影响？在滴定过程中，为什么要充分摇动溶液？

2. 福尔哈德法以什么为指示剂？直接滴定法中溶液 pH 值如何控制，过低会有什么影响？测定 Cl^- 要用返滴定法，加入硝基苯的目的是什么？为什么测定 Br^-、I^- 不需要用返滴定法？

五、计算题

1. 称烧碱样品 4.850g，溶解后酸化并定容至 250mL。吸出 25mL 于锥形瓶中，加入 0.05140mol/L 的 $AgNO_3$ 标准滴定溶液 30.00mL，用 0.05290mol/L 的 NH_4CNS 标准滴定液返滴过量的 $AgNO_3$，消耗 21.30mL，计算烧碱中 NaCl 的含量。[已知 M(NaCl)＝58.44]

2. 含有纯 NaCl 和 KCl 的样品 0.1200g，溶解后用 0.1000mol/L 的 $AgNO_3$ 标准滴定溶液滴定，消耗 20.00mL，求样品中 NaCl 和 KCl 的含量。[已知 M(Cl)＝35.45]

3. 某含 0.002mol/L 硫酸根溶液 20mL 中加入 20mL 0.02mol/L 的 $BaCl_2$ 溶液，试计算溶液中残余的 SO_4^{2-} 浓度为多少？硫酸根是否沉淀完全？[已知 $K_{sp}(BaSO_4)=1.1\times10^{-10}$]

小常识

氯化钠（sodium chloride）

1. 性状（property）

氯化钠，化学式 NaCl，分子量 58.44，无色立方结晶或细小结晶粉末，味咸，熔点 801℃，沸点 1465℃，微溶于乙醇、丙醇、丁烷，易溶于水，水中溶解度为 35.9g（室温）。工业上一般采用电解饱和氯化钠溶液的方法来生产氢气、氯气和氢氧化钠等基础工业原料，还广泛用于日用化工、橡胶行业、造纸工业、医药工业、食品工业等，如医疗上用来配制生理盐水（0.9%），生活上可用于调味品。

2. 生产工艺（production）

由海水（含氯化钠 2.4%）引入盐田，经日晒干燥，浓缩结晶，制得粗品，再精制即得。亦可将海水经蒸汽加温，砂滤器过滤，用离子交换膜电渗析法进行浓缩，得浓盐水经蒸发析出盐卤石膏，离心分离，制得的氯化钠含量为 95%以上，再经干燥可制得食盐。还可用岩盐、盐湖盐水为原料，经日晒干燥，制得原盐。

3. 储存方法（storage）

应储存于阴凉、常温避光、通风干燥处，可以垛放，防止雨淋，不得与酸碱混存，垛底要铺放木板，用以防潮，垛放高度不超过 2m，远离火种、热源。

4. 危害防治（safety information）

氯化钠属于无毒性化工产品，不易燃，对消防无特殊要求。皮肤接触后用清水清洗干净即可。如食用过量，应当多喝水或者使用其他措施来维持体内的水分，否则，后果很严重。

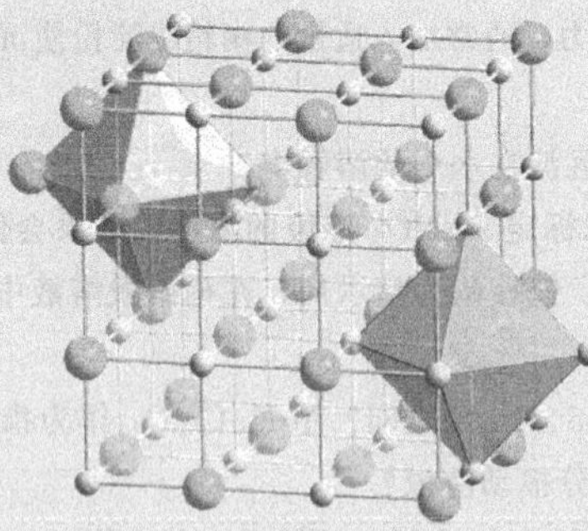

模块三 聚合氯化铝产品分析

Module Three Analysis of Poly Aluminium Chloride

聚合氯化铝是介于 $AlCl_3$ 和 $Al(OH)_3$ 之间的一种水溶性无机高分子聚合物。该产品有较强的架桥吸附性能，在水解过程中，伴随发生凝聚、吸附和沉淀等物理化学过程。其产品广泛用于造纸、医药、制革、化妆品、饮用水、工业用水和污水处理领域。为此，国家标准 GB/T 22627—2014《水处理剂 聚氯化铝》规定了聚合氯化铝的要求、采样、试验方法和检验规则等，具体质量指标见下表。杭州市水务控股集团有限公司采购了一批聚合氯化铝，质检部安排你去完成聚合氯化铝采样及样品常规检验，判断原料质量是否符合国家标准要求，并填写检验报告单。

聚合氯化铝质量指标

项目		指标	
		液体	固体
氧化铝(Al_2O_3)的质量分数/%	≥	6.0	28.0
盐基度/%		30.0～95.0	
水不溶物的质量分数/%	≤	0.4	
pH 值(10g/L 水溶液)		3.5～5.0	
铁(Fe)的质量分数/%	≤	3.5	
砷(As)的质量分数/%	≤	0.0005	
铅(Pb)的质量分数/%	≤	0.002	

项目5

配位滴定法

Complex-Formation Titration

知识目标 （knowledge objectives）

1. 掌握配位化合物的定义、组成、命名；
2. 了解配位化合物的结构特征；
3. 理解配位化合物稳定常数的意义；
4. 理解pH等因素对配位平衡的影响；
5. 掌握配位滴定原理；
6. 掌握金属指示剂作用原理及使用条件。

技能目标 （skill objectives）

1. 会识别配位化合物；
2. 能写出系统命名；
3. 会判断配位平衡的移动；
4. 能进行配位平衡的相关计算；
5. 能正确使用金属指示剂；
6. 学会配位标准溶液的配制及标定。

素养目标 （attitude objectives）

1. 培养学生树立良好的职业道德；
2. 具有实事求是、严谨科学的工作作风；
3. 树立安全、环保和节约意识；
4. 养成良好的实验习惯和职业素养。

项目引入

1. 滴定分析法中，配位滴定法一直占据着十分重要的地位，元素周期表里大部分的金属都可以用配位滴定法进行测定。你能举出一些配位反应的例子吗？ 它们是怎么起作用的？

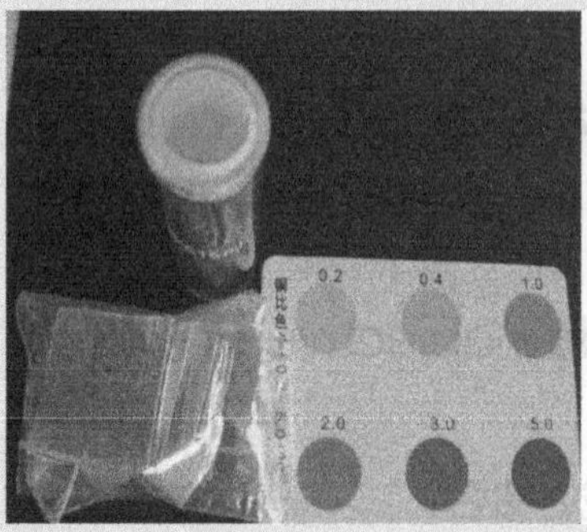

重金属的检测

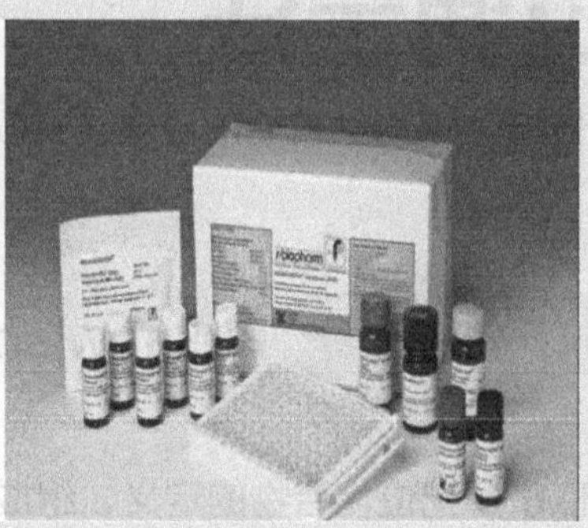
显色反应

2. 生活饮用水的检测中，水质的总硬度以及水中重金属离子的检验是重要指标之一，通过预习请查阅配位滴定法进行离子检测时，需要注意哪些因素？

任务5.1

认识配位化合物

配位化合物（complex）简称配合物，也称络合物，是一类复杂的化合物，它的存在和应用都很广泛，生物体内的金属元素多以配合物的形式存在。例如植物中的叶绿素是镁的配合物，植物的光合作用靠它来完成。又如动物血液中的血红蛋白是铁的配合物，在血液中起着输送氧气的作用；动物体内的各种酶几乎都是以金属配合物形式存在的。而配位化学也成为与物理化学、有机化学、生物化学、固体物理和环境科学相互渗透、交叉的新型学科。

5.1.1 配合物的概念

在硫酸铜溶液中加入氨水，开始时有蓝色 $Cu(OH)_2$ 沉淀生成，当继续加氨水过量时，蓝色沉淀溶解变成深蓝色溶液。总反应为：

$$CuSO_4 + 4NH_3 = [Cu(NH_3)_4]SO_4(\text{深蓝色})$$

在反应过程中，没有发生电子得失和价态的变化，也没有形成共用电子的共价键。在这类化合物中含有能稳定存在的复杂离子，如 $[Cu(NH_3)_4]^{2+}$，称为配离子。凡含有配离子的化合物称为配位化合物。

配位化合物的定义可归纳为：由一个中心离子（或原子）和几个配体（阴离子或分子）以配位键相结合形成复杂离子（或分子），通常称这种复杂离子为配离子（complex ion）。由配离子组成的化合物叫配合物，在实际工作中一般把配离子也称配合物。

经研究表明，在 $[Cu(NH_3)_4]$ SO_4 中，Cu^{2+} 占据中心位置，称中心离子（或中心原子）；中心离子 Cu^{2+} 的周围，以配位键结合着 4 个 NH_3 分子，称为配体；中心离子与配体构成配合物的内界（配离子），通常把内界写在方括号内；SO_4^{2-} 被称为外界，内界与外界之间是离子键，在水中全部解离。

现以 $[Cu(NH_3)_4]SO_4$ 和 $K_3[Fe(CN)_6]$ 为例，以图表示配合物的组成见图 5-1。

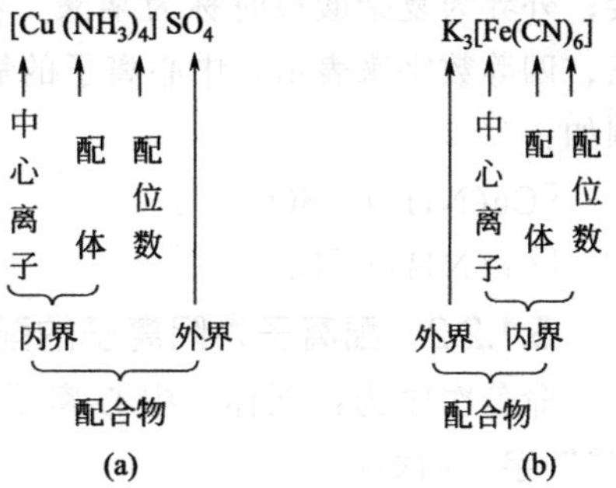

图 5-1 配合物的组成

5.1.1.1 中心离子(或中心原子)

配合物的核心，一般是阳离子，也有电中性原子，如 $[Ni(CO)_4]$ 中的 Ni 原子。中心离子绝大多数为金属离子，特别是过渡金属离子，必须具有可以接受配体给予的孤对电子的空轨道。

5.1.1.2 配体和配位原子

在配合物中提供孤电子对的阴离子或中性分子叫配体（ligand），如 OH^-、SCN^-、CN^-、NH_3、H_2O 等。配体中具有孤电子对并与中心离子形成配位键的原子称为配位原子。只含有一个配位原子的配体称为单基配体（monodentate ligand），如 F^-、OH^-、SCN^-、CN^-、NH_3、H_2O 等；含有两个或两个以上配位原子并同时与一个中心离子形成配位键的配体，称为多基配体，如乙二胺（en，见图 5-2）、EDTA。

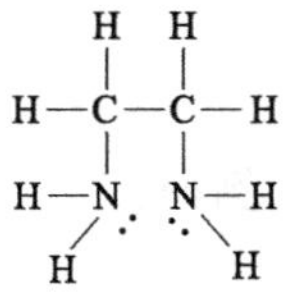

图 5-2 乙二胺

5.1.1.3 配位数

配合物中直接同中心离子形成配位键的配位原子的总数目称为该中心离子的配位数（coordination number）。一般简单配合物的配体是单基配体，中心离子配位数即是内界中配体的总数。例如配合物 $[Co(NH_3)_6]^{3+}$，中心离子 Co^{3+} 与 6 个 NH_3 分子中的 N 原子配位，其配位数为 6。多基配体，如 $[Zn(en)_2]SO_4$ 中，中心离子 Zn^{2+} 与两个乙二胺分子结合，而每个乙二胺分子中有两个 N 原子配位，故 Zn^{2+} 的配位数为 4。因此，应注意配位数与配体数的区别，在配合物中中心离子的配位数可以从 1～12，但是最常见的配位数是 6 个和 4 个。中心离子（或原子）的实际配位数的多少与中心离子（或原子）、配体的半径、电荷有关，也和配体的浓度、形成配合物的温度等因素有关。

5.1.1.4 配离子的电荷数

配离子的电荷等于中心离子和配体电荷的代数和。在 $[Cu(en)_2]^{2+}$ 中，配体都是中性分子，所以配离子的电荷等于中心离子的电荷。在 $[Fe(CN)_6]^{3-}$ 中，中心离子 Fe^{3+} 的电荷为＋3，6 个 CN^- 的电荷为－6，所以配离子的电荷为－3。

练一练

指出下列配合物中配体的个数和配位数：

(1) $[SbCl_6]^{3-}$　(2) $[Co(en)_3]^{3+}$　(3) $[CrCl_2(H_2O)_4]Cl$

5.1.2 配位化合物的命名

配合物的命名方法服从一般无机化合物的命名原则。这里简单介绍配合物命名的基本原则。

5.1.2.1 配离子为阳离子的配合物

命名次序为：外界阴离子—配体—中心离子。简单外界阴离子和配体之间用“化”字连接；外界为复杂酸根时称为某酸。在配体和中心离子之间加“合”，配体的数目用一、二、三、四等数字来表示，中心离子的氧化数用罗马数字写在中心离子名称的后面，并加括弧。例如：

$[Cu(NH_3)_4]SO_4$　　硫酸四氨合铜（Ⅱ）

$[Co(NH_3)_6]Br_3$　　三溴化六氨合钴（Ⅲ）

5.1.2.2 配离子为阴离子的配合物

命名次序为：配体—中心离子—外界阳离子。在中心离子和外界阳离子名称之间加“酸”字。例如：

$H_2[SiF_6]$　　六氟合硅（Ⅳ）酸

$K_3[Fe(CN)_6]$　　六氰合铁（Ⅲ）酸钾

5.1.2.3 有多种配体的配合物

① 如果含有多种配体，不同的配体之间要用“·”隔开。其命名顺序为：阴离子—中性分子。

② 若配体都是阴离子时，则按简单—复杂—有机酸根离子的顺序命名。

③ 若配体都是中性分子时，则按配位原子元素符号的拉丁字母顺序排列。例如：

$NH_4[Cr(SCN)_4\cdot(NH_3)_2]$　　四硫氰·二氨合铬（Ⅲ）酸铵

$[Co(NH_3)_5(H_2O)]Cl_3$　　氯化五氨·一水合钴（Ⅲ）

5.1.2.4 没有外界的配合物

命名方法与前面的相同。例如：

$[PtCl_2\cdot(NH_3)_2]$　　二氯·二氨合铂（Ⅱ）

$[Ni(CO)_4]$　　四羰基合镍

此外，有些配合物有其习惯上沿用的名称，例如：$K_4[Fe(CN)_6]$ 称为亚铁氰化钾（黄血盐），$H_2[SiF_6]$ 称为氟硅酸。

练一练

1. 命名下列配合物：

(1) $(NH_3)_3[SbCl_6]$　　(2) $[Co(en)_3]Cl_3$　　(3) $[CrCl_2(H_2O)_4]Cl$

2. 写出下列配合物的化学式：

(1) 六氟合硅酸（ ）　(2) 六氰合铁酸钾（ ）　(3) 四硫氰·二氨合铬酸铵（ ）

(4) 二氯·二氨合铂（ ）　(5) 硫酸四氨合铜（ ）　(6) 氯化五氨·一水合钴（ ）

任务5.2

配位平衡

一般来说，配合物的配离子和外界是以离子键结合的，与强电解质相似，可认为配合物在水溶液中完全解离为配离子和外界离子。如 $[Cu(NH_3)_4]SO_4$ 的解离：

$$[Cu(NH_3)_4]SO_4 = [Cu(NH_3)_4]^{2+} + SO_4^{2-}$$

解离出的配离子在水溶液中则和弱电解质相似，会发生部分解离，存在解离平衡，也称配位平衡（coordination equilibrium），如下：

$$[Cu(NH_3)_4]^{2+} \rightleftharpoons Cu^{2+} + 4NH_3$$

而配离子的解离过程实际就是配位反应的逆反应。那么，如何衡量配离子在水溶液中解离的难易程度呢？

5.2.1 配合物的稳定常数

配离子的稳定常数（stability constant）是该配离子发生反应达到平衡时的平衡常数。在溶液中，配离子的生成一般是分步进行的，因此溶液中存在着一系列的配位平衡，每一步都有相应的稳定常数，称为逐级稳定常数，用 K_i 表示。例如：

$$Cu^{2+} + NH_3 \rightleftharpoons [Cu(NH_3)]^{2+} \qquad K_1$$

$$[Cu(NH_3)]^{2+} + NH_3 \rightleftharpoons [Cu(NH_3)_2]^{2+} \qquad K_2$$

$$[Cu(NH_3)_2]^{2+} + NH_3 \rightleftharpoons [Cu(NH_3)_3]^{2+} \qquad K_3$$

$$[Cu(NH_3)_3]^{2+} + NH_3 \rightleftharpoons [Cu(NH_3)_4]^{2+} \qquad K_4$$

按多重平衡规则，配离子的累积稳定常数 $K_{稳}$ 是逐级稳定常数的乘积，即：

$$K_{稳} = K_1 K_2 K_3 \cdots K_n$$

$$Cu^{2+} + 4NH_3 \rightleftharpoons [Cu(NH_3)_4]^{2+}$$

$$K_{稳} = K_1 K_2 K_3 K_4 = \frac{[Cu(NH_3)_4]^{2+}}{[Cu^{2+}][NH_3]^4} = 10^{13.32}$$

$K_{稳}$ 值越大，表示该配离子在水中越稳定。从 $K_{稳}$ 的大小可以判断配位反应完成的程度及是否可用于滴定分析。

5.2.2 配离子稳定常数的应用

5.2.2.1 比较同类型配合物的稳定性

对于同类型配合物，稳定常数 $K_{稳}$ 越大，其配合物的稳定性越高。但不同类型配合物的稳定性则不能仅用 $K_{稳}$ 比较。

[例 5-1] 比较下列两个配合物的稳定性：

$$[Ag(CN)_2]^- \qquad K_{稳} = 1.26 \times 10^{21}$$

$$[Ag(NH_3)_2]^+ \qquad K_{稳} = 1.6 \times 10^7$$

两者为同类型配合物，根据稳定常数的大小可知 $[Ag(CN)_2]^-$ 比 $[Ag(NH_3)_2]^+$ 稳定得多。

对不同类型的配离子不能简单利用 $K_{稳}$ 值来比较它们的稳定性，要通过计算同浓度时溶液中中心离子的浓度来比较。例如，$[Cu(en)_2]^{2+}$（$K_{稳} = 1.0 \times 10^{20}$）和 $[CuY]^{2-}$（$K_{稳} = 6.31 \times 10^{18}$），似乎前者比后者稳定，而事实恰好相反。

5.2.2.2 计算配合物溶液中有关离子的浓度

[例 5-2] 计算溶液中与 1.0×10^{-3} mol/L $[Cu(NH_3)_4]^{2+}$ 和 1.0mol/L NH_3 处于平衡状态时，游离 Cu^{2+} 的浓度。

解 设平衡时 $[Cu^{2+}] = x$ mol/L

$$Cu^{2+} + 4NH_3 \rightleftharpoons [Cu(NH_3)_4]^{2+}$$

平衡浓度（mol/L）　　x　　1.0　　$1.0 \times 10^{-3} - x$（x 较小，忽略不计）

$$K_{稳} = \frac{[Cu(NH_3)_4]^{2+}}{[Cu^{2+}][NH_3]^4} = 10^{13.32}$$

代入得：

$$\frac{1.0\times10^{-3}}{x\times1.0^{4}}=10^{13.32}$$

$$x=4.8\times10^{-17}\,\mathrm{mol/L}$$

答：铜离子浓度为 4.8×10^{-17} mol/L。

5.2.2.3 判断配离子与沉淀之间转化的可能性

配离子与沉淀之间的转化，主要取决于配离子的稳定性和沉淀的溶解度。配离子和沉淀都是向着更稳定的方向转化。

[例 5-3] 欲使 0.1mol 的 AgCl 完全溶解，最少需要 1L 多少浓度的氨水？已知 $K_{sp}(AgCl)=1.8\times10^{-10}$，$K_稳[Ag(NH_3)_2^+]=1.6\times10^7$。

解 设平衡时 NH_3 浓度为 x mol/L，而平衡时 $[Ag(NH_3)_2^+]=[Cl^-]=0.1$mol/L

$$AgCl(s)+2NH_3 \rightleftharpoons [Ag(NH_3)_2]^+ + Cl^-$$

平衡浓度 (mol/L)　　　x　　　0.1　　　0.1

$$K_稳=\frac{[Ag(NH_3)_2^+][Cl^-]}{[NH_3]^2}=K_稳[Ag(NH_3)_2^+]K_{sp}(AgCl)$$

即

$$\frac{0.1\times0.1}{[NH_3]^2}=1.6\times10^7\times1.8\times10^{-10}$$

$$[NH_3]=\sqrt{\frac{0.1\times0.1}{1.6\times10^7\times1.8\times10^{-10}}}=1.9\ (\mathrm{mol/L})$$

则氨水的起始浓度为 $1.9+2\times0.1=2.1$ (mol/L)。

答：至少需用 1L 浓度为 2.1mol/L 的氨水。

练一练

1. 向 $[Ag(NH_3)_2]^+$ 溶液中，加入 KCN，试判断平衡向哪个方向移动？

$$[Ag(NH_3)_2]^+ + 2CN^- \rightleftharpoons [Ag(CN)_2]^- + 2NH_3$$

2. 在 100mL 0.20mol/L $AgNO_3$ 溶液中加入等体积的 1.0mol/L $NH_3\cdot H_2O$，计算达到平衡时溶液中 Ag^+、$[Ag(NH_3)_2]^+$ 和 NH_3 的浓度。

任务5.3

EDTA及其配合物

5.3.1 EDTA

乙二胺四乙酸 (ethylenediamine tetraacetic acid) 简称 EDTA，或 EDTA 酸，为四元弱酸，常用 H_4Y 表示。其结构式为：

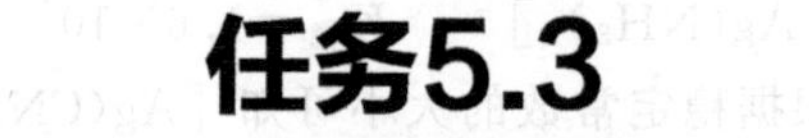

H_4Y 在水中的溶解度低（22℃时每 100mL 水溶解 0.02g），所以常用的是其二钠盐 $Na_2H_2Y\cdot2H_2O$（也称 EDTA）作为滴定剂。它在水溶液中的溶解度较大，22℃时每 100mL 水可溶解 11.2g，此时溶液的饱和浓度约为 0.3mol/L，pH 值约为 4.4。

在酸度较高的溶液中，H_4Y 的两个羧基可再接受两个 H^+ 而形成 H_6Y^{2+}，这样它就相当于一个六元酸，有六级解离平衡，分别为：

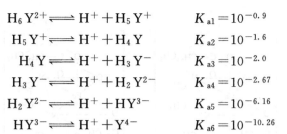

$$H_6Y^{2+} \rightleftharpoons H^+ + H_5Y^+ \qquad K_{a1}=10^{-0.9}$$
$$H_5Y^+ \rightleftharpoons H^+ + H_4Y \qquad K_{a2}=10^{-1.6}$$
$$H_4Y \rightleftharpoons H^+ + H_3Y^- \qquad K_{a3}=10^{-2.0}$$
$$H_3Y^- \rightleftharpoons H^+ + H_2Y^{2-} \qquad K_{a4}=10^{-2.67}$$
$$H_2Y^{2-} \rightleftharpoons H^+ + HY^{3-} \qquad K_{a5}=10^{-6.16}$$
$$HY^{3-} \rightleftharpoons H^+ + Y^{4-} \qquad K_{a6}=10^{-10.26}$$

由于是分步解离，EDTA 在水溶液中是以 H_6Y^{2+}、H_5Y^+、H_4Y、H_3Y^-、H_2Y^{2-}、HY^{3-}、Y^{4-}七种形式存在。但是在不同的酸度下，各种形式的浓度是不同的，它们的浓度分布与溶液 pH 值的关系如图 5-3 所示。

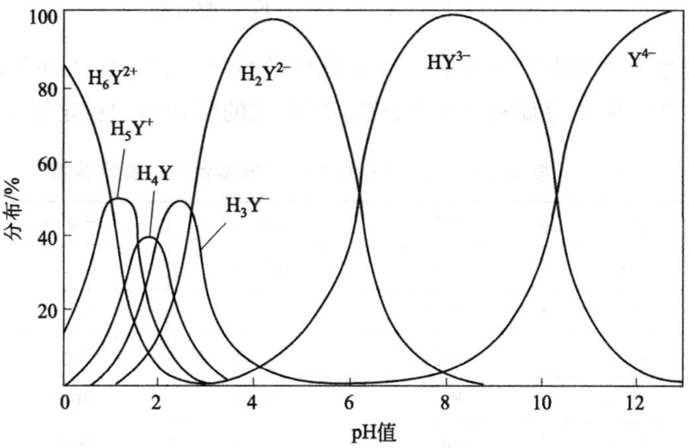

图 5-3　EDTA 各种形式的分布曲线

七种形式中，只有 Y^{4-}（为了方便，以下均用符号 Y 来表示 Y^{4-}）能与金属离子直接配位。Y 分布系数越大，即 EDTA 的配位能力越强。而 Y 分布系数的大小与溶液的 pH 密切相关，所以溶液的酸度便成为影响 EDTA 配合物稳定性及滴定终点敏锐性的一个很重要的因素。

5.3.2 EDTA 与金属离子形成螯合物

EDTA 的配位能力很强，它能通过两个氮原子、四个氧原子共六个配位原子与金属离子结合形成稳定的具有五个五元环的螯合物（chelate，读作“key-late”）。一般情况下，EDTA 与 1～4 价金属离子都能形成 1∶1 的易溶于水的螯合物，如（图 5-4）：

$$Ca^{2+} + Y^{4-} = CaY^{2-}$$

$$Fe^{3+} + Y^{4-} = FeY^-$$

这样反应就不存在分步配位现象，而且由于配位比较简单，因而用作滴定反应时，其分析结果的计算就十分方便。

除此之外，EDTA 所形成的螯合物还具有以下特性：

① EDTA 与金属离子形成的螯合物都比较稳定，所发生的配位反应比较完全；

② 无色金属离子与 EDTA 形成的螯合物仍为无色，有利于指示剂对终点的指示，有色金属离子与 EDTA 形成的螯合物颜色将变得更深。

以上特点说明 EDTA 与金属离子的配位反应能符合滴定分析的要求。

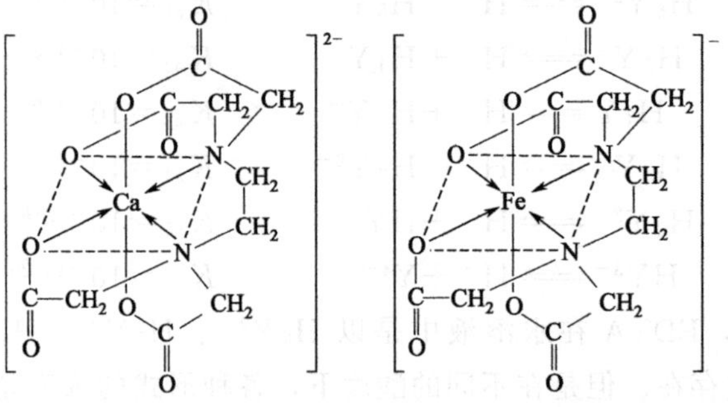

图 5-4 EDTA 与 Ca^{2+}、Fe^{3+} 配合物

螯合物的稳定性，主要取决于金属离子和配体的性质。在一定条件下，每一种螯合物都有其特有的稳定常数。常见金属离子与 EDTA 所形成的螯合物的稳定常数见表 5-1。

表 5-1 常见金属离子与 EDTA 所形成螯合物的稳定常数

阳离子	$\lg K_{MY}$	阳离子	$\lg K_{MY}$	阳离子	$\lg K_{MY}$
Na^+	1.66	Ce^{4+}	15.98	Cu^{2+}	18.8
Li^+	2.79	Al^{3+}	16.3	Ga^{2+}	20.3
Ag^+	7.32	Co^{2+}	16.31	Ti^{3+}	21.3
Ba^{2+}	7.86	Pt^{2+}	16.31	Hg^{2+}	21.8
Mg^{2+}	8.69	Cd^{2+}	16.49	Sn^{2+}	22.1
Sr^{2+}	8.73	Zn^{2+}	16.5	Th^{4+}	23.2
Be^{2+}	9.2	Pb^{2+}	18.04	Cr^{3+}	23.4
Ca^{2+}	10.69	Y^{3+}	18.09	Fe^{3+}	25.1
Mn^{2+}	13.87	VO^+	18.1	U^{4+}	25.8
Fe^{2+}	14.33	Ni^{2+}	18.6	Bi^{3+}	27.94
La^{3+}	15.5	VO^{2+}	18.8	Co^{3+}	36.0

由表 5-1 可见，金属离子与 EDTA 螯合物的稳定性，随着金属离子的不同，差别较大。这些差别主要取决于金属离子本身的离子电荷、离子半径和电子层结构。

此外，溶液的酸度、温度和其他配位剂的存在等外界条件的改变也能影响螯合物的稳定性。

想一想

EDTA 具有什么结构特点？EDTA 与金属离子形成的配合物有哪些特点？

5.3.3 副反应和条件稳定常数

在配位滴定中，除 EDTA 与被测金属离子 M 之间的配位反应外，溶液中还存在着 EDTA 与 H^+ 和其他共存金属离子 N 的反应；被测金属离子 M 与溶液中其他共存配位剂或 OH^- 的反应；反应产物 MY 与 H^+ 或 OH^- 的作用等。一般将 EDTA 与被测金属离子 M 的反应称为主反应，而溶液中存在着其他反应都称为副反应，它们之间的平衡关系如下所示：

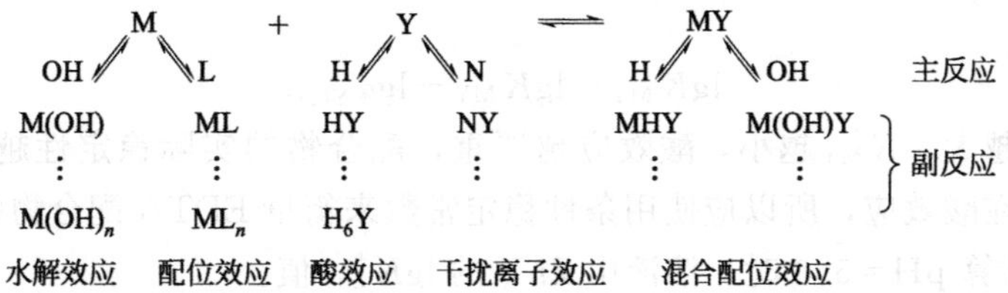

由于副反应的存在，使主反应的化学平衡发生移动，主反应产物 MY 的稳定性发生变化，因而对配位滴定的准确度可能有较大影响，其中以介质酸度的影响最为重要。

5.3.3.1　酸效应与酸效应系数

由于溶液中 H^+ 存在时，使配位剂 EDTA 参与主反应的能力降低的现象称为 EDTA 的酸效应（acid effect）。

酸效应的大小用酸效应系数 $a_{Y(H)}$ 来衡量：

$$a_{Y(H)}=\frac{[Y]}{[Y^{4-}]}$$

显然，$a_{Y(H)}$ 值与溶液酸度有关，它随着溶液 pH 值增大而减小，在表 5-2 中给出了不同 pH 值下的 $\lg a_{Y(H)}$ 值。

表 5-2　不同 pH 值下的 $\lg a_{Y(H)}$ 值

pH 值	$\lg a_{Y(H)}$	pH	$\lg a_{Y(H)}$	pH	$\lg a_{Y(H)}$
0.0	23.64	3.8	8.85	7.4	2.88
0.4	21.32	4.0	8.44	7.8	2.47
0.8	19.08	4.4	7.64	8.0	2.27
1.0	18.01	4.8	6.84	8.4	1.87
1.4	16.02	5.0	6.45	8.8	1.48
1.8	14.27	5.4	5.69	9.0	1.28
2.0	13.51	5.8	4.98	9.5	0.83
2.4	12.19	6.0	4.65	10.0	0.45
3.0	10.60	7.0	3.32	12.0	0.01

由表 5-2 可知，在 pH＝12 时，$\lg a_{Y(H)}$ 接近于 0，所以，pH≥12 时，可忽略 EDTA 酸效应的影响。

5.3.3.2　配位效应与配位效应系数

如果滴定体系中存在其他配位剂，并能与被测金属离子形成配合物，则参与主反应的被测金属离子浓度减小，使主反应平衡向左移动，EDTA 与金属离子形成的配合物的稳定性下降。这种由于共存配位剂的作用而使被测金属离子参与主反应的能力下降的现象称为配位效应（complex effect）。

5.3.3.3　条件稳定常数

在滴定分析中，副反应往往不可避免，直接由绝对稳定常数 $K_{稳}$ 来计算将会产生误差，因此引入条件稳定常数（conditional stability coefficient），记为 K'_{MY}：

$$K'_{MY}=\frac{[MY]}{[M'][Y']}$$

各种副反应中，最严重的是配位剂的酸效应，因此在一般情况下，仅考虑配位剂的酸效应，则：

$$\lg K'_{MY}=\lg K_{MY}-\lg a_{Y(H)} \tag{5-1}$$

副反应系数越大，K'_{MY}越小，酸效应越严重，配合物的实际稳定性越低。由于 EDTA 在滴定过程中存在酸效应，所以应使用条件稳定常数来衡量 EDTA 配合物的实际稳定性。

［**例 5-4**］ 计算 pH＝5.0 时，溶液中 ZnY 的 $\lg K'_{ZnY}$值。

解 查表可知 pH＝5.0 时，$\lg a_{Y(H)}=6.45$，$\lg K_{ZnY}=16.50$。

故 $\lg K'_{ZnY}=\lg K_{ZnY}-\lg a_{Y(H)}=16.50-6.45=10.05$。

练一练

1. 在滴定分析中，EDTA 与金属离子的反应过程中，会出现哪些副反应？ 如何消除这些副反应？ 试举例说明。

2. 计算 pH＝3.0 和 pH＝6.0 时的 $\lg K'_{ZnY}$ 。

任务5.4

配位滴定法

5.4.1 配位滴定的滴定曲线

在配位滴定时，随着 EDTA 的不断加入，被滴定的金属离子浓度逐渐减小。在达到化学计量点附近±0.1%范围内，溶液的 pM 值发生突变，称为滴定突跃。若利用适当的方法，可以指示滴定终点。以 EDTA 的加入量（或加入百分数）为横坐标，金属离子浓度的负对数 pM 为纵坐标作图，这种反映滴定过程中金属离子浓度变化规律的曲线，称为滴定曲线。

图 5-5 为在不同 pH 值时 EDTA 滴定钙离子的滴定曲线，图 5-6 为用相同浓度的 EDTA 溶液分别滴定不同浓度的金属离子的滴定曲线。

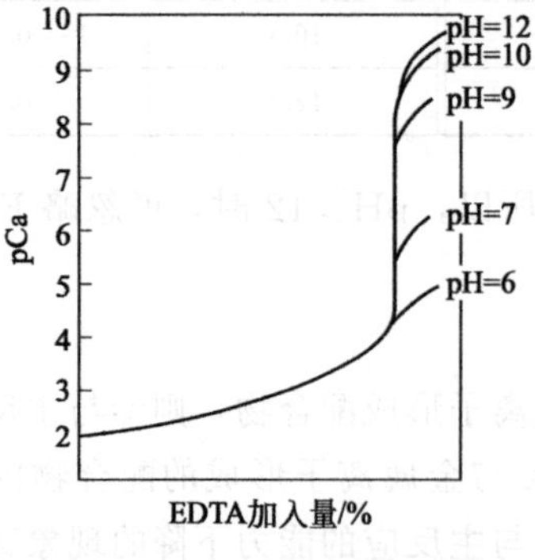

图 5-5 0.01mol/L EDTA 滴定 0.01mol/L Ca^{2+} 的滴定曲线

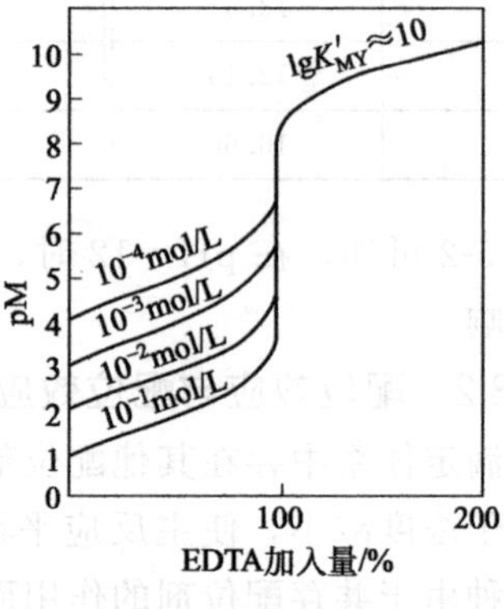

图 5-6 EDTA 滴定不同浓度金属离子的滴定曲线

从图 5-5 及图 5-6 可看出，在配位滴定时，滴定突跃的大小主要取决于两个因素：配合物的条件稳定常数和被滴定金属离子的浓度。在金属离子浓度确定的情况下，配合物的条件稳定常数越大，滴定突跃范围就越大；在条件稳定常数确定的条件下，金属离子浓度越大，滴定突跃范围就越大。因此，在配位滴定中，选择并控制溶液的酸度、选择合适的测定浓度，都将有利于提高滴定的准确性。

采用指示剂指示终点在人眼判断颜色的情况下，终点的判断与化学计量点之间会有±0.2pM单位的差距，而配位滴定一般要求相对误差不大于0.1%。根据上述影响滴定突跃大小的因素可知，金属离子的初始浓度和条件稳定常数越大，滴定的突跃范围越大。要满足滴定分析的误差要求，在终点时配合物MY的解离部分必须不大于0.1%。当被滴定的金属离子的初始浓度是0.020mol/L时，配合物的条件稳定常数K'_{MY}应不小于10^8，即

$$\lg K'_{MY} \geqslant 8 \tag{5-2}$$

考虑到金属离子的初始浓度对滴定突跃的影响，上式可表示为：

$$\lg(cK'_{MY}) \geqslant 6 \tag{5-3}$$

式(5-3)即为配位滴定中准确测定单一金属离子的条件。

5.4.2 配位滴定中酸度的控制

从滴定曲线的讨论中可知，pH值越大，由于酸效应减弱，$\lg K'_{MY}$增大，配合物越稳定，被滴定金属离子与EDTA的反应也越完全，滴定突跃也越大。但是，随着pH值增大，金属离子也可能会发生水解，生成多羟基配合物，降低EDTA配合物的稳定性，甚至会因生成氢氧化物沉淀而影响EDTA配合物的形成，对滴定不利。因此，对不同的金属离子，因其性质不同而在滴定时有不同的最高允许pH值或最低酸度。

5.4.2.1 配位滴定中最高酸度和最低酸度

单一金属离子被准确滴定的界限是$\lg K'_{MY} \geqslant 8$。金属离子初始浓度一定时，随着酸度的增强，$\lg \alpha_{Y(H)}$增大，$\lg K'_{MY}$减小，最后可能导致$\lg K'_{MY} < 8$，这时便不能准确滴定。因此，溶液的酸度应有一上限，超过它便不能保证$\lg K'_{MY}$具有一定的数值，会引起较大的误差（>0.1%），这一最高允许的酸度称为最高酸度，与之相应的溶液pH值称为最低pH值。

在配位滴定中，若只考虑EDTA的酸效应，则：

$$\lg K'_{MY} = \lg K_{MY} - \lg \alpha_{Y(H)} \geqslant 8$$

即

$$\lg \alpha_{Y(H)} \leqslant \lg K_{MY} - 8 \tag{5-4}$$

由式(5-4)求出配位滴定的最大$\lg \alpha_{Y(H)}$，然后查表5-2即可得出最低pH值。

[例5-5] 计算用0.01mol/L EDTA滴定0.01mol/L Mg^{2+}的最高酸度（最低pH值）。

解　查表得　$\lg K_{MgY} = 8.7$；利用公式$\lg \alpha_{Y(H)} \leqslant \lg K_{MY} - 8$

$$\lg \alpha_{Y(H)} \leqslant 8.7 - 8 \qquad \lg \alpha_{Y(H)} \leqslant 0.7$$

查表得：$\lg \alpha_{Y(H)} \leqslant 0.7$时，pH值约为10。

将金属离子的$\lg K_{MY}$值与最小pH值绘成曲线，称为EDTA酸效应曲线，如图5-7所示。

从酸效应曲线上可说明以下几个问题：

① 从曲线中可以找出进行各种离子滴定时的最低pH值。例如Fe^{3+}，pH值必须大于1。

② 从曲线中可以看出利用控制酸度的方法，可以在同一溶液中连续测定几种离子。例如，溶液中含有Bi^{3+}、Zn^{2+}，可以在pH=1.0时测定Bi^{3+}，然后调节pH=5.0～6.0时测定Zn^{2+}。

而若酸度过低，金属离子就会发生水解，在没有其他辅助配位剂时，根据金属离子生成沉淀时的溶度积常数，得到金属离子发生水解时所需的最大pH值即为最低酸度。通常可由$M(OH)_n$的溶度积计算。

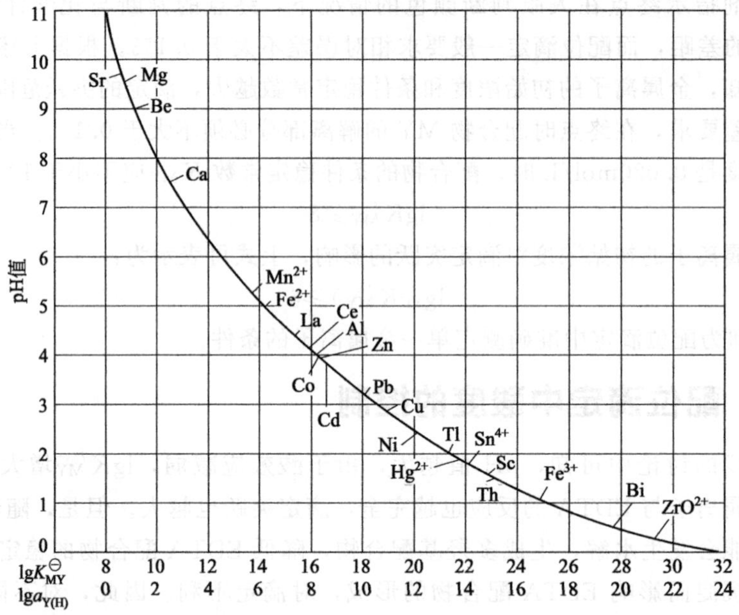

图 5-7 EDTA 酸效应曲线

5.4.2.2 缓冲溶液的作用

在配位滴定过程中，随着配合物的不断生成，不断有 H^+ 释放出来：

$$M^{n+} + H_2Y^{2-} \rightleftharpoons MY^{(4-n)-} + 2H^+$$

因此，使溶液的酸度不断增大，不仅降低了配合物的实际稳定性，使滴定突跃减小，同时也可能改变指示剂变色的适宜酸度，导致很大的误差，甚至无法滴定。在配位滴定中，通常要加入缓冲溶液来控制 pH 值。

配位滴定应控制在最高酸度和最低酸度之间进行，将此酸度范围称为配位滴定的适宜酸度范围。

练一练

在 pH＝5.0 时，能否用 0.020mol/L EDTA 标准溶液直接准确滴定 0.020mol/L Mg^{2+}？在 pH＝10.0 的氨性缓冲溶液中如何?

任务5.5

金属指示剂

5.5.1 金属指示剂作用原理

5.5.1.1 作用原理

EDTA 滴定法中用的指示剂为金属指示剂（metal indicator），它是一种可与金属离子生成配合物的有机染料。利用金属指示剂自身颜色与其形成的配合物具有不同的颜色，来指示配位滴定终点。

金属指示剂与待测金属离子的反应如下：

$$M+In \Longrightarrow MIn$$

颜色 A　颜色 B

随着 EDTA 的加入，游离金属离子逐渐被配位，形成 MY。当达到反应的化学计量点时，EDTA 从 MIn 中夺取金属离子 M，使指示剂 In 游离出来，这样溶液的颜色就从 MIn 的颜色（颜色 B）色变为 In 的颜色（颜色 A），指示终点达到：

$$MIn+Y \Longrightarrow MY+In$$

颜色 B　颜色 A

例如，铬黑 T 在 pH＝10 的水溶液中呈蓝色，与 Mg^{2+} 的配合物的颜色为酒红色。若在 pH＝10 时用 EDTA 滴定 Mg^{2+}，滴定开始前加入指示剂铬黑 T，则铬黑 T 与溶液中部分的 Mg^{2+} 反应，此时溶液呈 Mg^{2+}-铬黑 T 的红色。随着 EDTA 的加入，EDTA 逐渐与 Mg^{2+} 反应。在化学计量点附近，Mg^{2+} 的浓度降至很低，加入的 EDTA 进而夺取了 Mg^{2+}-铬黑 T 中的 Mg^{2+}，使铬黑 T 游离出来，此时溶液呈现出蓝色，指示滴定终点到达。

5.5.1.2　金属离子指示剂应具备的条件

作为金属指示剂，必须具备以下条件：

① 金属指示剂与金属离子形成的配合物的颜色，应与金属指示剂本身的颜色有明显的不同，这样才能借助颜色的明显变化来判断终点的到达。

② 金属指示剂与金属离子形成的配合物 MIn 要有适当的稳定性。如果 MIn 稳定性过高（K_{MIn}太大），则在化学计量点附近，Y 不易与 MIn 中的 M 结合，终点推迟，甚至不变色，得不到终点。通常要求 $K_{MY}/K_{MIn} \geqslant 10^2$。如果稳定性过低，则未到达化学计量点时 MIn 就会分解，变色不敏锐，影响滴定的准确度，一般要求 $K_{MIn} \geqslant 10^4$。

③ 金属指示剂与金属离子之间的反应要迅速、变色可逆，这样才便于滴定。

④ 金属指示剂应易溶于水，不易变质，便于使用和保存。

5.5.2　常用金属指示剂

（1）常用的金属指示剂　常用的金属指示剂使用条件、可直接滴定的金属离子和颜色变化及配制方法见表 5-3。

表 5-3　常用的金属指示剂

指示剂	适宜 pH 值	滴定元素	颜色变化	配制方法
钙指示剂(NN)	12～13	Ca^{2+}	酒红～蓝	1∶100 NaCl(研磨)
铬黑 T(EBT)	8～10	Ca^{2+}、Mg^{2+}、Pb^{2+}、Zn^{2+}	红～蓝	1∶100 NaCl(研磨)
二甲酚橙(XO)	＜6	Bi^{3+}、Cd^{2+}、Zn^{2+}、Pb^{2+}	红～亮黄	0.5%水溶液
PAN	2～12	Bi^{3+}、Cd^{2+}、Zn^{2+}、Pb^{2+}	紫红～黄	1g/L 乙醇溶液
磺基水杨酸	1.5～2.5	Fe^{3+}	紫红～无	5%水溶液

（2）指示剂的封闭（blocking）　如果滴定体系中存在干扰离子，并能与金属离子指示剂形成稳定的配合物，虽然加入过量的 EDTA，在化学计量点附近仍没有颜色变化。这种现象称为指示剂的封闭现象，可加入适当的掩蔽剂来消除。

例如，EBT 与 Al^{3+}、Fe^{3+} 等生成的配合物非常稳定，若用 EDTA 滴定这些离子，过量较多的 EDTA 也无法将 EBT 从 MIn 中置换出来。因此滴定这些离子不用 EBT 作指示剂。解决的办法是加入掩蔽剂，使干扰离子生成更稳定的配合物，从而不再与指示剂作用。

Al^{3+}、Fe^{3+}对铬黑T的封闭可加三乙醇胺予以消除；Cu^{2+}、Co^{2+}、Ni^{2+}可用KCN掩蔽；Fe^{3+}也可先用抗坏血酸还原为Fe^{2+}，再加KCN掩蔽。若干扰离子的量太大，则需预先分离除去。

(3) 指示剂的僵化 有些指示剂或指示剂与金属离子形成的配合物在水中溶解度较小，以致在化学计量点时EDTA与指示剂置换缓慢，使终点拖长，这种现象称为指示剂的僵化。可通过放慢滴定速度，加入适当的有机溶剂或加热，以增加有关物质的溶解度来消除这一影响。

例如用PAN作指示剂时，经常加入乙醇或在加热下滴定。

想一想

1. 金属指示剂的反应原理是什么？反应对溶液酸度有没有要求？试举例说明。
2. 计算Al^{3+}的含量时，能否以EBT为指示剂，直接用EDTA滴定来测定？

任务5.6 配位滴定法的应用

在配位滴定中，常用的滴定剂是EDTA。采取不同的滴定方法，广泛应用于环保、食品、药品、化工等领域。

5.6.1 EDTA标准溶液的配制与标定

5.6.1.1 EDTA标准溶液的配制

市售EDTA（$Na_2H_2Y \cdot H_2O$）常含有0.3%的水分及少量杂质而不能直接配制，故一般采用间接法配制。

常用的EDTA标准溶液的浓度为0.02～0.1mol/L。配制0.02mol/L时，称取8g EDTA（M=372.2g/mol），用适量去离子水溶解（必要时可加热），溶解后稀释至1L，摇匀。配制0.05mol/L时，称取20g EDTA，加去离子水溶解稀释至1L即得。

配制好的EDTA标准溶液应储存在聚乙烯塑料瓶或硬质玻璃瓶中。若储存在软质玻璃瓶中，EDTA会不断溶解玻璃瓶中的Ca^{2+}、Mg^{2+}等离子，形成配合物，使其浓度不断降低。

5.6.1.2 EDTA标准溶液的标定

用于标定EDTA溶液的基准试剂很多，例如纯金属有Bi、Cd、Cu、Zn、Mg等，要求其纯度在99.99%以上。国家标准中采用氧化锌作基准物质，使用前应在850℃灼烧至恒重。

为了使测定结果具有较高的准确度，标定的条件与测定的条件应尽量相同。具体步骤为：称取一定量于(850±50)℃灼烧至恒重的工作基准试剂氧化锌，用少量水润湿，加2mL（20%）盐酸溶解，加100mL水，用氨水（10%）调溶液pH至7～8，加10mL NH_3-NH_4Cl缓冲溶液（pH≈10）及5滴铬黑T（5g/L），用待标定的EDTA溶液滴定至溶液由紫色变为纯蓝色。同时做空白实验。

$$c(\text{EDTA})=\frac{m_{\text{ZnO}}\times 1000}{(V_1-V_0)\times 81.41}$$

练一练

用下列基准物质标定0.02mol/L EDTA溶液，若使EDTA标准溶液的体积消耗在

30mL 左右，分别计算下列基准物的称量范围：

（1）纯 Zn 粒；（2）纯 $CaCO_3$；（3）纯 Mg 粉。

5.6.2 配位滴定方式

5.6.2.1 直接滴定法

直接滴定法（direct titration）是配位滴定中的基本方法。这种方法是将试样处理成溶液后，调节至所需的酸度，再用 EDTA 直接滴定被测离子。在多数情况下，直接法引入的误差较小，操作简便、快速。只要金属离子与 EDTA 的配位反应能满足直接滴定的要求，应尽可能地采用直接滴定法。

但有以下任何一种情况，都不宜直接滴定：

① 待测离子与 EDTA 不形成或形成的配合物不稳定；

② 待测离子与 EDTA 的配位反应很慢，例如 Al^{3+}、Cr^{3+}、Zr^{4+} 等的配合物虽稳定，但在常温下反应进行得很慢；

③ 没有适当的指示剂，或金属离子对指示剂有严重的封闭或僵化现象；

④ 在滴定条件下，待测金属离子水解或生成沉淀，滴定过程中沉淀不易溶解，也不能用加入辅助配位剂的方法防止这种现象的发生。

5.6.2.2 返滴定法

返滴定法（back titration）是在适当的酸度下，在试液中加入一定量且过量的 EDTA 标准溶液，加热（或不加热）使待测离子与 EDTA 配位完全，然后调节溶液的 pH 值，加入指示剂，以适当的金属离子标准溶液作为返滴定剂，滴定过量的 EDTA。

返滴定法适用于如下一些情况：

① 被测离子与 EDTA 反应缓慢；

② 被测离子在滴定的 pH 下会发生水解，又找不到合适的辅助配位剂；

③ 被测离子对指示剂有封闭作用，又找不到合适的指示剂。

例如，Al^{3+} 与 EDTA 配位反应速率缓慢，而且对二甲酚橙指示剂有封闭作用；酸度不高时，Al^{3+} 还易发生一系列水解反应，形成多种多核羟基配合物。因此 Al^{3+} 不能直接滴定。用返滴定法测定 Al^{3+} 时，先在试液中加入一定量并过量的 EDTA 标准溶液，调节 pH=3.5，煮沸以加速 Al^{3+} 与 EDTA 的反应（此时溶液的酸度较高，又有过量 EDTA 存在，Al^{3+} 不会形成羟基配合物）。冷却后，调节 pH 值至 5～6，以保证 Al^{3+} 与 EDTA 定量配位，然后以二甲酚橙为指示剂（此时 Al^{3+} 已形成 AlY，不再封闭指示剂），用 Zn^{2+} 标准溶液滴定过量的 EDTA。返滴定法示例见表 5-4。

表 5-4　返滴定法示例

待测金属离子	pH 值	返滴定剂	指示剂	终点颜色变化
Al^{3+}、Ni^{2+}	5～6	Zn^{2+}	二甲酚橙	黄～紫红
Al^{3+}	5～6	Cu^{2+}	PAN	黄～蓝紫
Fe^{2+}	9	Zn^{2+}	铬黑 T	蓝～红

5.6.2.3 置换滴定法

置换滴定法（replacement titration）指利用置换反应进行测定。例如 Ag^{+} 与 EDTA 配合物不够稳定（$\lg K_{AgY}=7.3$），不能用 EDTA 直接滴定。若在 Ag^{+} 试液中加入过量的

$Ni(CN)_4^{2-}$，则会发生如下置换反应：

$$2Ag^{+}+Ni(CN)_4^{2-}=2Ag(CN)_2^{-}+Ni^{2+}$$

此反应的平衡常数 $\lg K_{AgY}=10.9$，反应进行较完全。在 pH=10 的氨性溶液中，以紫脲酸铵为指示剂，用 EDTA 滴定置换出 Ni^{2+}，即可求得 Ag^{+} 含量。

要测定试样中的 Ag 与 Cu，通常做法是：先将试样溶于硝酸后，加入氨调溶液的 pH=8，以紫脲酸铵为指示剂，用 EDTA 滴定 Cu^{2+}，再用置换滴定法测 Ag^{+}。

5.6.2.4 间接滴定法

有些离子和 EDTA 生成的配合物不稳定，如 Na^{+}、K^{+}等；有些离子和 EDTA 不配位，如 SO_4^{2-}、PO_4^{3-}、CN^{-}，Cl^{-} 等阴离子，这些离子可采用间接滴定法（indirect titration）测定。间接滴定法示例见表 5-5。

表 5-5 间接滴定法示例

待测离子	主要步骤
K^{+}	沉淀为 $K_2Na[Co(NO_2)_6]\cdot 6H_2O$，经过滤、洗涤、溶解后测出其中的 Co^{3+}
Na^{+}	沉淀为 $NaZn(UO_2)_3Ac_9\cdot 9H_2O$，经过滤、洗涤、溶解后测出其中的 Zn^{2+}
PO_4^{3-}	沉淀为 $MgNH_4PO_4\cdot 6H_2O$，经过滤、洗涤、溶解后测定其中的 Mg^{2+}，或测定滤液中过量的 Mg^{2+}

［例 5-6］ 称取含磷试样 0.1000g，处理成试液，并把磷沉淀为 $MgNH_4PO_4$，将沉淀过滤、洗涤后，再溶解并调 pH=10，以铬黑 T 为指示剂，用 0.01000mol/L 的 EDTA 标准溶液，滴定溶液中的 Mg^{2+}，消耗体积 20.00mL，求溶液中 P 和 P_2O_5 的含量。

解 由于 $MgNH_4PO_4\rightarrow Mg^{2+}\rightarrow PO_4^{3-}\rightarrow P$

$$w(P)=\frac{c_{EDTA}V_{EDTA}\frac{M(P)}{1000}}{w}\times 100\%=\frac{0.01000\times 20.00\times\frac{30.97}{1000}}{0.1000}\times 100\%=6.19\%$$

$$w(P_2O_5)=\frac{c_{EDTA}V_{EDTA}\frac{M(P_2O_5)}{2000}}{w}\times 100\%=\frac{0.01000\times 20.00\times\frac{141.96}{2000}}{0.1000}\times 100\%=14.20\%$$

5.6.3 配位滴定的应用

5.6.3.1 水硬度的测定

一般含有钙、镁盐类的水称为硬水。总硬度是指钙盐和镁盐的总量，钙、镁硬度则是分指两者的含量。水的硬度是水质控制的一个重要指标。各国表示水的硬度的单位不同，我国通常以 1mg/L $CaCO_3$ 表示水的硬度，GB 5749—2006《生活饮用水卫生标准》中规定，总硬度（以碳酸钙计）不得超过 450mg/L。

测定水的硬度时，通常在两个等份试样中进行。一份测定 Ca^{2+}、Mg^{2+} 含量，另一份测定 Ca^{2+}，由两者之差即可求出 Mg^{2+} 的量。测定 Ca^{2+}、Mg^{2+} 总量时，在 pH=10 的氨性缓冲溶液中，以 EBT 为指示剂，用 EDTA 滴定至酒红色变为纯蓝色；测定 Ca^{2+} 时，调节 pH=12，使 Mg^{2+} 形成 $Mg(OH)_2$ 沉淀，用钙指示剂作指示剂，用 EDTA 滴定至红色变为纯蓝色。

取 25.00mL 水样于锥形瓶中，加入氨-氯化铵缓冲溶液 5mL，摇匀，加入少量铬黑 T 摇匀，此时溶液呈紫红色，加入指示剂，用 0.02mol/L EDTA 标准溶液滴定至纯蓝色不变即为终点。同时做空白试验。

$$总硬度(mg/L)=\frac{cVM(CaCO_3)}{V_{水样}}\times1000$$

5.6.3.2　盐卤水中 SO_4^{2-} 的测定

盐卤水是电解制备烧碱的原料。卤水中 SO_4^{2-} 的测定原理是在微酸性溶液中，加入一定量的 $BaCl_2$-$MgCl_2$ 混合溶液，使 SO_4^{2-} 形成 $BaSO_4$ 沉淀。然后调节至 pH=10，以 EBT 为指示剂，用 EDTA 滴定至酒红色变为纯蓝色，设滴定体积为 V，滴定的是 Mg^{2+} 和剩余的 Ba^{2+}。另取同样体积的 $BaCl_2$-$MgCl_2$ 混合溶液，用同样的步骤做空白，设滴定体积为 V_0，显然两者之差 V_0-V 即为与 SO_4^{2-} 反应的 Ba^{2+} 的量。

练一练

1. 已知 $M(ZnO)=81.38g/mol$，用它来标定 0.02mol/L 的 EDTA 溶液，宜称取 ZnO 的量为（　　）。

A. 4g　　B. 1g　　C. 0.4g　　D. 0.04g

2. 某溶液主要含有 Ca^{2+}、Mg^{2+} 及少量 Al^{3+}、Fe^{3+}，今在 pH=10 时加入三乙醇胺后，用 EDTA 滴定，用铬黑 T 为指示剂，则测出的是（　　）。

A. Mg^{2+} 含量　　B. Ca^{2+}、Mg^{2+} 含量

C. Al^{3+}、Fe^{3+} 含量　　D. Ca^{2+}、Mg^{2+}、Al^{3+}、Fe^{3+} 含量

技能训练16

EDTA标准溶液（0.02mol/L）的配制和标定

一、实训目的

1. 掌握 EDTA 标准溶液标定的原理。
2. 学会配制及标定 EDTA 标准溶液的方法。

二、仪器与试剂

1. 仪器：电子天平（精度 0.0001g）、酸式滴定管、锥形瓶（250mL）、量筒、洗瓶、吸耳球、容量瓶。

2. 试剂：基准氧化锌、EDTA 溶液（0.02mol/L）、盐酸（20%）、氨水（10%）、氨-氯化铵缓冲溶液（pH=10）、铬黑 T。

三、实训原理

乙二胺四乙酸二钠（EDTA）标准溶液主要采用间接法制备，国标规定以氧化锌基准试剂标定。标定以氨-氯化铵缓冲液控制 pH=10，采用铬黑 T（EBT）作指示剂，涉及反应为：

$$Zn^{2+}+HIn^{2-}=\!=\!=ZnIn^{-}+H^{+}$$

当滴加 EDTA 时，溶液中游离的 Zn^{2+} 首先与 EDTA 阴离子进行配位反应：

$$Zn^{2+}+H_2Y^{2-}=\!=\!=ZnY^{2-}+2H^{+}$$

溶液仍为 $ZnIn^{-}$（酒红色），到达计量点时，稍过量的 EDTA 便夺取 $ZnIn^{-}$ 中的 Zn^{2+}，

释放出指示剂而呈蓝色，为滴定终点。

$$\underset{(\text{酒红色})}{ZnIn^-} + H_2Y^{2-} = ZnY^{2-} + \underset{(\text{蓝色})}{HIn^{2-}} + H^+$$

四、实训步骤

准确称取 0.4g 于 800℃灼烧至恒重的基准氧化锌，用少量水湿润，加 5mL 20%的盐酸溶液使样品溶解后转移并定容至 250mL 容量瓶中。用移液管准确移取 25.00mL 至锥形瓶中，加 50mL 水，用氨水溶液中和至 pH 7～8（出现白色浑浊），加 10mL 氨-氯化铵缓冲液及少量铬黑 T 指示剂。用 EDTA 滴定至溶液由酒红色变为纯蓝色即为终点。平行测定三次，同时做空白试验。

五、数据记录和结果计算

将实验数据记录在表 5-6 中，EDTA 标准溶液浓度按下式计算：

$$c_{\text{EDTA}} = \frac{m \times \dfrac{25.00}{250.0} \times 1000}{(V_1 - V_2) \times 81.39}$$

式中，m 为基准氧化锌质量，g；V_1 为样品实际消耗 EDTA 溶液的体积，mL；V_2 为空白实际消耗 EDTA 溶液的体积，mL。

表 5-6　EDTA 标准溶液（0.02mol/L）的标定记录表

项　目		1	2	3
基准物称量	m 倾样前/g			
	m 倾样后/g			
	m(氧化锌)/g			
移取试液体积/mL				
滴定管初读数/mL				
滴定管终读数/mL				
滴定消耗 EDTA 溶液体积/mL				
体积校正值/mL				
溶液温度/℃				
温度补正值				
溶液温度校正值/mL				
实际消耗 EDTA 溶液体积/mL				
空白/mL				
c(EDTA)/(mol/L)				
$\bar{c}$/(mol/L)				
相对极差/%				

六、问题思考

1. 为什么在滴定时要加入氨-氯化铵缓冲溶液？

2. 若调节溶液 pH＝10 操作中，加入很多氨水后仍不见白色沉淀出现，是因为什么？如何避免？

技能训练17

EDTA标准溶液（0.05mol/L）的配制和标定

一、实训目的

1. 掌握 EDTA 标准溶液标定的原理。
2. 学会配制及标定 EDTA 标准溶液的方法。

二、仪器与试剂

1. 仪器：电子天平（精度 0.0001g）、酸式滴定管、锥形瓶（250mL）、量筒、洗瓶、洗耳球。

2. 试剂：基准氧化锌、EDTA 溶液（0.05mol/L）、盐酸（20%）、氨水（10%）、氨-氯化铵缓冲溶液（pH＝10）、铬黑 T。

三、实训原理

乙二胺四乙酸二钠标准溶液主要采用间接法制备，国标规定以氧化锌基准试剂标定。标定以氨-氯化铵缓冲液控制 pH＝10，采用铬黑 T（EBT）作指示剂：

$$Zn^{2+} + HIn^{2-} = ZnIn^{-} + H^{+}$$

当滴加 EDTA 时，溶液中游离的 Zn^{2+} 首先与 EDTA 阴离子进行配位反应：

$$Zn^{2+} + H_2Y^{2-} = ZnY^{2-} + 2H^{+}$$

溶液仍为 $ZnIn^{-}$（酒红色），到达计量点时，稍过量的 EDTA 便夺取 $ZnIn^{-}$ 中的 Zn^{2+}，释放出指示剂而呈蓝色，为滴定终点。

$$\underset{\text{(酒红色)}}{ZnIn^{-}} + H_2Y^{2-} = ZnY^{2-} + \underset{\text{(蓝色)}}{HIn^{2-}} + H^{+}$$

四、实训步骤

准确称取 0.15g 于 800℃灼烧至恒重的基准氧化锌，用少量水湿润，加 3mL20%的盐酸溶液使样品溶解，加 50mL 水，用氨水溶液中和至 pH 7～8（出现白色浑浊），加 10mL 氨-氯化铵缓冲液及少量铬黑 T 指示剂。用 EDTA 滴定至溶液由紫色变为纯蓝色即为终点。平行测定三次，同时做空白试验。

五、数据记录和结果计算

将实验数据记录在表 5-7 中，EDTA 标准溶液浓度按下式计算：

$$c_{EDTA} = \frac{m \times 1000}{(V_1 - V_2) \times 81.39}$$

式中，m 为基准氧化锌质量，g；V_1 为样品实际消耗 EDTA 溶液的体积，mL；V_2 为空白实际消耗 EDTA 溶液的体积，mL。

表 5-7 EDTA 标准溶液（0.05mol/L）的标定记录表

项目		1	2	3
基准物称量	m 倾样前/g			
	m 倾样后/g			
	m(氧化锌)/g			
滴定管初读数/mL				
滴定管终读数/mL				
滴定消耗 EDTA 溶液体积/mL				
体积校正值/mL				
溶液温度/℃				
温度补正值				
溶液温度校正值/mL				
实际消耗 EDTA 溶液体积/mL				
空白/mL				
c(EDTA)/(mol/L)				
$\bar{c}$/(mol/L)				
相对极差/%				

六、问题思考

1. 为什么在滴定时要加入氨-氯化铵缓冲溶液？

2. 若调节溶液 pH=10 操作中，加入很多氨水后仍不见白色沉淀出现，是因为什么？如何避免？

技能训练18

钙镁离子的测定

一、实训目的

1. 掌握配位滴定法的基本原理。

2. 会用配位滴定法测定钙镁离子的含量。

3. 会利用掩蔽法来测定不同金属离子的含量。

二、仪器与试剂

1. 仪器：酸式滴定管（50mL）、烧杯、移液管、容量瓶（250mL）、锥形瓶。

2. 试剂：氨-氯化铵缓冲溶液（pH=10）、氢氧化钠溶液（2mol/L）、铬黑 T、钙指示剂、EDTA 标准溶液（0.02mol/L）。

三、实验原理

溶液中存在钙、镁两种离子，首先把样品溶液调至碱性（pH≈10），用 EDTA 标准溶液滴定，测定钙离子和镁离子的总量；另取一份样品溶液调至碱性（pH≈12），在该 pH 值下镁离子被掩蔽起来，用 EDTA 测定出钙离子的量，最后从总量中减去钙离子的量即为镁离子的量。

四、实训步骤

1. 钙镁离子总量的测定

吸取 10.00mL 样品于 250mL 容量瓶中，稀释至刻度，摇匀。从中吸取 25.00mL 样品溶液，置于 250mL 锥形瓶中，加入 5mL 氨-氯化铵缓冲溶液、少量铬黑 T（指示剂），然后用 0.02mol/L EDTA 标准溶液滴定至溶液由酒红色变为亮蓝色为止，记录消耗的体积 V_2。

2. 钙离子量的测定

吸取 25.00mL 上述实验制备好的样品溶液，置于 250mL 锥形瓶中，加入 2mL 2mol/L 氢氧化钠溶液和约 10mg 钙指示剂，然后用 0.02mol/L EDTA 标准溶液滴定至溶液由酒红色变为纯蓝色为止，记录消耗的体积 V_1。

五、数据记录和结果计算

将实验数据记录在表 5-8 中，钙镁离子含量分别按下式计算：

$$\text{钙离子(g/L)}=\frac{cV_1\times 0.04008}{10.00\times 10^{-3}\times \frac{25}{250}}=cV_1\times 40.08$$

$$\text{镁离子(g/L)}=\frac{c(V_2-V_1)\times 0.02431}{10.00\times 10^{-3}\times \frac{25}{250}}=c(V_2-V_1)\times 24.31$$

表 5-8　钙镁离子的测定数据记录表

项　　目	1	2	3
移取水样体积/mL	10.00		
滴定管初读数	0.00	0.00	0.00
测定钙镁总量用去体积 V_2/mL			
测定钙量用去体积 V_1/mL			
镁离子浓度/(g/L)			
镁离子平均浓度/(g/L)			
相对平均偏差/%			
钙离子浓度/(g/L)			
钙离子平均浓度/(g/L)			
相对平均偏差/%			

结论：

1. 样品中钙离子浓度为：＿＿＿＿＿＿＿＿ g/L。
2. 样品中镁离子浓度为：＿＿＿＿＿＿＿＿ g/L。

六、问题思考

1. 为什么可以通过调节 pH 值的方式，对两种离子进行测定？
2. 不同的指示剂对 pH 值有没有要求，对终点的判断有什么影响？

技能训练19

水硬度的测定

一、实训目的

1. 掌握用配位滴定法测定水硬度的条件和方法。
2. 掌握常用配位滴定指示剂的终点颜色判断。

二、仪器与试剂

1. 仪器：酸式滴定管（50mL）、烧杯、移液管、容量瓶（250mL）、锥形瓶、量筒。
2. 试剂：氨-氯化铵缓冲溶液（pH=10）、铬黑T指示剂、EDTA 标准溶液（0.02mol/L）。

三、实训原理

硬度是工业用水和生活用水中常见的一个质量指标，而水的硬度主要是由于水中含有钙盐和镁盐。测定方法采用配位滴定法在 pH=10 的氨性缓冲溶液中，以铬黑 T 为指示剂，用 EDTA 标准溶液直接测定水中的钙、镁离子，至溶液由紫红色变为蓝色即为终点。

四、实训步骤

取 25.00mL 水样于锥形瓶中，加入氨-氯化铵缓冲溶液 5mL，加入少量铬黑 T，用 EDTA标准溶液滴定至纯蓝色不变即为终点，平行测定三次。同时做空白试验。

五、数据记录和结果计算

数据记录在表 5-9 中，硬水总硬度按下式计算：

$$\text{总硬度}(\text{mg/L})=\frac{c(V_1-V_2)\times 100.09}{V_{\text{水样}}}\times 1000$$

表 5-9　水硬度的测定数据记录表

项　目		1	2	3
吸取试样的体积 $V_{\text{水样}}$/mL				
EDTA 标准溶液的浓度 c/(mol/L)				
试样试验	滴定消耗 EDTA 溶液的体积/mL			
	滴定管校正值/mL			
	溶液温度补正值/(mL/L)			
	实际滴定消耗 EDTA 溶液的体积 V_1/mL			
空白试验	滴定消耗 EDTA 溶液的体积/mL			
	滴定管校正值/mL			
	溶液温度补正值/(mL/L)			
	实际滴定消耗 EDTA 溶液的体积 V_2/mL			

续表

项　　目	1	2	3
水硬度/(mg/L)			
平均值/(mg/L)			
相对平均偏差/(mg/L)			

六、问题思考

1. 用 EDTA 法测定水硬度时，哪些离子的存在有干扰？如何消除？
2. 如果对硬度测定中的数据要求保留两位有效数字，应如何进行数据记录？

技能训练20

氧化铝含量的测定

一、实训目的

1. 掌握返滴定法的基本原理。
2. 熟悉返滴定法操作方法。

二、仪器与试剂

1. 仪器：酸式滴定管（50mL）、烧杯、移液管（20mL）或天平、容量瓶（250mL）、锥形瓶、加热板。

2. 试剂：硝酸（1＋12）、EDTA 标准滴定溶液（0.048～0.049mol/L）、乙酸钠溶液（272g/L）、二甲酚橙指示液（1g/L）、氯化锌标准溶液（0.02mol/L）。

三、实训原理

由于氧化铝与 EDTA 的反应较慢，不能直接用 EDTA 标准溶液直接进行滴定，所以要用返滴定法进行。在试样中加入硝酸以及已知量的过量 EDTA 标准滴定溶液，将铝全部配位后，在 pH 值约为 6 时，以二甲酚橙为指示剂，用锌标准溶液返滴定。相关反应如下：

$$Al^{3+}+H_2Y^{2-}=\!=\!=AlY^{-}+2H^{+}$$

$$Zn^{2+}+H_2Y^{2-}=\!=\!=ZnY^{2-}+2H^{+}$$

二维码5.1

氧化铝含量测定终点颜色

四、实训步骤

称取约 5g（液体）或约 2g（固体）试样（精确至 0.001g），加水溶解后全部移入 250mL 容量瓶中，用水稀释至刻度，摇匀。用移液管移取 20mL 此溶液，置于 250mL 锥形瓶中。加 2mL 硝酸溶液，煮沸 1min 冷却后，用移液管加 20mL EDTA 标准滴定溶液。用乙酸钠溶液调节 pH 值约为 3（用 pH 试纸检验），煮沸约 2min。冷却后，加约 10mL 乙酸钠溶液和 2～5 滴二甲酚橙指示液。用氯化锌标准滴定溶液滴定，溶液颜色从淡黄色变为微红色即为终点，平行测定三次。

另取 250mL 锥形瓶，加约 20mL 水，从“加 2mL 硝酸……”开始如上步骤操作进行空白试验。

五、数据记录和结果计算

将实验数据记录在表 5-10 中，以质量分数表示氧化铝（Al_2O_3）含量，按下式计算：

$$w(Al_2O_3)=\frac{0.0510c(V_0-V_1)}{m\times\frac{20}{250}}\times100\%$$

表 5-10 氧化铝含量的测定数据记录表

项目		1	2	3
称量瓶和试样的质量(第一次读数)/g				
称量瓶和试样的质量(第二次读数)/g				
试样的质量 m/g				
氯化锌标准溶液的浓度 c/(mol/L)				
试样试验	滴定消耗氯化锌标准溶液的体积/mL			
	滴定管校正值/mL			
	溶液温度补正值/(mL/L)			
	实际消耗氯化锌标准溶液的体积 V_1/mL			
空白试验	滴定消耗氯化锌标准溶液的体积/mL			
	滴定管校正值/mL			
	溶液温度补正值/(mL/L)			
	实际消耗锌标准溶液的体积 V_0/mL			
氧化铝含量/%				
平均值/%				
相对极差/%				

六、问题思考

1. 在什么情况下需要用到返滴定法，返滴定法有什么特点？

2. 反应过程中 EDTA 与金属铝离子和锌离子的反应对酸度的要求是否一致？如果不一致，分别是多少？

技能训练21

碳酸钙（氯化钙）含量的测定

一、实训目的

1. 掌握配位滴定测定碳酸钙（氯化钙）含量方法。

2. 掌握配位滴定中利用掩蔽剂消除干扰的方法。

二、仪器与试剂

1. 仪器：酸式滴定管、烧杯、移液管、容量瓶（250mL）、锥形瓶、量筒、表面皿、温度计、分析天平。

2. 试剂：盐酸（1+1）、碳酸钙（氯化钙）、三乙醇胺溶液（1+3）、钙羧酸指示剂、EDTA（乙二胺四乙酸二钠）标准溶液（0.02mol/L）、蒸馏水、氢氧化钠溶液（100g/L）。

三、实训原理

用三乙醇胺掩蔽铁、铝，在碱性条件下，用钙羧酸指示剂，以 EDTA 标准溶液直接滴定钙。钙离子与钙羧酸指示剂生成的配合物为酒红色，滴定至终点时溶液由酒红色变为纯蓝色。

四、实训步骤

称量约 0.6g 在 105～110℃下烘至恒重的碳酸钙（氯化钙）试样（精确至 0.0001g）于烧杯中，用少量水润湿，盖上表面皿，缓缓加入盐酸（1+1）至试样完全溶解，加 50mL 蒸馏水，移入 250mL 容量瓶中，加水至刻度，摇匀。移取 25.00mL 上述溶液置于 250mL 锥形瓶中，加 5mL 三乙醇胺溶液（1+3）和 25mL 水，用 100g/L 的氢氧化钠溶液中和后加入少量钙羧酸指示剂，再用氢氧化钠滴加至酒红色出现，并过量 0.5mL，用 EDTA 标准溶液滴定至溶液由酒红色变为纯蓝色。平行测定三次，同时做空白试验。

五、数据记录和结果计算

将实验数据记录在表 5-11 中，以质量分数表示 $CaCO_3$ 的含量，按下式计算：

$$w(CaCO_3)=\frac{c(V_1-V_2)\times 0.1001}{m\times\frac{25}{250}}\times 100\%$$

表 5-11　碳酸钙含量的测定记录表

项目		1	2	3
称量瓶和试样的质量(第一次读数)/g				
称量瓶和试样的质量(第二次读数)/g				
试样的质量 m/g				
EDTA 标准溶液的浓度 c/(mol/L)				
试样试验	滴定消耗 EDTA 溶液的体积/mL			
	滴定管校正值/mL			
	溶液温度补正值/(mL/L)			
	实际消耗 EDTA 溶液的体积 V_1/mL			
空白试验	滴定消耗 EDTA 溶液的体积/mL			
	滴定管校正值/mL			
	溶液温度补正值/(mL/L)			
	空白实际消耗 EDTA 溶液的体积 V_2/mL			
碳酸钙含量/%				
平均值/%				
平行测定结果的极差/%				

如果测定氯化钙含量，除盐酸不加，其他与测定碳酸钙步骤相同。氯化钙含量按下式计算：

$$w(CaCl_2)=\frac{c(V_1-V_2)\times 0.11098}{m\times\frac{25}{250}}\times 100\%$$

六、问题思考

1. 用酸溶解碳酸钙试样前为何要以少量水润湿？滴加盐酸溶液时，应怎样操作？怎样检查试样是否完全溶解？

2. 测定钙含量时为何要加入三乙醇胺？可否在加入缓冲溶液以后再加入三乙醇胺？为什么？

技能训练22

氯化锌含量的测定

一、实训目的

1. 掌握配位滴定法测定氯化锌含量的原理。
2. 学会准确判断配位滴定的终点。

二、仪器与试剂

1. 仪器：电子天平、酸式滴定管、锥形瓶、量筒。
2. 试剂：氯化锌溶液、EDTA（乙二胺四乙酸二钠）标准溶液（0.1mol/L）、盐酸（20%）、氨水（1+1）、四水合酒石酸钾钠、铬黑 T。

三、实训原理

二维码5.2

氯化锌含量测定终点颜色

当滴加 EDTA 时，溶液中游离的 Zn^{2+} 首先与 EDTA 阴离子进行配位反应：

$$Zn^{2+}+H_2Y^{2-}=\!=\!=ZnY^{2-}+2H^+$$

到达计量点时，稍过量的 EDTA 便夺取 $ZnIn^-$ 中的 Zn^{2+}，释放出指示剂而呈蓝色，为滴定终点。

$$\underset{\text{(酒红色)}}{ZnIn^-}+H_2Y^{2-}=\!=\!=ZnY^{2-}+\underset{\text{(蓝色)}}{HIn^{2-}}+H^+$$

四、实验步骤

用天平称取 3g 试液，精确至 0.0001g，置于 250mL 锥形瓶中，加 50mL 水，用氨水（1+1）中和至刚出现白色沉淀或浑浊并过量 1mL。再加入 1g 四水合酒石酸钾钠，溶解。加 50mg 铬黑 T 指示剂，用浓度为 c(EDTA)=0.1mol/L 的 EDTA 标准溶液滴定至溶液呈蓝色。平行测定三次，同时做空白试验。

五、实验结果记录

将实验数据记录在表 5-12 中，氯化锌含量以质量分数表示，按下式计算：

$$w(\mathrm{ZnO})=\frac{c(V-V_0)\times 0.1363}{m}\times 100\%$$

表 5-12　氯化锌含量测定数据记录表

项目		1	2	3
称量瓶和试样的质量(第一次读数)/g				
称量瓶和试样的质量(第二次读数)/g				
试样的质量 m/g				
EDTA 标准溶液的浓度 c/(mol/L)				
试样试验	滴定消耗 EDTA 溶液的体积/mL			
	滴定管校正值/mL			
	溶液温度补正值/(mL/L)			
	实际滴定消耗 EDTA 溶液的体积 V_1/mL			
空白试验	滴定消耗 EDTA 溶液的体积/mL			
	滴定管校正值/mL			
	溶液温度补正值/(mL/L)			
	实际滴定消耗 EDTA 溶液的体积 V_0/mL			
试样中被测组分含量/%				
平均值/%				
平行测定的相对平均偏差/%				

六、问题思考

1. 实验过程中，四水合酒石酸钾钠的加入顺序不当会产生什么影响？
2. 为什么在滴加氨水的过程中，溶液会先出现白色浑浊后又消失？

职业素养（professional ethics）

古人云：“俭，德之共也；侈，恶之大也。”勤俭节约乃中华民族的优良传统。我国是一个人口大国，过多人口给我国资源环境带来了巨大压力；而环境污染、生态破坏也威胁着人类健康，制约经济发展。这一切都警醒我们要加速去建设资源节约型、环境友好型社会。它不仅对保护和合理利用资源，保护环境和生态有极大促进作用，还推进我国社会经济平稳较快持续发展。

习 题

一、填空题

1. EDTA 在水溶液中有（ ）种存在形式，只有（ ）能与金属离子直接配位。

2. 溶液的酸度越大，Y^{4-} 的分布分数越（ ），EDTA 的配位能力越（ ）。

3. 当被测离子与 EDTA 配位缓慢或在滴定的 pH 下水解，或对指示剂有封闭作用时，可采用（ ）。

4. 配位滴定中，滴定突跃的大小决定于（ ）和（ ）。

5. 指示剂与金属离子的反应：In（蓝）+M ═══ MIn（红）。滴定前，向含有金属离子的溶液中加入指示剂时，溶液呈（ ）色；随着 EDTA 的加入，当到达滴定终点时，溶液呈（ ）色。

6. 在配合物 $[Zn(en)_2]SO_4$ 中，配体是（ ），配体数是（ ）。其中，en 为乙二胺分子，分别带 2 个氮原子。

7. EDTA 与金属离子之间发生的主反应为（ ）。

8. 氧化铝含量测定中使用的标准滴定溶液是（ ）。

二、单项选择题

1. 分析室常用的 EDTA 水溶液呈（ ）性。

A. 强碱　　B. 弱碱　　C. 弱酸　　D. 强酸

2. 用 EDTA 测定 Al^{3+} 时，是用配位滴定中的（ ）法。

A. 直接滴定　　B. 间接滴定　　C. 返滴定　　D. 置换滴定

3. EDTA 与金属离子进行配合时，真正起作用的是（ ）。

A. 二钠盐　　B. EDTA 分子　　C. 四价酸根离子　　D. EDTA 的所有形态

4. 水硬度的单位是以 CaO 为基准物质确定的，1°为 1L 水中含有（ ）。

A. 1g CaO　　B. 0.1g CaO　　C. 0.01g CaO　　D. 0.001g CaO

5. 用 EDTA 测定水中的钙硬度，选用的指示剂是（ ）。

A. 铬黑 T　　B. 酸性铬蓝 K　　C. 钙指示剂　　D. 紫脲酸铵

6. 可用于测定水硬度的方法有（ ）。

A. EDTA 法　　B. 碘量法　　C. $K_2Cr_2O_7$　　D. 重量法

7. 7.4g $Na_2H_2Y \cdot 2H_2O$（M=372.24g/mol）配成 1L 溶液，其浓度（单位为 mol/L）约为（ ）。

A. 0.02　　B. 0.01　　C. 0.1　　D. 0.2

8. Al^{3+} 能使铬黑 T 指示剂封闭，可加入（ ）以消除干扰。

A. KCN　　B. NH_4F　　C. NH_4SCN　　D. 三乙醇胺

9. 暂时硬水煮沸后的水垢主要是（ ）。

A. $CaCO_3$　　B. $MgCO_3$　　C. $Mg(OH)_2$　　D. $CaCO_3$ 和 $MgCO_3$

10. 配位滴定法的直接法终点所呈现的颜色是（ ）。

A. 金属指示剂与被测金属离子形成配合物的颜色

B. 游离的金属指示剂的颜色

C. EDTA 与金属指示剂形成配合物的颜色

D. 被测金属离子与 EDTA 形成配合物的颜色

11. 水的硬度测定中，正确的测定条件包括（ ）。

A. Ca 硬度 pH≥12 二甲酚橙为指示剂　B. 总硬度 pH=10 铬黑 T 为指示剂

C. 总硬度 NaOH 可任意过量加入　D. 水中微量 Cu^{2+} 可借加入三乙醇胺掩蔽

12. 直接与金属离子配位的 EDTA 形式为（　）。

A. $H_6Y_2^+$　B. H_4Y　C. H_2Y^{2-}　D. Y^{4-}

13. 一般情况下，EDTA 与金属离子形成的配合物的配位比是（　）。

A. 1∶1　B. 2∶1　C. 1∶3　D. 1∶2

14. 铝盐药物的测定常用配位滴定法：加入过量 EDTA，加热煮沸片刻后，再用标准锌溶液滴定。该滴定方式是（　）。

A. 直接滴定法　B. 置换滴定法　C. 返滴定法　D. 间接滴定法

15. 配位滴定中，指示剂的封闭现象是由（　）引起的。

A. 指示剂与金属离子生成的配合物不稳定

B. 被测溶液的酸度过高

C. 指示剂与金属离子生成的配合物稳定性大于 MY 的稳定性

D. 指示剂与金属离子生成的配合物稳定性小于 MY 的稳定性

16. 用 EDTA 直接滴定有色金属离子 M，终点所呈现的颜色是（　）。

A. 游离指示剂的颜色　B. EDTA-M 配合物的颜色

C. 指示剂 M 配合物的颜色　D. 上述 A+B 的混合色

三、判断题

（　）1. pH 值越大，酸效应系数越小。

（　）2. 配位滴定一般都在缓冲溶液中进行。

（　）3. 用配位滴定法测定 Mg^{2+} 时，用 NaOH 掩蔽 Ca^{2+}。

（　）4. 能直接进行配位滴定的条件是 $cK_{稳} \geq 10^6$。

（　）5. 测定水的硬度时，用 HAc-NaAc 缓冲溶液来控制 pH 值。

（　）6. 金属指示剂与金属离子形成的配合物不够稳定，这种现象称为指示剂的僵化。

（　）7. EDTA 酸效应系数 $\alpha_{Y(H)}$ 随溶液中 pH 值变化而变化；pH 值低，则 $\alpha_{Y(H)}$ 值高，对配位滴定有利。

（　）8. 铬黑 T 指示剂在 pH=7～11 范围使用，其目的是减少干扰离子的影响。

（　）9. 滴定 Ca^{2+}、Mg^{2+} 总量时要控制 pH≈10，而滴定 Ca^{2+} 分量时要控制 pH 值为 12～13，若 pH>13 时测 Ca^{2+}，则无法确定终点。

（　）10. 配位滴定中，溶液的最佳酸度范围是由 EDTA 决定的。

四、简答题

1. 金属离子指示剂应具备的条件是什么？

2. 硬水总硬度的测定实验中如果水样中含有微量的 Fe^{3+}，会对测定结果有影响吗？如果有影响，应该如何消除？

五、计算题

1. 称取含钙试样 0.2000g，溶解后定容于 100mL 容量瓶中，从中吸取 25.00mL，用 2.000×10^{-3} mol/L EDTA 标准溶液滴定，耗去 19.86mL，求试样中 CaO 的含量。（已知 $M_{CaO}=56.08$）

2. 称取 0.5002g 白云石试样，溶于酸后定容于 250mL 的容量瓶中，吸取 25.00mL，加入掩蔽剂掩蔽干扰离子，在 pH=10.0 时，以铬黑 T 作为指示剂，用 0.0200mol/L 的 EDTA 滴定钙镁总量，消耗 16.26mL。另取试液 25.00mL 掩蔽干扰离子后，在 pH=12.0 时，用钙指示剂指示终点，消耗 13.12mL，计算试样中 $CaCO_3$ 和 $MgCO_3$ 的含量。（已知 $M_{CaCO_3}=100.09$，$M_{MgCO_3}=84.31$）

小常识

聚合氯化铝（poly aluminium chloride）

1.性状（property）

聚合氯化铝，英文缩写名称为 PAC，通常也称作净水剂或混凝剂，它是介于 $AlCl_3$ 和 $Al(OH)_3$ 之间的一种水溶性无机高分子聚合物，化学通式为 $[Al_2(OH)_nCl_{6-n}]_m$，其中，m 代表聚合程度；n 表示 PAC 产品的中性程度。

聚合氯化铝颜色呈黄色或淡黄色、深褐色、深灰色树脂状固体。该产品有较强的架桥吸附性能，在水解过程中，伴随发生凝聚、吸附和沉淀等物理化学过程，产品广泛用于饮用水、工业用水和污水处理领域。

2. 生产工艺（production）

聚合氯化铝的合成方法有很多种，按照原材料的不同，可分为金属铝法、活性氢氧化铝法、三氧化二铝法、氯化铝法、碱溶法等。氢氧化铝粉纯度比较高，合成的聚合氯化铝重金属等有毒物质含量低，一般采用加热加压酸溶的生产工艺。这种工艺比较简单，但生产的聚合氯化铝的盐基度较低，因此一般采用氢氧化铝加温加压酸溶，再加上铝酸钙矿粉中和两道工序。

3. 储存方法（storage）

该产品外用塑料编织袋，内有塑料薄膜套装，每袋净重 25kg，还可根据用户要求改装，另有液体聚合氯化铝销售。该产品禁止与有毒物品混装、运输及储存，应存放在室内干燥、通风、阴凉处，且勿受潮。装卸时要小心轻放，固体产品储存期为一年。

4. 使用方法（usage method）

将固体产品按 1∶3 加水溶解为液体后，再加 10～30 倍清水稀释成所需浓度后使用。投加的最佳 pH 值为 3.5～5.0，选择最佳 pH 值投加，可以发挥混凝的最大效益。用量可根据原水的不同浑浊度，测定最佳投药量，一般原水浑浊度在 100～500mg/L 时，每千吨投加量为 10～20kg。原水浑浊度高时，投药量适当增加；浑浊度低时，投药量可以适当减少。

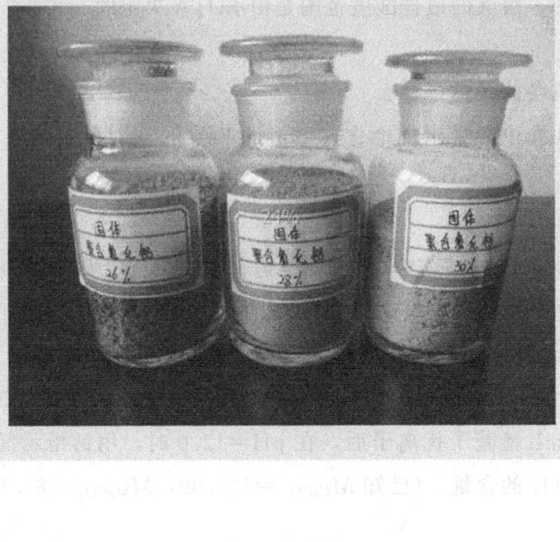

模块四　过氧化氢产品分析

Module Four　Analysis of Hydrogen Peroxide

过氧化氢（俗称双氧水，化学式为 H_2O_2）是一种重要的化工产品，具有漂白、氧化、消毒、杀菌等多种功效，起效后无任何副产物，不需特殊处理，广泛应用于纺织、造纸、化工、电子、轻工、污水处理等工业。国家标准 GB/T 1616—2014《工业过氧化氢》规定了工业过氧化氢的要求、采样、试验方法和检验规则等，质量指标见下表。浙江传化股份有限公司采购了一批工业过氧化氢，质检部安排你去完成工业过氧化氢采样及样品常规检验，判断原料质量是否符合国家标准要求，并填写检验报告单。

工业过氧化氢质量指标

项目		指标					
		27.5%		35%	50%	60%	70%
		优等品	合格品				
过氧化氢(H_2O_2)/%	≥	27.5	27.5	35.0	35.0	60.0	70.0
游离酸(以 H_2SO_4 计)/%	≤	0.040	0.050	0.040	0.040	0.040	0.050
不挥发物 w/%	≤	0.06	0.10	0.08	0.08	0.06	0.06
稳定度 s/%	≥	97.0	90.0	97.0	97.0	97.0	97.0
总碳(以 C 计)w/%	≤	0.030	0.040	0.025	0.035	0.045	0.050
硝酸盐(以 NO_3^- 计)w/%	≤	0.020	0.020	0.020	0.025	0.028	0.030

项目6

氧化还原滴定法

Oxidation-Reduction Titration

知识目标 （knowledge objectives）

1. 了解氧化还原的基本概念;
2. 掌握氧化还原方程式的配平;
3. 了解电极电势的产生和应用;
4. 掌握氧化还原滴定的基本原理及条件选择;
5. 掌握高锰酸钾法、重铬酸钾法与碘量法的应用原理;
6. 掌握高锰酸钾与重铬酸钾标准溶液的配制与标定。

技能目标 （skill objectives）

1. 能判断化合物中元素的氧化数;
2. 能利用能斯特方程计算非标准状态下的电极电势;
3. 能运用氧化还原反应定量分析物质含量;
4. 能完成高锰酸钾、重铬酸钾标准溶液的配制和标定;
5. 能对实验结果进行正确处理。

素养目标 （attitude objectives）

1. 培养学生树立良好的职业道德;
2. 具有实事求是、严谨科学的工作作风;
3. 树立安全、环保和节约意识;
4. 养成良好的实验习惯和职业素养。

项目引入

1. 氧化还原反应是一类普遍存在的化学反应，动植物体内的代谢过程、土壤中某些元素存在状态的转化、金属冶炼、化工与生物制药生产都涉及氧化还原反应。你知道我们身边有哪些氧化还原反应吗?

维生素C的测定

土壤有机质的测定

化学需氧量

2. 氧化还原滴定法是以氧化还原反应为基础的滴定分析方法。根据滴定剂的不同，氧化还原滴定法如何分类? 各有哪些应用? 通过本章内容的学习，应掌握氧化还原滴定法的应用。

任务6.1

认识氧化还原反应

氧化还原反应（reduction-oxidation reaction，redox reaction）是一类参加反应的物质之间有电子转移（或偏移）的反应。动植物体内的代谢过程、土壤中某些元素存在状态的转化、金属冶炼、基本化工原料和生物制药生产都涉及氧化还原反应。可见，氧化还原反应涉及的范围非常广泛，有关氧化还原反应的理论也是无机及分析化学的基本理论之一。

6.1.1 基本概念

6.1.1.1 氧化数

1970 年 IUPAC 较严格地定义了氧化数（oxidation number）的概念：氧化数（也称氧化值）是某元素一个原子的荷电数，这个荷电数可由假设每个键中的电子指定给电负性更大的原子而求得。根据此定义，确定氧化数的规则如下：

① 在单质中，元素的氧化数为零，如 H_2、O_2 等物质中元素的氧化数为零。

② 某些二元离子型化合物中，某元素原子的氧化数就等于该元素原子的离子所带电荷数，如 Cu^{2+} 中铜原子的氧化数为+2。

③ 在共价化合物中，共用电子对偏向于电负性大的元素的原子，原子的“形式电荷数”即为它们的氧化数，比如 HCl 中的 H 的氧化数为+1，Cl 的氧化数为−1。

④ 在中性分子中各元素的氧化数的代数和等于零，单原子离子中元素的氧化数等于离子所带电荷数，在复杂离子中各元素的氧化数的代数和等于离子的电荷数。

⑤ 某些元素在化合物中的氧化数：通常氢在化合物中的氧化数为+1，但在活泼金属（ⅠA和ⅡA）氢化物中氢的氧化数为−1；通常氧的氧化数为−2，但在过氧化物（如H_2O_2）中为−1，在超氧化物中（如NaO_2）为$-\frac{1}{2}$，在臭氧化物（如KO_3）中为$-\frac{1}{3}$，在氟氧化物（如O_2F_2和OF_2）中为+1和+2；氟的氧化数皆为−1；碱金属的氧化数皆为+1；碱土金属的氧化数皆为+2。

根据氧化数的定义及有关规则可以看出，氧化值是一个有一定人为性的经验性的概念，用以表示元素在化合状态时的形式电荷数。因此，氧化值可以是整数，也可以是分数。

练一练

1. 重铬酸钾中铬的氧化数是多少？ 四氧化三铁中铁的氧化数是多少？
2. NH_4^+ 中N的氧化数是多少？

6.1.1.2 氧化剂和还原剂

在氧化还原反应中，如果某物质的组成原子或离子氧化数升高，称此物质为还原剂(reductive agent)；反之，如果某物质的组成原子或离子氧化数降低，称为氧化剂(oxidizing agent)。如：

$$2K\overset{+7}{Mn}O_4+5H_2\overset{-1}{O}_2+3H_2SO_4 = 2\overset{+2}{Mn}SO_4+K_2SO_4+5\overset{0}{O}_2\uparrow+8H_2O$$

氧化剂　还原剂　还原产物　氧化产物

该反应式中的H_2SO_4虽然也参加了反应，但没有氧化数的变化，通常把这类物质称为介质。

氧化剂和还原剂是同一物质的氧化还原反应，称为自身氧化还原反应。如：

$$2KClO_3 = 2KCl+3O_2\uparrow$$

某物质中同一元素同一氧化态的原子部分被氧化、部分被还原的反应称为歧化反应(disproportionation reaction)。歧化反应是自身氧化还原反应的一种特殊类型。如：

$$Cl_2+H_2O = HClO+HCl \qquad \text{歧化反应}$$

$$4HNO_3 = 4NO_2\uparrow+O_2\uparrow+2H_2O \qquad \text{非歧化反应}$$

6.1.1.3 氧化还原电对和半反应

在氧化还原反应中，表示氧化还原过程的方程式，分别叫氧化反应和还原反应，统称为半反应，例如：

氧化反应　$Zn-2e \rightleftharpoons Zn^{2+}$

还原反应　$Cu^{2+}+2e \rightleftharpoons Cu$

半反应中氧化数较高的那种物质叫氧化态（如Zn^{2+}、Cu^{2+}），氧化数较低的那种物质叫还原态（如Zn、Cu）。半反应中的氧化态和还原态是彼此依存、相互转化的，这种共轭的氧化还原体系称为氧化还原电对，电对用“氧化态/还原态”表示，如Cu^{2+}/Cu。一个电对就代表一个半反应，半反应可用下列通式表示：

$$\text{氧化态}+ne \rightleftharpoons \text{还原态}$$

而每个氧化还原反应是由两个半反应组成的，如：

$$Cu^{2+}+Zn = Cu+Zn^{2+}$$

一般的氧化还原反应可以表示为：

$$n_2Ox_1+n_1Red_2 \rightleftharpoons n_2Red_1+n_1Ox_2$$

6.1.2 方程式的配平

方程式的配平原则如下。

① 反应过程中氧化剂得电子总数与还原剂失电子总数相等，满足得失电子数守恒。

② 反应前后各元素的原子总数相等，满足原子数守恒。

利用氧化数法配平方程式，是根据氧化还原反应中元素氧化值的改变情况，按照氧化数增加值与氧化数降低值必须相等的原则来确定氧化剂和还原剂分子式前面的系数，然后再根据质量守恒定律配平非氧化还原部分的原子数目。

［例 6-1］ 配平 Cu_2S 与 HNO_3 反应的化学方程式。

解 ① 写出未配平的反应式，并将有变化的氧化数注明在相应的元素符号的上方。

$$\overset{+1}{Cu_2}\overset{-2}{S}+H\overset{+5}{N}O_3 \longrightarrow \overset{+2}{Cu}(NO_3)_2+H_2\overset{+6}{S}O_4+\overset{+2}{N}O\uparrow$$

② 按最小公倍数的原则，对还原剂的氧化数升高值和氧化剂的氧化数降低值各乘以适当系数，使两者绝对值相等。

氧化数升高值：合计+10。氧化数降低值：合计−3。取最小公倍数：10×3=30。

③ 将系数分别写入还原剂和氧化剂的化学式前边，并配平氧化数有变化的元素原子个数。

$$3Cu_2S+10HNO_3 \longrightarrow 6Cu(NO_3)_2+3H_2SO_4+10NO\uparrow$$

④ 配平其他元素的原子数，必要时可加上适当数目的酸、碱以及水分子。上式右边有 12 个未被还原的 NO_3^-，所以左边要增加 12 个 HNO_3，即

$$3Cu_2S+22HNO_3 \longrightarrow 6Cu(NO_3)_2+3H_2SO_4+10NO\uparrow$$

再检查氢和氧原子个数，反应方程式左边有 16 个 H 原子，显然在反应式右边应配上 $8H_2O$，两边各元素的原子数目相等后，即

$$3Cu_2S+22HNO_3 = 6Cu(NO_3)_2+3H_2SO_4+10NO\uparrow+8H_2O$$

练一练

配平下列化学反应方程式：

（1） $As_2S_3+HNO_3+H_2O \longrightarrow H_3AsO_4+H_2SO_4+NO$

（2） $MnO_4^-+H_2C_2O_4+H^+ \longrightarrow Mn^{2+}+CO_2+H_2O$

（3） $P_4+NaOH \longrightarrow PH_3+NaH_2PO_4$

（4） $CrO_2^-+H_2O_2+OH^- \longrightarrow CrO_4^{2-}$

（5） $PbO_2+Cl^-+H^+ \longrightarrow Pb^{2+}+Cl_2$

任务6.2

电极电势

6.2.1 电极电势的产生

当把金属放入其盐溶液中时，在金属与其盐溶液的接触面上就会发生两个相反的过程：

① 金属表面的离子由于自身的热运动及溶剂的吸引，会脱离金属表面，以水合离子的形式进入溶液，电子留在金属表面上。

② 溶液中的金属水合离子受金属表面自由电子的吸引，重新得到电子，沉积在金属表面上，即金属与其盐之间存在如下动态平衡：

$$M(s) \rightleftharpoons M^{n+}(aq) + ne$$

如果金属溶解的趋势大于离子沉积的趋势，则达到平衡时，金属和其盐溶液的界面上形成了金属带负电荷、溶液带正电荷的双电层结构。相反，如果离子沉积的趋势大于金属溶解的趋势，达到平衡时，金属和溶液的界面上形成了金属带正电、溶液带负电的双电层结构。由于双电层的存在，使金属与溶液之间产生了电势差，这个电势差叫作金属的电极电势（electrode potential），用符号 E 表示，单位为伏特。电极电势的大小主要取决于电极材料的本性，同时还与溶液浓度、温度、介质等因素有关。

电极处于标准状态时的电极电势称为标准电极电势（standard electrode potential），符号 $E^{\ominus}$。电极的标准态是指组成电极的物质的浓度为 1mol/L，气体的分压为 100kPa，液体或固体为纯净状态，温度通常为 298.15K，可见标准电极电势仅取决于电极的本性。由于电极电势的绝对值至今无法测定，为此，电化学上选择了一个比较电极电势大小的标准，即标准氢电极。

（1）标准氢电极　将镀有铂黑的铂片插入氢离子浓度为 1mol/L 的硫酸溶液中，并在 298.15K 时不断通入压力为 100kPa 的纯氢气流，使铂黑吸附氢气达到饱和，这时溶液中的氢离子与铂黑所吸附的氢气建立了如下的动态平衡：

$$2H^+ + 2e \rightleftharpoons H_2(g)$$

标准压力的氢气饱和了的铂片和 H^+ 浓度为 1mol/L 溶液间的电势差就是标准氢电极的电极电势，电化学上规定为 0V，即 $E^{\ominus}_{H^+/H_2} = 0V$。标准氢电极见图 6-1。

（2）标准电极电势的测定　标准氢电极与其他各种标准状态下的待测电极组成原电池，用实验的方法测得这个原电池的电动势数值，就是该电极的标准电极电势。

$$E^{\ominus} = E^{\ominus}_{(+)} - E^{\ominus}_{(-)}$$

标准电极电势的测定按以下步骤进行：

① 将待测电极与标准氢电极组成原电池；

② 用电势差计测定原电池的电动势；

③ 用检流计来确定原电池的正负极，如将标准锌电极与标准氢电极组成原电池，测其电动势为 $E^{\ominus} = 0.763V$。

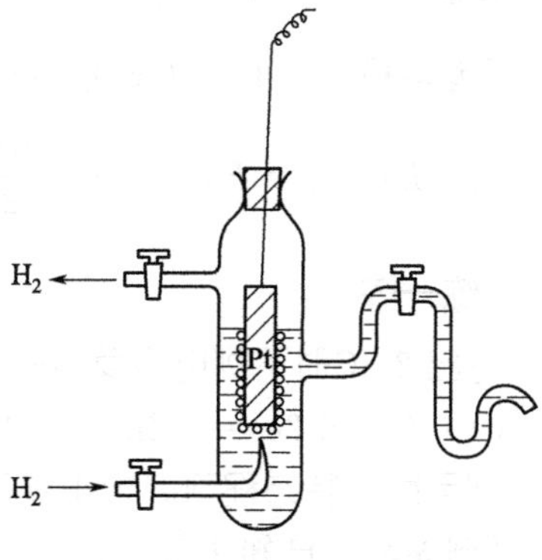

图 6-1　标准氢电极

由电流的方向可知，锌为负极，标准氢电极为正极，由 $E^{\ominus} = E^{\ominus}_{H^+/H_2} - E^{\ominus}_{Zn^{2+}/Zn}$ 得：

$$E^{\ominus}_{Zn^{2+}/Zn} = 0.00 - 0.763 = -0.763(V)$$

运用同样方法，可测得各种电极的标准电极电势，标准电极电势数值见附录八。

使用标准电极电势表时应注意下面几点：

① 为便于比较和统一，电极反应常写成：氧化型 $+ ne \rightleftharpoons$ 还原型。

② $E^{\ominus}$ 值越小，电对中的氧化态物质得电子倾向越小，是越弱的氧化剂，而其还原态物质越易失去电子，是越强的还原剂。$E^{\ominus}$ 值越大，电对中的氧化态物质越易获得电子，是越强的氧化剂，而其还原态物质越难失去电子，是越弱的还原剂。

③ $E^{\ominus}$值与电极反应的书写形式和物质的计量系数无关，仅取决于电极的本性。例如：

$$Br_2(l)+2e \longrightarrow 2Br^- \quad E^{\ominus}=+1.065V$$

$$2Br^- -2e \longrightarrow Br_2(l) \quad E^{\ominus}=+1.065V$$

$$2Br_2(l)+4e \longrightarrow 4Br^- \quad E^{\ominus}=+1.065V$$

④ 使用电极电势时一定要注明相应的电对。如 $E^{\ominus}_{Fe^{3+}/Fe^{2+}}=0.77V$，而 $E^{\ominus}_{Fe^{2+}/Fe}=0.44V$，二者相差很大，如不注明，容易混淆。

(3) 能斯特方程 对电极反应：a 氧化型$+ne \longrightarrow b$ 还原型

$$E=E^{\ominus}+\frac{RT}{nF}\ln\frac{c^a_{氧化型}}{c^b_{还原型}}$$

这个方程称为能斯特方程式（Nernst equation）。当温度为 298.15K 时，能斯特方程式为：

$$E=E^{\ominus}+\frac{0.0592}{n}\lg\frac{c^a_{氧化型}}{c^b_{还原型}}$$

应用能斯特方程时须注意：

① 如果电对中某一物质是固体、纯液体或水溶液中的 H_2O，它们的浓度为常数，不写入能斯特方程式中；

② 如果电对中某一物质是气体，其浓度用相对分压代替。

[例 6-2] 写出 25℃时下列电极反应的能斯特方程式：

(1) $Cu^{2+}+2e \longrightarrow Cu$；(2) $MnO_4^-+8H^++5e \longrightarrow Mn^{2+}+4H_2O$

解 $E_{Cu^{2+}/Cu}=E^{\ominus}_{Cu^{2+}/Cu}+\frac{0.0592}{2}\lg c_{Cu^{2+}}$

$$E_{MnO_4^-/Mn^{2+}}=E^{\ominus}_{MnO_4^-/Mn^{2+}}+\frac{0.0592}{5}\lg\frac{c_{MnO_4^-}\,c^8_{H^+}}{c_{Mn^{2+}}}$$

[例 6-3] 写出 25℃时该电极反应的能斯特方程式：$2H^++2e \longrightarrow H_2(g)$

解 $E_{H^+/H_2}=E^{\ominus}_{H^+/H_2}+\frac{0.0592}{2}\lg\frac{c^2_{H^+}}{p_{H_2}/p^{\ominus}}$

练一练

写出 25℃时下列电极反应的能斯特方程式：

(1) $Zn^{2+}+2e \longrightarrow Zn$ (2) $Cl_2(g)+2e \longrightarrow 2Cl^-$ (3) $Br_2(l)+2e \longrightarrow 2Br^-$

利用能斯特方程可以求出离子浓度改变时电极电势变化的数值。

[例 6-4] 已知 $E^{\ominus}_{Fe^{3+}/Fe^{2+}}=0.77V$，当 $[Fe^{3+}]=1.0mol/L$、$[Fe^{2+}]=0.0001mol/L$ 时，计算该电对的电极电位。

解 根据能斯特方程式得：

$$E_{Fe^{3+}/Fe^{2+}}=E^{\ominus}_{Fe^{3+}/Fe^{2+}}+\frac{0.0592}{1}\lg\frac{[Fe^{3+}]}{[Fe^{2+}]}$$

则 $$E_{Fe^{3+}/Fe^{2+}}=0.77+0.0592\lg\frac{1.0}{0.0001}=1.0\ (V)$$

6.2.2 电极电势的应用

6.2.2.1 判断氧化剂和还原剂的相对强弱

$E^{\ominus}$值大小代表电对物质得失电子能力的大小，因此，可用于判断标准态下氧化剂、还原剂氧化还原能力的相对强弱。$E^{\ominus}$值大，电对中氧化态物质的氧化能力强，是强氧化剂；而对应的还原态物质的还原能力弱，是弱还原剂。$E^{\ominus}$值小，电对中还原态物质的还原能力强，是强还原剂；而对应氧化态物质的氧化能力弱，是弱氧化剂。

[例 6-5] 比较标准态下，下列电对物质氧化还原能力的相对大小。

$$E^{\ominus}_{Cl_2/Cl^-}=1.36V \qquad E^{\ominus}_{Br_2/Br^-}=1.07V \qquad E^{\ominus}_{I_2/I^-}=0.53V$$

解 比较上述电对的 $E^{\ominus}$值大小可知，氧化态物质的氧化能力相对大小为：$Cl_2>Br_2>I_2$。还原态物质的还原能力相对大小为：$I^->Br^->Cl^-$。

值得注意的是，$E^{\ominus}$值大小只可用于判断标准态下氧化剂、还原剂氧化还原能力的相对强弱。若电对处于非标准状态时，应根据能斯特公式计算出 E 值，然后用 E 值大小来判断物质的氧化性和还原性的强弱。

6.2.2.2 判断氧化还原反应的方向

大量事实表明，氧化还原反应自发进行的方向总是：

$$强氧化剂+强还原剂═══弱还原剂+弱氧化剂$$

即 $E^{\ominus}$值大的氧化态物质能氧化 $E^{\ominus}$值小的还原态物质，所以要判断一个氧化还原反应的方向，可将此反应组成原电池，使反应物中的氧化剂对应的电对为正极，还原剂对应的电对为负极，然后根据以下规则来判断反应进行的方向。

① 当 $E>0$，即 $E_{(+)}>E_{(-)}$时，则反应正向自发进行；

② 当 $E=0$，即 $E_{(+)}=E_{(-)}$时，则反应处于平衡状态；

③ 当 $E<0$，即 $E_{(+)}<E_{(-)}$时，则反应逆向自发进行。

当各物质均处于标准状态时，则用标准电动势或标准电极电势判断。

[例 6-6] 在标准状态下，判断反应 $2Fe^{3+}+Cu ═══ 2Fe^{2+}+Cu^{2+}$ 进行的方向。

解 正极：$Fe^{3+}+e \rightleftharpoons Fe^{2+}$　　$E^{\ominus}_{Fe^{3+}/Fe^{2+}}=0.77V$

负极：$Cu^{2+}+2e \rightleftharpoons Cu$　　$E^{\ominus}_{Cu^{2+}/Cu}=0.34V$

$E^{\ominus}_{Fe^{3+}/Fe^{2+}}>E^{\ominus}_{Cu^{2+}/Cu}$，即 $E^{\ominus}_{(+)}>E^{\ominus}_{(-)}$，故该反应能正向自发进行。

6.2.2.3 选择氧化剂和还原剂

生产实践和科学实验中，往往需要对混合体系中某一组分进行选择性氧化或还原，而体系中其他组分不发生氧化或还原反应，这时只有选择适当的氧化剂或还原剂才能达到目的。

[例 6-7] 有一含 Br^-、I^- 的混合液，选择一种氧化剂只氧化 I^- 为 I_2，而不氧化 Br^-，问应选择 $FeCl_3$ 还是 $K_2Cr_2O_7$？已知 $E^{\ominus}_{Br_2/Br^-}=1.07V$，$E^{\ominus}_{I_2/I^-}=0.53V$，$E^{\ominus}_{Fe^{3+}/Fe^{2+}}=0.77V$，$E^{\ominus}_{Cr_2O_7^{2-}/Cr^{3+}}=1.33V$。

解 有关电极电势值：

因 $E^{\ominus}_{Cr_2O_7^{2-}/Cr^{3+}}>E^{\ominus}_{Br_2/Br^-}$，$E^{\ominus}_{Cr_2O_7^{2-}/Cr^{3+}}>E^{\ominus}_{I_2/I^-}$，$Cr_2O_7^{2-}$ 既能氧化 Br^- 又能氧化 I^-，故 $K_2Cr_2O_7$ 不能选用。而 $E^{\ominus}_{Br_2/Br^-}>E^{\ominus}_{Fe^{3+}/Fe^{2+}}>E^{\ominus}_{I_2/I^-}$，$Fe^{3+}$ 不能氧化 Br^- 但能氧化 I^-，故应选择 $FeCl_3$ 作氧化剂。

练一练

1. 在 Sn^{2+}、Fe^{3+} 的混合溶液中，欲使 Sn^{2+} 氧化为 Sn^{4+} 而 Fe^{2+} 不被氧化，应选择的氧化剂是(　　)。($E^{\ominus}_{Sn^{4+}/Sn^{2+}}=0.15V$，$E^{\ominus}_{Fe^{3+}/Fe^{2+}}=0.77V$)

A. KIO_3($E^{\ominus}_{2IO_3^-/I_2}=1.20V$)　　B. H_2O_2($E^{\ominus}_{H_2O_2/2OH^-}=0.88V$)

C. $HgCl_2$（$E^{\ominus}_{HgCl_2/Hg_2Cl_2}=0.63V$） D. SO_3^{2-}（$E^{\ominus}_{SO_3^{2-}/S}=-0.66V$）

2. 在 $2Cu^{2+}+4I^- = 2CuI\downarrow + I_2$ 中，$E^{\ominus}_{I_2/2I^-}=0.54V$、$E^{\ominus}_{Cu^{2+}/CuI}=0.86V$、$E^{\ominus}_{Cu^{2+}/CuI}<E^{\ominus}_{I_2/2I^-}$，则反应方向应向（ ）。

A. 右 B. 左 C. 不反应 D. 反应达到平衡

任务6.3

氧化还原滴定法

氧化还原滴定法是一种应用范围很广的以氧化还原反应为基础的滴定分析方法。氧化还原滴定法可以根据待测物的性质来选择合适的滴定剂，并常根据所用滴定剂的名称来命名，如常用的有高锰酸钾法（potassium permanganate method）、重铬酸钾法（potassium dichromate method）、碘量法（iodimetry）、溴酸钾法（potassium bromate method）等。

6.3.1 氧化还原滴定曲线

氧化还原滴定过程中，随着滴定剂的加入，溶液中氧化剂和还原剂的浓度逐渐变化，有关点对电极电势也随之改变，以溶液体系的电势为纵坐标，以所滴定的百分数为横坐标，绘制出的曲线称为氧化还原滴定曲线。

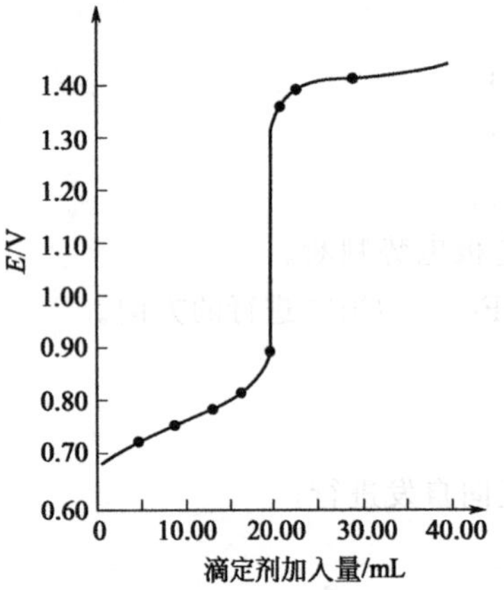

图 6-2 氧化还原滴定曲线

图 6-2 是以 0.1mol/L $Ce(SO_4)_2$ 溶液在 0.5mol/L H_2SO_4 溶液中滴定 0.1mol/L $FeSO_4$ 溶液的滴定曲线。其反应如下：

$$Ce^{4+} + Fe^{2+} = Ce^{3+} + Fe^{3+}$$

随着滴定剂的加入，溶液的电极电势 E 也不断发生变化，在化学计量点附近溶液的电极电势 E 也将会产生突跃。

滴定突跃范围的大小，与两电对的标准电极电势 $E^{\ominus}$ 有关，两电对的标准电极电势差值 $\Delta E^{\ominus}$ 越大，滴定突跃范围越大。一般 $\Delta E^{\ominus}\geqslant 0.40V$ 时，才有明显的突跃，可选择指示剂指示终点，否则不易进行氧化还原滴定分析。

6.3.2 氧化还原滴定法的指示剂

应用于氧化还原滴定的指示剂有以下三类。

6.3.2.1 自身指示剂

有些滴定剂本身有很深的颜色，而滴定产物无色或颜色很浅，则滴定时就不需另加指示剂。例如 MnO_4^- 就具有很深的紫红色，用它来滴定 Fe^{2+} 或 $C_2O_4^{2-}$ 溶液时，反应的产物 Mn^{2+} 无色，滴定到计量点后，稍过量的 MnO_4^- 就能使溶液呈现浅粉红色。这种以滴定剂本身的颜色变化就能指示滴定终点的物质称为自身指示剂。

6.3.2.2 专属指示剂(specific indicator)

有些物质本身并不具有氧化还原性，但它能与滴定剂或被测物或反应产物产生很深的特殊颜色，因而可指示滴定终点。例如淀粉与碘生成深蓝色的配合物，此反应极为灵敏。因此碘量法中常用淀粉作指示剂，可根据蓝色的出现或褪去来判断终点的到达。

6.3.2.3　氧化还原指示剂(redox indicator)

这类指示剂本身是氧化剂或还原剂，其氧化态与还原态具有不同的颜色。在滴定过程中，因被氧化或被还原而发生颜色变化，从而指示终点。

通常以 In(Ox) 和 In(Red) 分别表示指示剂的氧化态和还原态，滴定中指示剂的电极反应可表示为：

$$In(Ox)+ne \rightleftharpoons In(Red)$$

由能斯特方程式得：$E_{In}=E^{\ominus}_{In}+\frac{0.0592}{n}\lg\frac{[In(Ox)]}{[In(Red)]}$，因而氧化还原指示剂的变色范围是：$E_{In}=E^{\ominus}_{In}\pm\frac{0.0592}{n}$。

氧化还原指示剂是氧化还原滴定的通用指示剂（表 6-1），选择原则与酸碱指示剂的选择类似，即使指示剂变色的电势范围全部或部分落在滴定曲线突跃范围内，以减小滴定终点误差。

表 6-1　常用的氧化还原指示剂

指示剂	$E^{\ominus}_{In}$/V	颜色变化	
		还原态	氧化态
亚甲基蓝	+0.52	无色	蓝色
二苯胺磺酸钠	+0.85	无色	紫红色
邻苯氨基苯甲酸	+0.89	无色	紫红色
邻二氮菲亚铁	+1.06	红色	浅蓝色

练一练

1. 二苯胺磺酸钠是 $K_2Cr_2O_7$ 滴定 Fe^{2+} 的常用指示剂，它属于（　　）。

A. 自身指示剂　　B. 氧化还原指示剂　　C. 专属指示剂　　D. 其他指示剂

2. 判断题：使用直接碘量法滴定时，淀粉指示剂应在近终点时加入；使用间接碘量法滴定时，淀粉指示剂应在滴定开始时加入。（　　）

3. 判断题：以淀粉为指示剂滴定时，直接碘量法的终点是从蓝色变为无色，间接碘量法是由无色变为蓝色。（　　）

4. 氧化还原滴定法的指示剂有（　　）、（　　）、（　　）三类。

任务6.4

高锰酸钾法

高锰酸钾法是以高锰酸钾标准溶液为滴定剂的氧化还原滴定法。高锰酸钾是一种强氧化剂，它的氧化能力和溶液的酸度有关。在强酸性溶液中，MnO_4^- 被还原为 Mn^{2+}：

$$MnO_4^- +8H^+ +5e \rightleftharpoons Mn^{2+} +4H_2O \qquad E^{\ominus}_{MnO_4^-/Mn^{2+}}=1.51V$$

在中性、弱酸性、弱碱性溶液中，MnO_4^- 与还原剂作用，生成褐色的 MnO_2 沉淀：

$$MnO_4^- +2H_2O+3e = MnO_2+4OH^- \qquad E^{\ominus}_{MnO_4^-/MnO_2}=0.59V$$

由于 $KMnO_4$ 在强酸性溶液中的氧化能力强，且生成的 Mn^{2+} 接近无色，便于终点的观察，所以高锰酸钾滴定多在强酸性溶液中进行，所用的强酸是 H_2SO_4。酸度不足时容易生成 MnO_2 沉淀。

高锰酸钾法的优点是：氧化能力强，不需另加指示剂，应用范围广。$KMnO_4$ 法可直接测定许多还原性物质，如 Fe^{2+}、$C_2O_4^{2-}$、H_2O_2、NO_2^-、Sn(Ⅱ)等，也可以用间接法测定非变价离子，如 Ca^{2+}、Sr^{2+}、Ba^{2+} 等，用返滴定法测定 PbO_2、MnO_2 等。但高锰酸钾法的选择性较差，不能用直接法配制高锰酸钾标准溶液，且标准溶液不够稳定。

6.4.1 高锰酸钾标准溶液的配制与标定

市售 $KMnO_4$ 试剂中常含有少量 MnO_2 和其他杂质，而且蒸馏水中也含有微量还原性物质。故 $KMnO_4$ 标准溶液不能用直接法配制，通常先配成近似浓度的溶液，配好后加热微沸 1h 左右，然后需放置 2～3 天，使溶液中可能存在的还原性物质完全氧化，过滤除去 MnO_2 沉淀，并保存于棕色瓶中，存放在阴暗处以待标定。

标定 $KMnO_4$ 溶液浓度的基准物质有 $Na_2C_2O_4$、$H_2C_2O_4 \cdot 2H_2O$、$FeSO_4 \cdot 7H_2O$ 和纯铁丝等，其中 $Na_2C_2O_4$ 较为常用。

二维码6.1

标定高锰酸钾操作过程

在 H_2SO_4 溶液中，MnO_4^- 与 $C_2O_4^{2-}$ 的反应如下：

$$2MnO_4^- + 5C_2O_4^{2-} + 16H^+ \xlongequal{} 2Mn^{2+} + 10CO_2\uparrow + 8H_2O$$

为了使该反应能定量进行，应注意以下几个条件。

(1) **温度** 室温下反应速率缓慢，常将溶液加热到 75～85℃时趁热滴定，滴定完毕时，溶液的温度也不应低于 60℃。但温度也不宜过高，若高于 90℃，会使部分 $H_2C_2O_4$ 发生分解，使 $KMnO_4$ 用量减少，标定结果偏高。

$$H_2C_2O_4 \xlongequal{} CO_2\uparrow + CO\uparrow + H_2O$$

(2) **酸度** 溶液应保持足够大的酸度，一般用硫酸控制酸度为 0.5～1mol/L。如果酸度不足，易生成 MnO_2 沉淀，酸度过高则又会使 $H_2C_2O_4$ 分解。

(3) **滴定速度** 开始滴定时，因反应速率慢，滴定不宜太快，滴入的第一滴 $KMnO_4$ 溶液褪色后，生成了催化剂 Mn^{2+}，反应逐渐加快，此现象称为自催化反应。随后的滴定速度可以快些，但仍需逐滴加入，否则滴入的 $KMnO_4$ 来不及与 $Na_2C_2O_4$ 发生反应，$KMnO_4$ 就分解了，从而使结果偏低。

$$4MnO_4^- + 12H^+ \xlongequal{} 4Mn^{2+} + 5O_2\uparrow + 6H_2O$$

(4) **滴定终点** 用 $KMnO_4$ 溶液滴定至终点后，溶液出现的浅红色不能持久，因为空气中的还原性气体和灰尘都能与 MnO_4^- 缓慢作用，使 MnO_4^- 还原，溶液的浅红色逐渐消失。所以滴定时溶液中出现的浅红色在半分钟内不褪色，便可认定已达到滴定终点。

$$c(KMnO_4) = \frac{2m}{5(V_1 - V_0) \times 0.1340}$$

[例 6-8] 配制 1.5L $c\left(\frac{1}{5}KMnO_4\right) = 0.2mol/L$ 的 $KMnO_4$ 溶液，应称取 $KMnO_4$ 多少克？已知 $M_{KMnO_4} = 158g/mol$。

解 $m_{KMnO_4} = c\left(\frac{1}{5}KMnO_4\right) VM\left(\frac{1}{5}KMnO_4\right)$

所以 $m_{KMnO_4} = 1.5 \times 0.2 \times \frac{1}{5} \times 158 = 9.5$ (g)。

答：配制 1.5L $c\left(\frac{1}{5}KMnO_4\right) = 0.2mol/L$ 的 $KMnO_4$ 溶液，应称取 $KMnO_4$ 9.5g。

练一练

1. 配制 1L $c\left(\frac{1}{5}KMnO_4\right)$=0.1mol/L 的 $KMnO_4$ 溶液，应称取 $KMnO_4$ 多少克?

2. 标定 $c\left(\frac{1}{5}KMnO_4\right)$=0.1mol/L 的 $KMnO_4$ 溶液，消耗体积大约为 30mL，应称取基准物草酸钠多少克?

6.4.2 应用实例

6.4.2.1 直接滴定法测定 H_2O_2的含量

高锰酸钾在酸性溶液中能定量地氧化过氧化氢，其反应式为：

$$2MnO_4^- + 5H_2O_2 + 6H^+ \longrightarrow 2Mn^{2+} + 5O_2\uparrow + 8H_2O$$

滴定开始时反应比较慢，待有少量 Mn^{2+} 生成后，由于 Mn^{2+} 的催化作用，反应速率加快。H_2O_2 的含量（g/L）可按下式计算：

$$\rho(H_2O_2) = \frac{c\left(\frac{1}{5}KMnO_4\right)VM\left(\frac{1}{2}H_2O_2\right)}{V_{样}}$$

6.4.2.2 间接滴定法测定 Ca^{2+}

试样中钙含量的测定，其步骤为：先将试样中的 Ca^{2+} 沉淀为 CaC_2O_4，然后将沉淀过滤，洗净，并用稀硫酸溶解，最后用 $KMnO_4$ 标准溶液滴定。有关反应式如下：

$$Ca^{2+} + C_2O_4^{2-} \longrightarrow CaC_2O_4\downarrow$$

$$CaC_2O_4 + 2H^+ \longrightarrow H_2C_2O_4 + Ca^{2+}$$

$$2MnO_4^- + 5H_2C_2O_4 + 6H^+ \longrightarrow 2Mn^{2+} + 10CO_2\uparrow + 8H_2O$$

据等物质的量规则，有：

$$w(Ca) = \frac{c\left(\frac{1}{5}KMnO_4\right)VM\left(\frac{1}{2}Ca\right)\times 10^{-3}}{m_{样}}\times 100\%$$

练一练

血液中钙的测定，采用 $KMnO_4$ 法间接测定。取 10.0mL 血液试样，先沉淀为草酸钙，再以硫酸溶解后用 0.00500mol/L $KMnO_4$ 标准溶液滴定，消耗其体积 5.00mL，试计算每 10mL 血液试样中含钙多少毫克?（已知 M_{Ca}=40.08）

任务6.5

重铬酸钾法

重铬酸钾法是以 $K_2Cr_2O_7$ 为标准溶液的氧化还原滴定法。在酸性溶液中，$K_2Cr_2O_7$ 与还原剂作用被还原为 Cr^{3+}，半反应为：

$$Cr_2O_7^{2-} + 14H^+ + 6e \rightleftharpoons 2Cr^{3+} + 7H_2O \qquad E^{\ominus}_{Cr_2O_7^{2-}/Cr^{3+}} = 1.33V$$

$K_2Cr_2O_7$ 的氧化能力不如 $KMnO_4$ 强，应用范围也不如 $KMnO_4$ 法广泛，但与 $KMnO_4$ 法相比，有以下优点：

① $K_2Cr_2O_7$ 易提纯，可作为基准物质，直接配制标准液。

② $K_2Cr_2O_7$ 标准液非常稳定，可长期保存。

③ 室温下 $K_2Cr_2O_7$ 不与 Cl^- 作用，可在 HCl 中滴定 Fe^{2+}。

6.5.1　重铬酸钾标准溶液的配制与标定

(1) 直接配制法　$K_2Cr_2O_7$ 标准滴定溶液可用直接法配制，但在配制前应将 $K_2Cr_2O_7$ 基准试剂在 105～110℃温度下烘至恒重。

(2) 间接配制法　若使用分析纯 $K_2Cr_2O_7$ 试剂配制标准溶液，则需进行标定，其标定原理是：移取一定体积的 $K_2Cr_2O_7$ 溶液，加入过量的 KI 和 H_2SO_4，用已知浓度的 $Na_2S_2O_3$ 标准滴定溶液进行滴定，以淀粉指示液指示滴定终点，其反应式为：

$$Cr_2O_7^{2-}+6I^-+14H^+ = 2Cr^{3+}+3I_2+7H_2O$$

$$I_2+2S_2O_3^{2-} = S_4O_6^{2-}+2I^-$$

$K_2Cr_2O_7$ 标准溶液的浓度按下式计算：

$$c\left(\frac{1}{6}K_2Cr_2O_7\right)=\frac{(V_1-V_0)c(Na_2S_2O_3)}{V}$$

6.5.2　应用实例

重铬酸钾法是测定铁矿石中全铁的标准方法。矿样一般用浓盐酸加热分解，趁热用 $SnCl_2$ 将 Fe^{3+} 还原为 Fe^{2+}，冷却后用 $HgCl_2$ 氧化剩余的 $SnCl_2$，此时析出白色丝状沉淀 Hg_2Cl_2，再用水稀释，加入 1～2mol/L 混酸（$H_2SO_4+H_3PO_4$）和适量的二苯胺磺酸钠指示剂，立即用 $K_2Cr_2O_7$ 标准溶液滴定，至红紫色出现为终点。

在酸性溶液中的反应式为：

$$Cr_2O_7^{2-}+6Fe^{2+}+14H^+ = 2Cr^{3+}+6Fe^{3+}+7H_2O$$

据等物质的量规则，得：

$$w(Fe)=\frac{c\left(\frac{1}{6}K_2Cr_2O_7\right)VM(Fe)\times 10^{-3}}{m_{样}}\times 100\%$$

[例 6-9]　称取铁矿石 0.2000g，用 0.008400mol/L $K_2Cr_2O_7$ 标准溶液滴定，至红紫色出现为终点，消耗 26.78mL，计算铁矿石含量以 Fe_2O_3 计的质量分数。

解　反应为　$6Fe^{2+}+Cr_2O_7^{2-}+14H^+ = 6Fe^{3+}+2Cr^{3+}+7H_2O$

$$3Fe_2O_3\sim 6Fe^{2+}\sim Cr_2O_7^{2-}$$

$$w(Fe_2O_3)=b/ac(K_2Cr_2O_7)VM_{Fe_2O_3}/m_s\times 100\%$$

$$=3\times 0.008400\times 26.78\times 10^{-3}\times 159.69/0.2000\times 100\%$$

$$=53.88\%$$

任务6.6

碘　量　法

6.6.1　碘量法的基本原理

碘量法是以 I_2 的氧化性和 I^- 的还原性为基础的滴定分析方法，其电极反应式为：

$$I_2+2e = 2I^- \quad E^{\ominus}_{I_2/I^-}=0.53V$$

由标准电极电势数据可知，I_2 是较弱的氧化剂，它只能与较强的还原剂作用，而 I^- 是一种中等强度的还原剂，能与许多氧化剂作用。因此，碘量法可分为直接法和间接法两种。

直接碘量法又称碘滴定法，用 I_2 标准溶液直接滴定还原性物质。可用于测定 $S_2O_3^{2-}$、SO_3^{2-}、Sn^{2+}、维生素 C 等还原性较强的物质的含量。

直接碘量法以淀粉为指示剂，开始滴定时加入即可，终点产生蓝色。直接碘量法只能在酸性、中性或弱碱性溶液中进行。

间接碘量法又称滴定碘法，是利用 I^- 作还原剂，在一定的条件下，与氧化性物质作用，定量地析出 I_2，然后用 $Na_2S_2O_3$ 标准溶液滴定 I_2，从而间接地测定氧化性物质的含量。如可测定 MnO_4^-、$Cr_2O_7^{2-}$、Cu^{2+}、IO_3^-、BrO_3^-、H_2O_2 等氧化性物质的含量。

$$2I^- -2e = I_2$$

$$I_2+2S_2O_3^{2-} = 2I^- +S_4O_6^{2-}$$

间接碘量法中，淀粉指示剂应在滴定临近终点时加入，否则大量的 I_2 与淀粉结合，不易与 $Na_2S_2O_3$ 反应，将会给滴定带来误差。

碘量法的反应条件和滴定条件非常重要，应注意以下两个问题，才能获得准确的结果。

(1) 控制溶液的酸度 $Na_2S_2O_3$ 与 I_2 的反应必须在中性或弱酸性溶液中进行。这是因为在碱性溶液中，会发生如下的副反应：

$$S_2O_3^{2-}+4I_2+10OH^- = 2SO_4^{2-}+8I^-+5H_2O$$

$$3I_2+6OH^- = IO_3^-+5I^-+3H_2O$$

在强酸性溶液中，$Na_2S_2O_3$ 会分解，同时 I^- 易被空气中的 O_2 所氧化：

$$S_2O_3^{2-}+2H^+ = SO_2+S\downarrow+H_2O$$

$$4I^-+4H^++O_2 = 2I_2+2H_2O$$

(2) 防止碘的挥发和碘离子的氧化 碘量法的误差主要有两个来源：I_2 易挥发，I^- 容易被空气中的 O_2 氧化。为防止 I_2 的挥发，应加入过量的 KI，增大了 I_2 在水中的溶解度；反应温度不宜过高，一般在室温下进行；间接碘量法最好在碘量瓶中进行，反应完全后立即滴定，且勿剧烈振动。为了防止 I^- 被空气中的 O_2 氧化，溶液酸度不宜过高，将析出 I_2 的反应瓶置于暗处并预先除去干扰离子。

6.6.2 碘量法标准溶液的配制和标定

(1) I_2 标准溶液的配制和标定 市售的 I_2 含有杂质，常用间接法配制 I_2 标准溶液。碘见光遇热时易分解，故应装在棕色瓶中，并置于暗处保存。储存和使用 I_2 溶液时，应避免与橡皮等有机物质接触。

标定 I_2 溶液的浓度，可用升华法精制的 As_2O_3（俗名砒霜）作基准物质。但一般用已经标定好的 $Na_2S_2O_3$ 标准溶液来标定。根据等物质的量规则，所以得：

$$c_{I_2}=\frac{c_{Na_2S_2O_3}V_{Na_2S_2O_3}}{2V_{I_2}}$$

(2) $Na_2S_2O_3$ 标准溶液的配制和标定 固体 $Na_2S_2O_3\cdot 5H_2O$ 含杂质和易风化，因此不能用直接法配制标准溶液。而且 $Na_2S_2O_3$ 容易与水中的 CO_2、空气中的氧气作用以及被微生物分解而使浓度发生变化。因此，配制 $Na_2S_2O_3$ 标准溶液时应先煮沸蒸馏水，除去

水中的 CO_2 及杀灭微生物，加入少量 Na_2CO_3 使溶液呈微碱性，以防止 $Na_2S_2O_3$ 分解。日光能促使 $Na_2S_2O_3$ 分解，所以 $Na_2S_2O_3$ 溶液应储存于棕色瓶中，放置于暗处，经一两周后再标定。长期保存的溶液，在使用时应重新标定。

标定 $Na_2S_2O_3$ 溶液常用 $K_2Cr_2O_7$、$KBrO_3$、KIO_3 等基准物质，用间接碘量法进行标定。如在酸性溶液中，过量 KI 存在下，一定量的 $K_2Cr_2O_7$ 与 KI 反应产生等物质的量的 I_2。

$$Cr_2O_7^{2-}+6I^-+14H^+ \xlongequal{} 2Cr^{3+}+3I_2+7H_2O$$

用 $Na_2S_2O_3$ 标准溶液滴定析出的 I_2：

$$I_2+2S_2O_3^{2-} \xlongequal{} 2I^-+S_4O_6^{2-}$$

根据 $K_2Cr_2O_7$ 的质量及 $Na_2S_2O_3$ 用量计算 $Na_2S_2O_3$ 物质的量浓度：

$$c(Na_2S_2O_3)=\frac{m_{K_2Cr_2O_7}\times 1000}{(V-V_0)M\left(\frac{1}{6}K_2Cr_2O_7\right)}$$

6.6.3 应用示例

(1) 直接碘量法测定维生素 C 维生素 C(V_c) 又叫抗坏血酸，其分子中的烯二醇基具有还原性，能被定量地氧化为二酮基：

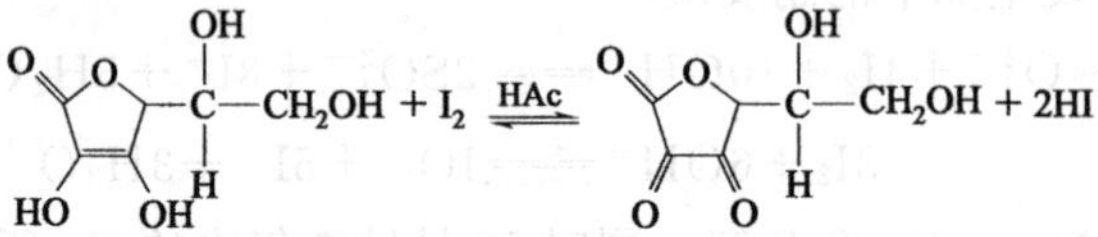

$C_6H_8O_6$ 的还原能力很强，在空气中极易氧化，特别在碱性条件下尤甚。滴定时，应加入一定量的乙酸使溶液呈弱酸性。

$$w=\frac{cV\times 176.12}{1000m}\times 100\%$$

(2) 间接碘量法测定胆矾中的铜 胆矾 ($CuSO_4 \cdot 5H_2O$) 是农药波尔多液的主要原料，测定时加入过量的 KI，使 Cu^{2+} 与 KI 作用生成 CuI，并析出等物质的量的 I_2，再用 $Na_2S_2O_3$ 标准溶液滴定析出的 I_2。

$$2Cu^{2+}+4I^- \xlongequal{} 2CuI\downarrow+I_2$$

$$I_2+2S_2O_3^{2-} \xlongequal{} 2I^-+S_4O_6^{2-}$$

因 CuI 溶解度相对较大，且对 I_2 的吸附较强，终点不明显。为此，在计量点前加入 KSCN，使 CuI 转化为更难溶的 CuSCN 沉淀，CuSCN 很难吸附碘，使反应终点变色比较明显。

$$CuI(s)+SCN^- \xlongequal{} CuSCN\downarrow+I^-$$

为了防止 Cu^{2+} 的水解，反应必须在酸性溶液中 (pH＝3.5～4) 进行，由于 Cu^{2+} 容易与 Cl^- 形成配离子，因此酸化时常用 H_2SO_4 或 HAc 而不用 HCl。

$$w(Cu)=\frac{cVM_{Cu}}{1000m_{样}}\times 100\%$$

[例 6-10] 用 0.025mol/L I_2 标准溶液 20.00mL 刚好滴定 0.1000g 锑矿中的锑。主要反应为 $SbO_3^{3-}+I_2+2HCO_3^{2-} \xlongequal{} SbO_4^{3-}+2CO_2+H_2O+2I^-$，试计算锑矿中 Sb_2S_3 的质量分数。

解　有关反应为　　　　　$Sb_2S_3 \sim 2SbO_3^{3-} \sim 2I_2$

$$w = 1/2 \times 0.02500 \times 20.00 \times 10^{-3} \times (121.8 \times 2 + 32.07 \times 3)/0.1000 \times 100\%$$
$$= 84.95\%$$

练一练

1. 称取 $Na_2SO_3 \cdot 5H_2O$ 试样 0.3878g，将其溶解，加入 50.00mL $c\left(\frac{1}{2}I_2\right)=$ 0.09770mol/L 的 I_2 溶液处理，剩余的 I_2 需要用 $c(Na_2S_2O_3)=0.1008$mol/L $Na_2S_2O_3$ 标准滴定溶液 25.40mL 滴定至终点。试计算试样中 Na_2SO_3 的质量分数（已知：$M_{Na_2SO_3}=$ 126.04g/mol）。

2. 化学耗氧量（COD）是指每升水中的还原性物质（有机物和无机物），在一定条件下被强氧化剂氧化时所消耗的氧的质量。今取废水样 100mL，用 H_2SO_4 酸化后，加 25.00mL $c(K_2Cr_2O_7)=0.01667$mol/L 的 $K_2Cr_2O_7$ 标准溶液，以 Ag_2SO_4 为催化剂煮沸，待水样中还原性物质完全被氧化后，以邻二氮菲亚铁为指示剂，用 $c(FeSO_4)=0.1000$mol/L $FeSO_4$ 标准溶液滴定剩余的 $Cr_2O_7^{2-}$，用去 15.00mL。试计算水样中的化学耗氧量，以 ρ（单位为 g/L）表示。

技能训练23

高锰酸钾标准溶液（0.02mol/L）的配制与标定

一、实训目的

1. 了解高锰酸钾标准溶液的配制方法和保存条件。
2. 掌握以 $Na_2C_2O_4$ 为基准物标定高锰酸钾标准溶液浓度的方法操作。

二、仪器与试剂

1. 仪器：酸式滴定管（50mL）、分析天平、烧杯、锥形瓶、电炉。
2. 试剂：$KMnO_4$ 固体、$Na_2C_2O_4$ 基准物质、H_2SO_4 溶液（1mol/L）。

三、实训原理

市售的高锰酸钾常含有少量杂质，如硫酸盐等，所以不能用高锰酸钾直接配制准确浓度的溶液。

常用草酸钠作基准物来标定 $KMnO_4$ 溶液。$Na_2C_2O_4$ 不含结晶水，容易精制。用 $Na_2C_2O_4$ 标定 $KMnO_4$ 溶液的反应如下：

$$2MnO_4^- + 5H_2C_2O_4 + 6H^+ = 2Mn^{2+} + 10CO_2\uparrow + 8H_2O$$

滴定时可利用 $KMnO_4$ 本身的颜色指示滴定终点。

四、实训步骤

1. 0.02mol/L $KMnO_4$ 溶液的配制

称取 3.3g 高锰酸钾，溶于 1050mL 水中，缓缓煮沸 15min，冷却，于暗处放置两周，用已处理过的 4 号玻璃滤锅过滤，储存于棕色瓶中。玻璃滤锅的处理是指玻璃滤祸在同样浓度的高锰酸钾溶液中缓缓煮沸 5min。

2. $KMnO_4$ 溶液浓度的标定

称取 0.2g 于 105～110℃电炉中干燥至恒重的工作基准试剂草酸钠，加水 10mL 溶解，再加 30mL 1mol/L 硫酸溶液并加热至 75～80℃，用配制好的高锰酸钾溶液滴定，至溶液呈粉红色，并保持 30s 内不褪色。平行测定三次，同时做空白试验。

五、数据记录和结果计算

标定数据记录在表 6-2 中。$KMnO_4$ 标准溶液的浓度（单位为 mol/L）按下式计算：

$$c(KMnO_4)=\frac{2m}{5(V_1-V_0)\times 0.1340}$$

表 6-2　高锰酸钾标准溶液的标定记录表

项目		1	2	3
称量瓶和试样的质量(第一次读数)/g				
称量瓶和试样的质量(第二次读数)/g				
基准无水草酸钠的质量 m/g				
试样试验	滴定消耗 $KMnO_4$ 溶液的体积/mL			
	滴定管校正值/mL			
	溶液温度补正值/(mL/L)			
	实际消耗 $KMnO_4$ 溶液的体积 V_1/mL			
空白试验	滴定消耗 $KMnO_4$ 溶液的体积/mL			
	滴定管体积校正值/mL			
	溶液温度补正值/(mL/L)			
	实际消耗 $KMnO_4$ 溶液的体积 V_0/mL			
$KMnO_4$ 标准溶液的浓度 $c(KMnO_4)$/(mol/L)				
平均值 $c(KMnO_4)$/(mol/L)				
平行测定结果的极差/(mol/L)				
极差与平均值之比/%				

六、问题思考

1. 高锰酸钾的标定过程中，如何控制滴定速度，为什么要控制？

2. 用草酸钠标定高锰酸钾溶液时，为什么在硫酸介质中进行？可以用盐酸或硝酸吗？酸度的高低对滴定结果有没有影响？

技能训练24

过氧化氢含量的测定

一、实训目的

1. 掌握用 $KMnO_4$ 法直接滴定 H_2O_2 的基本原理和方法。

2. 掌握液体样品称量的操作。

二、仪器与试剂

1. 仪器：酸式滴定管（50mL）、分析天平、烧杯、锥形瓶、容量瓶、移液管。
2. 试剂：$KMnO_4$ 标准滴定溶液（0.02mol/L）、H_2SO_4（1+15）、双氧水试样。

三、实训原理

在强酸性条件下，$KMnO_4$ 与 H_2O_2 进行如下反应：

$$2KMnO_4+5H_2O_2+3H_2SO_4 = 2MnSO_4+K_2SO_4+5O_2\uparrow+8H_2O$$

用 $KMnO_4$ 自身作指示剂，根据消耗的 $KMnO_4$ 计算过氧化氢含量。

四、实训步骤

用减量法准确称取 1g 双氧水试样，精确至 0.0002g，置于已加有 50mL 硫酸溶液的锥形瓶中，用 $KMnO_4$ 标准滴定溶液滴定至溶液呈浅粉色，保持 30s 内不褪色即为终点。

平行测定 3 次，同时做空白试验。

五、数据记录和结果计算

数据记录在表 6-3 中，过氧化氢的质量分数，按下式计算：

$$w=\frac{5c(V_1-V_2)\times10^{-3}\times34.02}{2m}\times100\%$$

表 6-3 过氧化氢含量测定记录表

内容 \ 测定次数		1	2	3
称量瓶和试样的质量(第一次读数)/g				
称量瓶和试样的质量(第二次读数)/g				
过氧化氢试样的质量 m/g				
$KMnO_4$ 标准溶液浓度 c/(mol/L)				
试样试验	滴定消耗 $KMnO_4$ 溶液的体积/mL			
	滴定管校正值/mL			
	溶液温度补正值/(mL/L)			
	实际消耗 $KMnO_4$ 溶液的体积 V_1/mL			
空白试验	滴定消耗 $KMnO_4$ 溶液的体积/mL			
	滴定管体积校正值/mL			
	溶液温度补正值/(mL/L)			
	实际消耗 $KMnO_4$ 溶液的体积 V_2/mL			
过氧化氢的含量 $w(H_2O_2)$/%				
平均值 $w(H_2O_2)$/%				
相对平均偏差/%				

六、问题思考

1. 在此测定中，H_2O_2 与 $KMnO_4$ 的化学计量关系如何？计算时需要注意什么问题？

2. 天平称量有什么注意事项？

技能训练25

草酸钠溶液含量的测定

一、实训目的

1. 掌握用 $KMnO_4$ 法直接滴定 $Na_2C_2O_4$ 的基本原理和方法。

2. 掌握用移液管移取试液的操作。

二维码6.2

草酸钠含量测定终点颜色

二、仪器与试剂

1. 仪器：酸式滴定管（50mL）、分析天平、烧杯、锥形瓶（250mL）、容量瓶、移液管。

2. 试剂：$KMnO_4$ 标准滴定溶液（0.02mol/L）、H_2SO_4（1mol/L）、草酸钠溶液（2%）、蒸馏水。

三、实训原理

在强酸性条件下，$KMnO_4$ 与 $Na_2C_2O_4$ 溶液进行如下反应：

$$5C_2O_4^{2-}+2MnO_4^-+16H^+ = 2Mn^{2+}+10CO_2+8H_2O$$

用 $KMnO_4$ 自身作指示剂，根据消耗的 $KMnO_4$ 计算 $Na_2C_2O_4$ 溶液的含量。

四、实训步骤

准确移取 10.00mL $Na_2C_2O_4$ 溶液于 250mL 锥形瓶中，加入 10mL 蒸馏水、30mL H_2SO_4 溶液，加热至 75～80℃，趁热用高锰酸钾标准溶液滴定，至溶液呈粉红色，并保持 30s 内不变色为终点。平行测定三次，同时做空白试验。

五、数据记录和结果计算

将实验数据记录在表 6-4 中，草酸钠试样中草酸钠的含量（mg/mL），按下式计算：

$$w=\frac{5c(V_1-V_2)\times 134.0}{2\times 10.00}$$

表 6-4 草酸钠溶液含量的测定记录表

内容 \ 测定次数		1	2	3
草酸钠试样移取体积/mL				
$KMnO_4$ 标准溶液浓度 c/(mol/L)				
试样试验	滴定消耗 $KMnO_4$ 溶液的体积 V/mL			
	滴定管校正值/mL			
	溶液温度补正值/(mL/L)			
	实际消耗 $KMnO_4$ 溶液的体积 V_1/mL			

续表

内容 \ 测定次数		1	2	3
空白试验	滴定消耗 $KMnO_4$ 溶液的体积/mL			
	滴定管体积校正值/mL			
	溶液温度补正值/(mL/L)			
	实际消耗 $KMnO_4$ 溶液的体积 V_2/mL			
草酸钠的含量 w/(mg/mL)				
平均值 w/(mg/mL)				
相对平均偏差/%				

六、问题思考

1. 在此测定中，硫酸加入量的大小对于草酸钠含量有没有影响？
2. 为什么滴定前需要预先加热？整个滴定过程中滴定速度有什么变化？

技能训练26

硫代硫酸钠标准溶液（0.1mol/L）的配制与标定

一、实训目的

1. 掌握 $Na_2S_2O_3$ 标准溶液的配制方法和注意事项。
2. 掌握置换碘量法的原理和操作。
3. 了解碘量瓶的使用。

二、仪器与试剂

1. 仪器：托盘天平、电子天平、滴定管、容量瓶、移液管、碘量瓶、表面皿、烧杯。
2. 试剂：硫代硫酸钠、无水 Na_2CO_3、基准 $K_2Cr_2O_7$、KI、硫酸（20%）、淀粉（10g/L）。

三、实训原理

硫代硫酸钠中一般含有少量杂质，还易风化和潮解，因此只能配成近似浓度的溶液后标定。

标定 $Na_2S_2O_3$ 溶液经常选用 KIO_3、$KBrO_3$、$K_2Cr_2O_7$ 等氧化剂作为基准物，定量地将 I^- 氧化为 I_2，再按碘量法用 $Na_2S_2O_3$ 溶液滴定，反应式如下：

$$6I^- + Cr_2O_7^{2-} + 14H^+ \xlongequal{} 3I_2 + 2Cr^{3+} + 7H_2O$$

$$2S_2O_3^{2-} + I_2 \xlongequal{} 2I^- + S_4O_6^{2-}$$

四、实训步骤

1. 配制

称取 12.5g 五水硫代硫酸钠于 400mL 烧杯中，加入 200mL 已冷却的沸水溶解搅拌，溶解完全后加入 0.1g 无水碳酸钠，转移至 500mL 棕色试剂瓶中，加水至 500mL 摇匀。在暗处放置 7 天后标定。

2. 标定

准确称取在 120℃干燥至恒重的基准重铬酸钾 0.15g 于碘量瓶中，加 25mL 水、2g 碘化钾、15mL 硫酸（20%），摇匀，密封，盖上表面皿，在暗处放置 10min。加 150mL 蒸馏水，用待标定的硫代硫酸钠溶液滴定至溶液呈淡黄色，加入 2mL 淀粉溶液，继续滴定至溶液呈亮绿色即为终点，同时做空白试验。

五、数据记录和结果计算

数据记录在表 6-5 中，$Na_2S_2O_3$ 标准溶液的浓度（单位为 mol/L）按下式计算：

$$c(Na_2S_2O_3)=\frac{m\times 1000}{(V_1-V_2)\times 49.031}$$

表 6-5 硫代硫酸钠标准溶液的标定记录表

内容 \ 测定次数		1	2	3
称量瓶和试样的质量(第一次读数)/g				
称量瓶和试样的质量(第二次读数)/g				
基准重铬酸钾的质量 m/g				
试样试验	滴定消耗 $Na_2S_2O_3$ 溶液的体积 V/mL			
	滴定管校正值/mL			
	溶液温度补正值/(mL/L)			
	实际消耗 $Na_2S_2O_3$ 溶液的体积 V_1/mL			
空白试验	滴定消耗 $Na_2S_2O_3$ 溶液的体积/mL			
	滴定管体积校正值/mL			
	溶液温度补正值/(mL/L)			
	实际消耗 $Na_2S_2O_3$ 溶液的体积 V_2/mL			
$Na_2S_2O_3$ 标准溶液的浓度 $c(Na_2S_2O_3)$/(mol/L)				
平均值 $c(Na_2S_2O_3)$/(mol/L)				
相对平均偏差/%				

六、问题思考

1. 硫代硫酸钠溶液为什么要预先配制？为什么配制时要用刚煮沸过并冷却的蒸馏水？为什么配制时要加入少量的碳酸钠？

2. 淀粉的加入时间为什么不能过早或过迟？

技能训练27

碘量法测定硫酸铜含量

一、实训目的

1. 掌握间接碘量法中置换滴定法的原理和操作。

2. 掌握碘量法测定铜盐的原理和方法。

二、仪器与试剂

1. 仪器：酸式滴定管、分析天平、烧杯、碘量瓶。

2. 试剂：$Na_2S_2O_3$ 标准溶液（0.1mol/L）、HAc 溶液（6mol/L）、KI 溶液（20%）、淀粉指示液（0.5%）、$CuSO_4 \cdot 5H_2O$ 试样、KSCN 溶液（10%）。

三、实训原理

置换滴定法测定铜盐含量，在乙酸酸性介质（pH 3.5～4）中，Cu^{2+} 可被 I^- 还原为 CuI，同时可定量地置换出 I_2，然后用 $Na_2S_2O_3$ 标准溶液滴定析出的 I_2，反应为：

$$2Cu^{2+}+4I^- \longrightarrow 2CuI+I_2$$

$$I_2+2S_2O_3^- \longrightarrow 2I^-+S_4O_6^{2-}$$

CuI 沉淀易吸附少量的 I_2，使终点变色不敏锐并产生误差。在近终点时加入 KSCN 将 CuI 转化为溶解度更小的 CuSCN 沉淀，从而使结果更准确。

四、实训步骤

精密称取铜盐试样约 0.5g，置于碘量瓶中，加蒸馏水 40mL，溶解后，加 HAc 溶液 4mL、KI 溶液 10mL，盖上瓶塞静置 3min。用 $Na_2S_2O_3$ 标准滴定溶液滴定，至近终点时（浅黄色）加淀粉 2mL，继续滴定至溶液呈浅蓝色，加 KSCN 溶液 5mL，摇匀，继续滴定至蓝色消失（此时溶液为米白色的 CuSCN 悬浊液），记录消耗 $Na_2S_2O_3$ 标准滴定溶液的体积。平行测定三次，同时做空白试验。

五、数据记录和结果计算

数据记录在表 6-6 中，以质量分数表示 $CuSO_4 \cdot 5H_2O$ 的含量，按下式计算：

$$w=\frac{c(V_1-V_2)\times 249.71}{1000m}\times 100\%$$

表 6-6 硫酸铜含量测定记录表

次数 / 内容	1	2	3
称量瓶和试样的质量(第一次读数)/g			
称量瓶和试样的质量(第二次读数)/g			
试样的质量 m/g			
$Na_2S_2O_3$ 标准滴定溶液的浓度 c/(mol/L)			
滴定消耗 $Na_2S_2O_3$ 标准溶液的体积 V/mL			
滴定管校正值/mL			
溶液温度补正值/(mL/L)			
实际消耗 $Na_2S_2O_3$ 标准溶液的体积 V_1/mL			
空白消耗 $Na_2S_2O_3$ 标准溶液的体积 V_2/mL			
试样中被测组分质量分数 w/%			
平均值 w/%			
平行测定结果的极差/%			

六、问题思考

1. 在测定铜的含量时，为什么要把溶液的 pH 值调节到 3～4 之间？酸度太高或太低，对测定有何影响？

2. 碘量法有两个重要的误差来源，一是 I_2 的挥发，二是 I^- 被空气中 O_2 氧化。实验中应采取哪些措施减少这两种误差？

技能训练28

维生素C含量的测定

一、实训目的

1. 掌握维生素 C 的测定原理和条件。
2. 掌握直接碘量法的操作原理和步骤。

二、仪器与试剂

1. 仪器：酸式滴定管、分析天平、量筒、锥形瓶。
2. 试剂：I_2 标准溶液（0.05mol/L）、维生素 C、乙酸（1∶1）、淀粉指示剂（0.5%）。

三、实训原理

用 I_2 标准溶液可以直接测定维生素 C 等一些还原性的物质。维生素 C 分子中的二烯醇基可被 I_2 氧化成二酮基。反应如下：

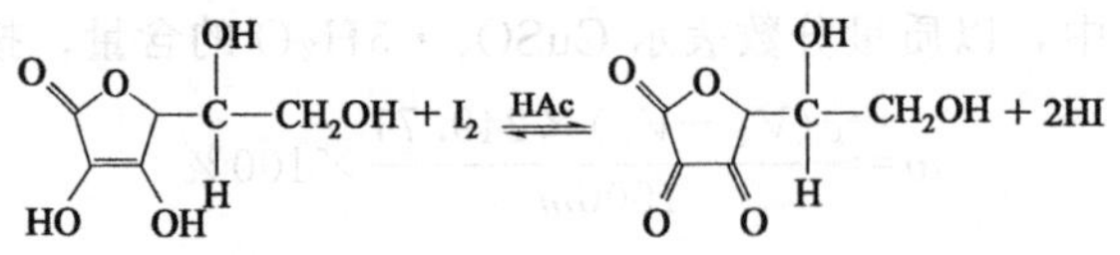

由于维生素 C 的还原能力强而易被空气氧化，特别在碱性溶液中更易被氧化。在测定中需加入稀 HAc，使溶液保持足够的酸度，减少副反应的发生。

四、实训步骤

准确称取试样 0.2g 置于 250mL 锥形瓶中，加入新煮沸过的冷蒸馏水 100mL 和 10mL 的 HAc溶液，完全溶解后，再加入 2mL 淀粉指示剂，立即用 I_2 标准溶液滴定至溶液由无色变为浅蓝色（30s 内不褪色）即为终点。平行测定三份，计算维生素 C 的含量。

五、数据记录和结果计算

数据记录在表 6-7 中，以质量分数表示维生素 C 的含量，公式如下：

$$w=\frac{cV\times 176.12}{1000m}\times 100\%$$

表 6-7 维生素 C 含量测定数据记录表

记录项目	测定次数		
	1	2	3
试样质量 m/g			
I_2 标准溶液浓度 c/(mol/L)			
I_2 标准溶液初读数/mL			
I_2 标准溶液终读数/mL			
滴定管校正值/mL			
溶液温度补正值/(mL/L)			
I_2 标准溶液实际消耗体积 V/mL			
维生素 C 质量分数 w/%			
平均值 w/%			
相对平均偏差/%			

六、问题思考

1. 测定维生素 C 的溶液中，为什么要加入稀乙酸溶液？
2. 溶解试样时为什么要用新煮沸过并冷却后的蒸馏水？

职业素养（professional ethics）

良好的工作环境、和谐融洽的管理气氛，是实训室安全、企业素质的一种体现。6S 管理就是整理（seiri）、整顿（seiton）、清扫（seiso）、清洁（setketsu）、素养（shitsuke）和安全（security）六个项目。整理指将工作场所任何东西区分为有必要的与不必要的，去除不必要的。整顿指对整理之后留在现场的必要的物品分门别类放置，排列整齐。清扫指工作场所清扫干净，保持工作场所干净、亮丽。

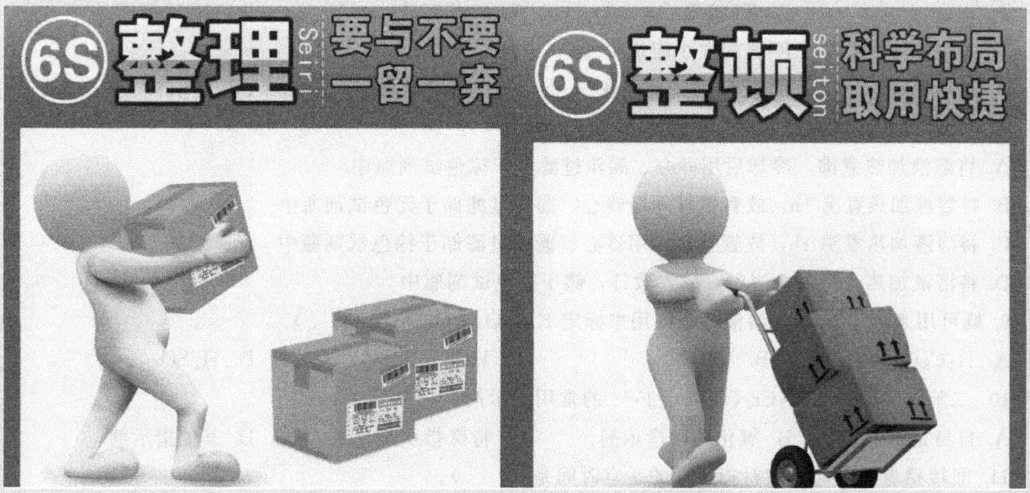

习题

一、填空题

1. 直接碘量法是利用（　　）作标准溶液，可测定一些（　　）物质。

2. 在氧化还原反应中，电对的电位越高，氧化态的氧化能力越（　　）；电位越低，其还原态的还原能力越（　　）。

3. 氧化还原反应的平衡常数，只能说明该反应的（　　）和（　　），而不能说明（　　）。

4. 氧化还原滴定中，化学计量点附近电位突跃范围的大小和氧化剂与还原剂两电对的（　　）有关，它们相差越大，电位突跃越（　　）。

5. 间接碘量法是利用碘离子的（　　）作用，与（　　）物质反应生成游离碘，可用（　　）标准溶液滴定，从而求出被测物质含量。

6. 用 $Na_2C_2O_4$ 标准溶液测定 Mn 时，用（　　）作指示剂。

7. 采用间接碘量法测定某铜盐的含量，淀粉指示剂应（　　）加入，这是为了（　　）。

8. 碘量法中用（　　）作指示剂，标定 $Na_2S_2O_3$ 的基准物是（　　）。

二、单项选择题

1. 自动催化反应的特点是反应速率（　　）。

A. 快　　B. 慢　　C. 慢→快　　D. 快→慢

2. 用 $KMnO_4$ 法测定铁必须在（　　）溶液中进行。

A. 强酸性　　B. 弱酸性　　C. 中性　　D. 微碱性

3. 直接碘量法的指示剂应在（　　）时加入。

A. 滴定开始　　B. 滴定中间　　C. 接近终点　　D. 任意时间

4. 在 $2Cu^{2+} + 4I^- \longrightarrow 2CuI\downarrow + I_2$ 中，$E^\ominus_{I_2/2I^-} = 0.54V$、$E^\ominus_{Cu^{2+}/CuI} = 0.86V$，则反应方向应向（　　）。

A. 右　　B. 左　　C. 不反应　　D. 反应达到平衡

5. 用 $Na_2C_2O_4$ 标定 $KMnO_4$ 时，应加热至（　　）。

A. 40～60℃　　B. 60～75℃　　C. 75～85℃　　D. 85～100℃

6. 配制 I_2 标准溶液时，是将 I_2 溶解在（　　）中。

A. 水　　B. KI 溶液　　C. HCl 溶液　　D. KOH 溶液

7. 氧化还原平衡常数 K 值的大小能说明（　　）。

A. 反应速率　　B. 反应的完全程度　　C. 反应的条件　　D. 反应的次序

8. $KMnO_4$ 标准溶液配制时，正确的是（　　）。

A. 将溶液加热煮沸，冷却后用砂心、漏斗过滤储于棕色试剂瓶中

B. 将溶液加热煮沸 1h，放置数日，用砂心、漏斗过滤储于无色试剂瓶中

C. 将溶液加热煮沸 1h，放置数日，用砂心、漏斗过滤储于棕色试剂瓶中

D. 将溶液加热，待完全溶解，放置数日，储于棕色试剂瓶中

9. 既可用来标定 NaOH 溶液，也可用来标定 $KMnO_4$ 的物质为（　　）。

A. $H_2C_2O_4 \cdot 2H_2O$　　B. $Na_2C_2O_4$　　C. HCl　　D. H_2SO_4

10. 二苯胺磺酸钠是 $K_2Cr_2O_7$ 滴定 Fe^{2+} 的常用指示剂，它属于（　　）。

A. 自身指示剂　　B. 氧化还原指示剂　　C. 特殊指示剂　　D. 其他指示剂

11. 间接碘量法中加入淀粉指示剂的适宜时间是（　　）。

A. 滴定开始前　　B. 滴定开始后

C. 滴定至近终点时　　D. 滴定至红棕色褪尽至无色时

12.（ ）是标定硫代硫酸钠标准溶液较为常用的基准物。

A. 升华碘 B. KIO_3 C. $K_2Cr_2O_7$ D. $KBrO_3$

13. 用草酸钠作基准物标定高锰酸钾标准溶液时，开始反应速率慢，稍后，反应速率明显加快，这是（ ）起催化作用。

A. 氢离子 B. MnO_4^- C. Mn^{2+} D. CO_2

三、判断题

（ ）1. $KMnO_4$ 标准溶液储存在白色试剂瓶中。

（ ）2. $KMnO_4$ 法所用的强酸通常是 H_2SO_4。

（ ）3. 由于 $KMnO_4$ 性质稳定，可作基准物直接配制成标准溶液。

（ ）4. 间接碘量法要求在暗处静置，是为防止 I^- 被氧化。

（ ）5. 用高锰酸钾法测定 H_2O_2 时，需通过加热来加速反应。

（ ）6. 配制好的 $Na_2S_2O_3$ 标准溶液应立即用基准物质标定。

（ ）7. 高锰酸钾滴定法应在酸性介质中进行，从一开始就要快速滴定，因为高锰酸钾容易分解。

（ ）8. 间接碘量法中，为防止碘挥发，要在碘量瓶中进行滴定，不要剧烈摇动。

（ ）9. 重铬酸钾法测定铁时，用二苯胺磺酸钠为指示剂。

（ ）10. 配好 $Na_2S_2O_3$ 标准滴定溶液后煮沸约 10min。其作用主要是除去 CO_2 和杀死微生物，促进 $Na_2S_2O_3$ 标准滴定溶液趋于稳定。

（ ）11. 提高反应溶液的温度能提高氧化还原反应的速率，因此在酸性溶液中用 $KMnO_4$ 滴定 $C_2O_4^{2-}$ 时，必须加热至沸腾才能保证正常滴定。

（ ）12. 以淀粉为指示剂滴定时，直接碘量法的终点是从蓝色变为无色，间接碘量法是由无色变为蓝色。

（ ）13. 溶液酸度越高，$KMnO_4$ 氧化能力越强，与 $Na_2C_2O_4$ 反应越完全，所以用 $Na_2C_2O_4$ 标定 $KMnO_4$ 时，溶液酸度越高越好。

（ ）14. $K_2Cr_2O_7$ 标准溶液滴定 Fe^{2+} 既能在硫酸介质中进行，又能在盐酸介质中进行。

四、简答题

1. 氧化还原滴定反应的指示剂有哪几类？$KMnO_4$ 法的优点是什么？$K_2Cr_2O_7$ 法的优点是什么？

2. 高锰酸钾溶液在标定时酸度过高或者过低对浓度标定有无影响？溶液温度过高、过低分别会产生什么样的影响？标定的时候，为什么第一滴 $KMnO_4$ 溶液加入后红色褪去很慢，以后很快？

五、计算题

1. 血液中钙的测定，采用 $KMnO_4$ 法间接测定。取 10.0mL 血液试样，先沉淀为草酸钙，再以硫酸溶解后用 0.005000mol/L $KMnO_4$ 标准溶液滴定，消耗其体积 5.00mL，试计算每 10mL 血液试样中含钙多少毫克？[已知 $M(\text{Ca})=40.08$]

2. 用碘量法测定漂白粉中有效氯，称样量为 0.2400g，加入 KI，析出 I_2，以 0.1010mol/L 的 $Na_2S_2O_3$ 溶液滴定，消耗 19.30mL，试求漂白粉中有效氯含量？[已知 $M(\text{Cl})=35.45$]

小常识

过氧化氢（hydrogen peroxide）

1.性状（property）

过氧化氢，化学式 H_2O_2，分子量 34.01，熔点−0.43℃，沸点 150℃，固体密度为 1.45g/cm^3。纯过氧化氢是淡蓝色的黏稠液体，可以任意比例与水混溶，是一种强氧化剂。其水溶液俗称双氧水，为无色透明液体，具有漂白、氧化、消毒、杀菌等多种功效，起效后无任何副产物，不需特殊处理，广泛应用于纺织、造纸、化工、电子、轻工、污水处理等工业领域。

2. 生产工艺（production）

在工业上，过去用电解硫酸氢钾溶液法生产过氧化氢，现在常用乙基蒽醌法：用氧将乙基蒽醇氧化成乙基蒽醌和过氧化氢，然后再用钯作催化剂，将乙基蒽醌加氢还原成乙基蒽醇。整个过程循环进行，消耗的原料只是水、氧气和氢气。产品过氧化氢经浓缩，浓度可达 98%。

3. 储存方法（storage）

包装和储运双氧水应用塑料或不锈钢容器，且其上盖应设有防尘的排气口，以安全释放可能产生的气体，避免爆炸的发生。储藏在阴凉、通风专用库房，远离火源、热源，避免日光直晒。库温不超过 30℃。与各种强氧化剂、易燃液体、易燃物隔离。

4. 危害防治（safety information）

爆炸性强氧化剂，吸入蒸气或雾对呼吸道有强烈刺激性。眼直接接触液体可致不可逆损伤甚至失明。过氧化氢本身不燃，但能与可燃物反应放出大量热量和氧气而引起着火爆炸。它与许多有机物（如糖、淀粉、醇类、石油产品等）形成爆炸性混合物，在撞击、受热或电火花作用下能发生爆炸。火灾可用雾状水扑救，火灾熄灭后应用大量水冲洗现场。皮肤灼伤后用大量水冲洗。

模块五　常用仪器分析

Module Five　General Instrumental Analysis

酸度计和分光光度计广泛应用于制药、食品、化学化工、生物、农林和环保等领域中，如食品中营养成分、农药残留、重金属等检测，抗生素类药物分析，水中油、硝酸盐、苯系物等污染物分析。仪器分析法指以物质的物理或物理化学性质为基础的分析方法，通常用于试样的微量和痕量组分的测定。杭州电化集团有限公司质检部安排你对盐酸车间生产的工业盐酸进行铁含量检验，判断产品质量是否符合国家标准要求，并填写检验报告单。

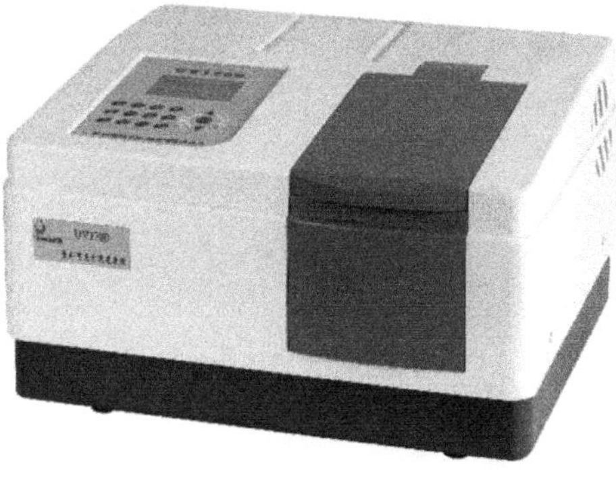

分光光度计

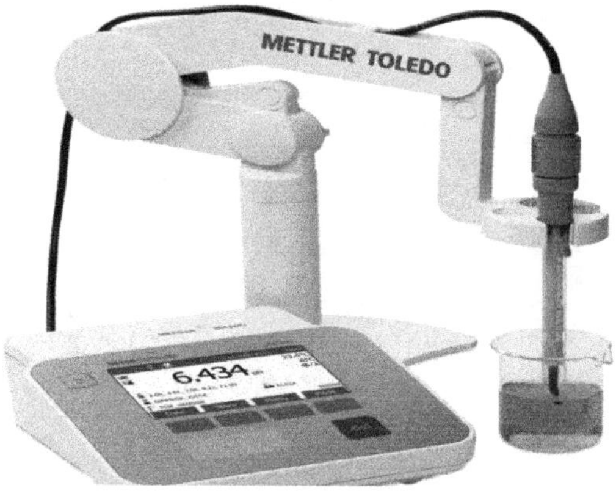

酸度计

项目7

电化学分析
Electrochemical Analysis

知识目标 （knowledge objectives）

1. 了解电位分析法和电导分析法的基本概念；
2. 掌握指示电极和参比电极的分类及原理；
3. 掌握pH玻璃电极的结构、性能和测定原理；
4. 理解直接电位法和电位滴定法的基本原理和方法；
5. 理解电导分析法的基本原理。

技能目标 （skill objectives）

1. 能熟练配制pH标准缓冲溶液；
2. 能规范操作pH酸度计；
3. 能对溶液的pH值进行测定；
4. 能对溶液的电导率进行测定；
5. 能正确搭建电位滴定装置，完成电位滴定分析；
6. 会对测定结果进行正确的数据处理。

素养目标 （attitude objectives）

1. 独立完成实际样品检测任务的工作能力；
2. 具有实事求是、严谨科学的工作作风；
3. 具有团队合作精神；
4. 对操作现场有较好的“6s”管理意识。

项目引入

电化学分析法，是建立在物质在溶液中的电化学性质基础上的一类仪器分析方法，是由德国化学家 C.温克勒尔在 19 世纪首先引入分析领域的。利用电的哪些性质可以分析样品?

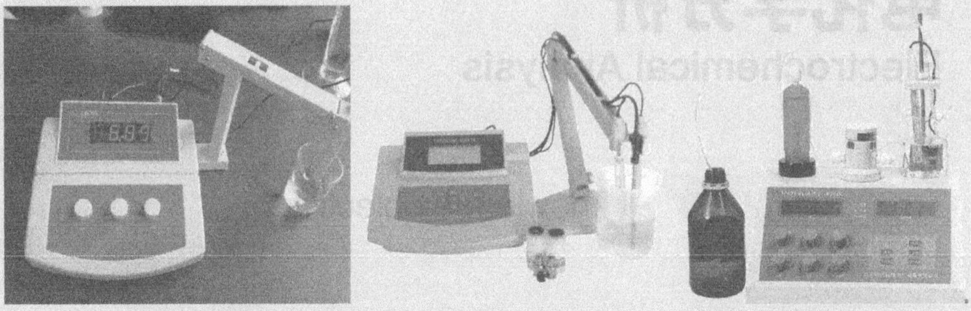

水溶液pH值的测定　　电导率的测定　　自动电位滴定仪

此类方法的优点有哪些? 试通过查阅资料举例说明电化学分析法的实际用途。

任务7.1

认识化学电池

化学电池（electrochemical cell）指将化学能与电能相互转换的装置，主要部分是电解质溶液，浸在溶液中的正、负电极和连接电极的导线。依据转换的方向，分为原电池（galvanic cell）和电解池（electrolytic cell）两种。

化学电池按工作性质可分为：一次电池（原电池，primary battery）、二次电池（可充电电池，secondary battery）和燃料电池（fuel cell）。其中，一次电池可分为糊式锌锰电池、纸板锌锰电池、碱性锌锰电池、扣式锌银电池、扣式锂锰电池、扣式锌锰电池、锌空气电池、一次锂锰电池等。二次电池可分为镉镍电池、氢镍电池、锂离子电池、二次碱性锌锰电池和铅酸蓄电池等。燃料电池可分为氢氧燃料电池、甲烷燃料电池、甲醇燃料电池和固体氧化物燃料电池等。化学电池见图 7-1。

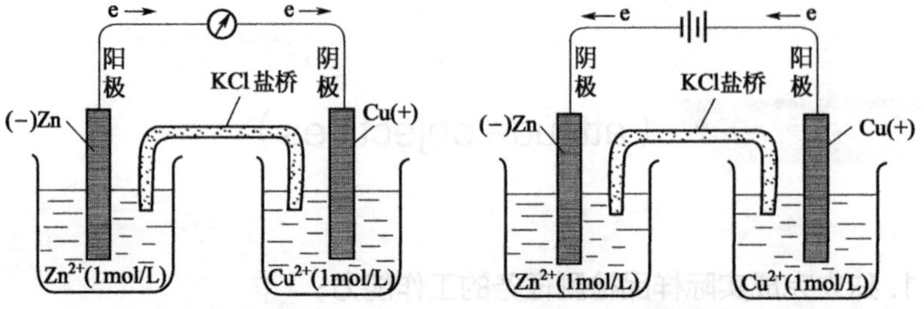

(a) 原电池　　(b) 电解池

图 7-1　化学电池

7.1.1　电化学分析的分类

电化学分析（electrochemical analysis）是仪器分析的重要组成部分之一。它是根据溶液中物质的电化学性质及其变化规律，建立在以电位、电导、电流和电量等电学量与被测物质某些量之间的计量关系的基础之上，对组分进行定性和定量的仪器分析方法。

电化学分析按分析中测定的电化学参数不同可分为以下四类。

（1）**电位分析法**（potential analysis method） 该法是基于溶液中某种离子活度（或浓度）和其指示电极组成原电池的电极电位之间关系建立的分析方法。如直接电位法是通过测量溶液中某种离子与其指示电极组成原电池的电动势直接求算离子浓度的方法；电位滴定法是通过测量滴定过程中原电池电动势的变化来确定滴定终点的滴定分析方法。

（2）**电解分析法**（electrolytic analysis method） 该法是基于溶液中某种离子和其指示电极组成电解池的电解原理建立的分析方法。如电重量法是通过对试样溶液进行电解，使被测组分析出并称量其质量的分析方法；库仑法是根据待测物完全电解时所消耗的电量而进行分析的方法。

（3）**电导分析法**（conductometry analysis method） 该法是基于测量溶液的电导或电导改变为基础的分析方法。如直接电导法是通过测量被测组分的电导值确定其含量的分析方法；电导滴定法是根据滴定过程中溶液电导的变化来确定滴定终点的分析方法。

（4）**伏安法**（voltammetry method） 该法是以研究电解过程中电流和电位变化曲线为基础的分析方法。如极谱法是以滴汞电极为指示电极的伏安法；电流滴定法是在固定电压下，根据滴定过程中电流的变化确定滴定终点的分析方法。

电化学分析是仪器分析的一个重要组成部分，具有仪器简单、操作方便、易于微型化和自动化、分析速度快、选择性好、灵敏度高等优点。随着纳米技术、表面技术、超分子体系及新材料合成的发展和应用，电化学分析法将向微量分析、单细胞水平检测、实时动态分析、无损分析及超高灵敏和超高选择方向迈进。近年来，电化学分析的新方法不断涌现、日新月异，在生命科学、医药卫生、环境科学、材料科学、能源科学等领域中有着广阔的应用前景。

7.1.2 原电池

将 Zn 片放到 $CuSO_4$ 溶液中，即发生如下的氧化还原反应：

$$Zn + Cu^{2+} = Zn^{2+} + Cu$$

上述反应虽然发生了电子从 Zn 转移到 Cu^{2+} 的过程，但反应的化学能没有转变为电能，而变成了热能释放出来，导致溶液的温度升高。若把 Zn 片和 $ZnSO_4$ 溶液、Cu 片和 $CuSO_4$ 溶液分别放在两个容器内，两溶液以盐桥（由饱和 KCl 溶液和琼脂装入 U 形管中制成，其作用是沟通两个半电池，保持溶液的电荷平衡，使反应能持续进行）沟通，金属片之间用导线接通，并串联一个检流计。当线路接通后，会看到检流计的指针立刻发生偏转，说明导线上有电流通过；从指针偏转的方向判断，电流是由 Cu 极流向 Zn 极或者电子是由 Zn 极流向 Cu 极。同时，Zn 片慢慢溶解，Cu 片上有金属铜析出，如图 7-2 所示。

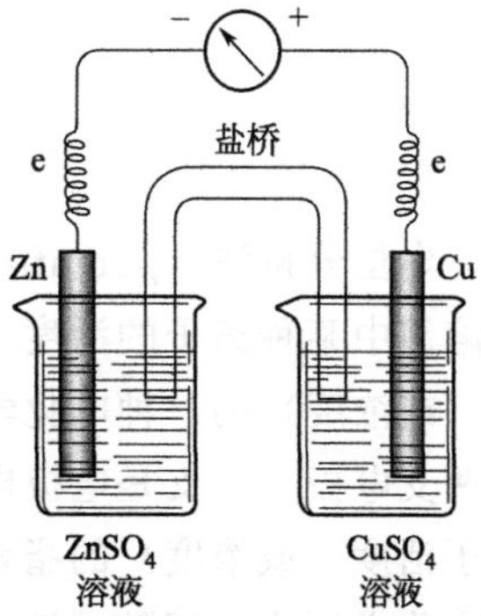

图 7-2 铜锌原电池

这种把化学能转变为电能的装置称为原电池。原电池是由两个半电池组成，每个半电池称为一个电极，原电池中根据电子流动的方向来确定正、负极，向外电路输出电子的一极为负极（cathode），如 Zn 极，负极发生氧化反应；从外电路接受电子的一极为正极（anode），如 Cu 极，正极发生还原反应，将两电极反应合并，即得电池反应（cell reaction）。如在 Cu-Zn 原电池中发生了如下反应：

负极（氧化反应）　　$Zn-2e \longrightarrow Zn^{2+}$

正极（还原反应）　　$Cu^{2+}+2e \longrightarrow Cu$

电池反应（氧化还原反应）　　$Zn+Cu^{2+} \longrightarrow Zn^{2+}+Cu$

为了应用方便，通常用电池符号来表示一个原电池的组成，如铜-锌原电池可表示如下：

$$(-)Zn(s)|ZnSO_4(1mol/L)\|CuSO_4(1mol/L)|Cu(s)(+)$$

电池符号书写有如下规定：

① 一般把负极写左边，正极写右边。

② 用“|”表示界面；不存在界面用“,”表示；用“‖”表示盐桥。

③ 要注明物质的状态，而气体要注明其分压，溶液要注明其浓度。如不注明，一般指 1mol/L 或 100kPa。

④ 对于某些电极的电对自身不是金属导电体时，则需外加一个能导电而又不参与电极反应的惰性电极，通常用 Pt 或 C 作惰性电极。

[例 7-1] 写出下列电池反应对应的电池符号。

(1) $2Fe^{3+}+2I^- \longrightarrow 2Fe^{2+}+I_2$

(2) $Zn+2H^+ \longrightarrow Zn^{2+}+H_2\uparrow$

解 按电池符号书写规定，可表示为：

(1) $(-)\ Pt|I_2(s)|I^-(c_1)\|Fe^{2+}(c_2),Fe^{3+}(c_3)|Pt(+)$

(2) $(-)\ Zn(s)|Zn^{2+}(c_1)\|H^+(c_2)|H_2(p_{H_2})|Pt(+)$

练一练

1. 写出下列电池反应对应的电池符号：

(1) $Zn+CdSO_4 \longrightarrow ZnSO_4+Cd$　　(2) $Fe^{2+}+Ag^+ \longrightarrow Fe^{3+}+Ag$

(3) $H_2+2Ag^+ \longrightarrow 2H^++2Ag$

2. 电位法的依据是(　　)。

A. 朗伯-比尔定律　B. 能斯特方程　C. 法拉第第一定律　D. 法拉第第二定律

任务7.2

电位分析法

电位分析法（potential analysis method）是以测量原电池的电动势为基础，根据电动势与溶液中某种离子的活度（或浓度）之间的定量关系（Nernst 方程式）来测定待测物质活度（或浓度）的一种电化学分析法。它是以待测试液作为化学电池的电解质溶液，于其中插入两支电极：一支是电极电位随试液中待测离子的活度或浓度的变化而变化，用以指示待测离子活度（或浓度）的指示电极（indicator electrode）；另一支是在一定温度下，电极电位基本稳定不变，不随试液中待测离子的活度的变化而变化的参比电极（reference electrode），通过测量该电池的电动势来确定待测物质的量。

电位分析法包括直接电位法和电位滴定法。直接电位法是利用专用电极将被测离子的活度转化为电极电位后加以测定，如用玻璃电极测定溶液中的氢离子活度，用氟离子选择性电极测定溶液中的氟离子活度。电位滴定法是利用指示电极电位的突跃来指示滴定终点。

7.2.1 参比电极

参比电极是指在一定条件下，电位值已知且基本恒定的电极。饱和甘汞电极和银-氯化银电极是电位法中最常用的参比电极。

7.2.1.1 饱和甘汞电极

饱和甘汞电极（saturated calomel electrode，SCE）是由金属汞、氯化亚汞（Hg_2Cl_2）和饱和 KCl 溶液组成（图 7-3）。

半电池反应为：$Hg_2Cl_2(s)+2e \longrightarrow 2Hg+2Cl^-$

其电极电势为：$E=E^{\ominus}-0.059\lg[Cl^-]$

可见甘汞电极实际上是一种能响应 Cl^- 活度的第二类金属基电极。根据上式，在确定的温度下，甘汞电极的电势就是一个定值。常用的甘汞电极内充的 KCl 溶液浓度主要有 0.1mol/L、1mol/L 和饱和溶液三种，其中最常用的是内充饱和 KCl 溶液的饱和甘汞电极，它在 25℃ 时的电极电势为 0.2412V。25℃时不同 KCl 浓度的甘汞电极电位见表 7-1。

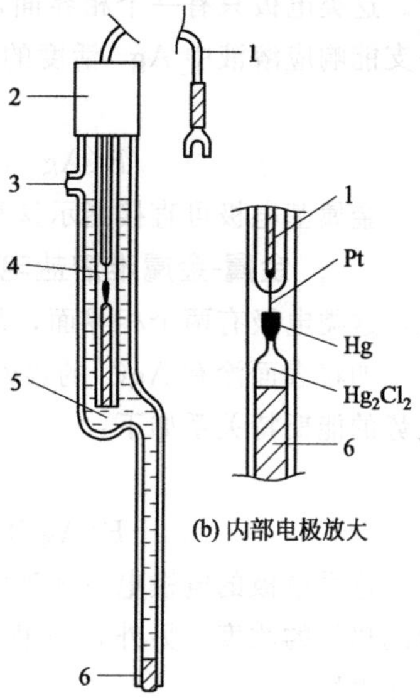

图 7-3 饱和甘汞电极

1—导线；2—塑料帽；3—加液口；4—内部电极；5—氯化钾溶液；6—多孔陶瓷

表 7-1 25℃时不同 KCl 浓度的甘汞电极电位

名称	0.1mol/L 甘汞电极	标准甘汞电极	饱和甘汞电极
c(KCl)/(mol/L)	0.1	1.0	饱和
E/V	0.3337	0.2801	0.2412

7.2.1.2 银-氯化银电极

银-氯化银电极（silver-silver chloride electrode）也是常用的参比电极。25℃时，内充饱和 KCl 溶液的 Ag-AgCl 电极的电势为 0.1990V。25℃时不同 KCl 浓度的 Ag-AgCl 电极电位见表 7-2。

表 7-2 25℃时不同 KCl 浓度的 Ag-AgCl 电极电位

名称	0.1mol/L Ag-AgCl 电极	标准 Ag-AgCl 电极	饱和 Ag-AgCl 电极
c(KCl)/(mol/L)	0.1	1.0	饱和
E/V	0.2880	0.2223	0.1990

7.2.2 指示电极

指示电极是电极电位随待测离子活度变化而改变的一类电极。常用的指示电极有金属基电极和离子选择性电极。

7.2.2.1 金属基电极

金属基电极（metallic electrode）是以金属得失电子为基础的半电池反应来指示相应离子活度的，按其组成及作用不同可分为以下几类。

(1) 金属-金属离子电极 该电极是金属与该种金属离子所组成的电极，用 $M|M^+$ 表

示。这类电极只有一个相界面，故又称第一类电极。例如，银丝插入 Ag^+ 溶液，就构成了一支能响应溶液中 Ag^+ 活度的银指示电极，它的半电池反应和电极电势表达式为：

$$Ag^+ + e \rightleftharpoons Ag$$

$$E(Ag^+/Ag) = E^{\ominus}(Ag^+/Ag) + 0.0592\lg[Ag^+]$$

金属基电极可直接指示该种金属离子的浓度。

(2) 金属-金属难溶盐电极 该电极是由金属和该金属的难溶盐组成的金属基指示电极，这类电极有两个相界面，故又称第二类电极。

如将表面涂有 AgCl 的银丝插入 Cl^- 溶液中，组成 Ag-AgCl 电极。其半电池反应和电极电势的能斯特关系如下：

$$AgCl + e \rightleftharpoons Ag + Cl^-$$

$$E(AgCl/Ag) = E^{\ominus}(AgCl/Ag) - 0.0592\lg[Cl^-]$$

这类电极的电极电位随溶液中难溶盐阴离子活（浓）度的变化而改变，可用于测定难溶盐阴离子的浓度。另外，如果难溶盐阴离子的浓度一定，电极电位数值就一定，故又常用作参比电极。

(3) 惰性金属电极 由惰性金属（铂或金）插入同一元素的两种不同氧化态的离子溶液中组成的电极，用 $Pt|M^{m+}$，M^{n+} 表示。惰性金属本身不参与电极反应，仅起传递电子的作用，又称零类电极。例如铂丝插入含有 Fe^{3+}、Fe^{2+} 的溶液，它的电势为：

$$E(Fe^{3+}/Fe^{2+}) = E^{\ominus}(Fe^{3+}/Fe^{2+}) + 0.0592\lg\frac{[Fe^{3+}]}{[Fe^{2+}]}$$

这类电极的电极电位随溶液中氧化态和还原态活（浓）度比值的变化而改变，可用于测定溶液中两者的活（浓）度或它们的比值。

7.2.2.2 离子选择性电极

(1) 离子选择性电极（ion selective electrode，ISE） 离子选择性电极是 20 世纪 60 年代后迅速发展起来的一种电位分析法的指示电极。离子选择性电极的响应机理与上述的金属基电极完全不同，电势的产生并不是基于电化学反应过程中的电子得失，而是基于离子在溶液和一片被称为选择性敏感膜之间的扩散和交换，如此产生的电势就叫作膜电势（membrane potential）。选择性敏感膜可以由对特定离子具有选择性交换能力的材料（如玻璃、晶体、液膜等）制成。国际上，离子选择性电极是按敏感膜材料的性质分类的。例如，用晶体敏感膜制作的晶体电极（如用氟化镧单晶制成的氟离子选择性电极，用氯化银多晶制成的氯离子选择性电极），用玻璃膜和流动载体（液膜）制成的非晶体电极（前者如 pH 玻璃电极，后者如流动载体钙离子选择性电极）等。pH 玻璃电极的结构示意图见图 7-4。

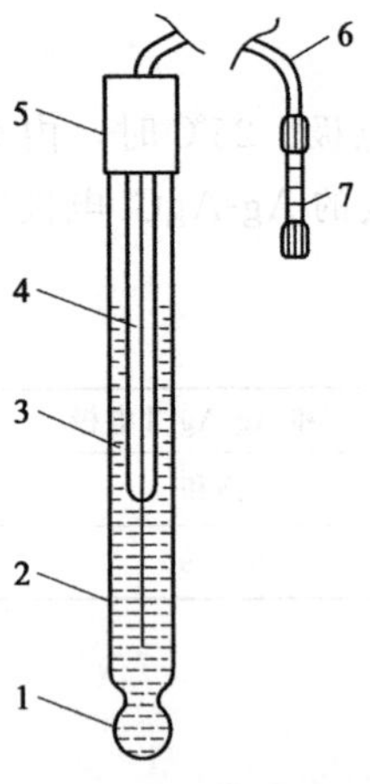

图 7-4 pH 玻璃电极的结构示意图

1—玻璃膜；2—厚玻璃外壳；3—内参比溶液；4—Ag-AgCl 内参比电极；5—绝缘套；6—电极引线；7—电极插头

(2) pH 玻璃电极 pH 玻璃电极是对溶液中的 H^+ 活度具有选择性响应的离子选择性电极，它主要用于测定溶液的 pH 值。pH 玻璃电极的构造见图 7-4，它的关键部分为电极下部由特殊组成制成的球泡形成玻璃膜，该膜的厚度为 0.03～0.1mm。在玻璃泡内装有 0.1mol/L HCl 溶液，其中插入一支 Ag-AgCl 参比电极。

pH 玻璃电极对于溶液中 H^+ 的选择性响应源于其泡状玻璃膜内

的内部结构。pH 玻璃电极在使用前必须在水中浸泡一段时间后才具有响应 H^+ 的功能，这一过程称为玻璃膜的水化。水化使玻璃膜的外表形成厚度为 10^{-5}～10^{-4}mm 的水化层，其中的 Na^+ 与溶液中的 H^+ 发生离子交换：

二维码7.1

pH 玻璃电极

$$SiO^-Na^+(\text{表面})+H^+(\text{溶液})\rightleftharpoons SiO^-H^+(\text{表面})+Na^+(\text{溶液})$$

当浸泡活化后的 pH 玻璃电极插入待测试样时，由于玻璃膜外表面水化层中的 H^+ 活度与待测溶液中的 H^+ 活度不同，在两相的界面上会由于 H^+ 的扩散迁移而建立起相间电势。该相间电势大小符合能斯特方程，见图 7-5。

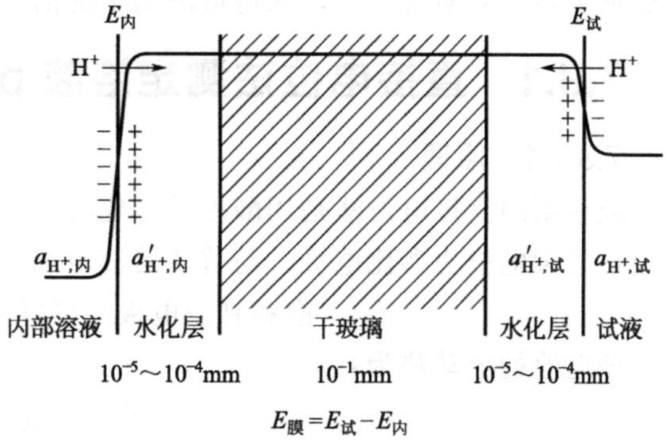

图 7-5 玻璃电极膜电势形成的示意图

当在 25℃ 时，经热力学推导，可写为：

$$E_{玻璃}=K'-0.059\text{pH}_{试}$$

即 pH 玻璃电极的电极电势与待测试样的 pH 呈线性关系。

(3) 氟离子选择性电极 氟离子选择性电极对溶液中的游离 F^- 具有选择性响应能力。它的构造见图 7-6。氟电极的关键部分是电极下部的一片氟化镧（LaF_3）单晶膜。电极内充有 0.1mol/L NaF 和 0.1mol/L NaCl 的溶液，并通过 Ag-AgCl 内参比电极与外部的测量仪器相连。

当氟电极浸入含有 F^- 的待测试液时，溶液中的 F^- 会与氟化镧单晶膜上的 F^- 发生交换。如果试样溶液中的 F^- 活度较高，溶液中的 F^- 通过扩散迁移进入晶体膜的空穴中；反之，晶体表面的 F^- 扩散转移到溶液中，在膜的晶格中留下一个 F^- 点位的空穴。如此，在晶体膜和溶液的相界面上形成了双电层，产生了膜电势。膜电势的大小与试样溶液中 F^- 活度关系符合能斯特方程：

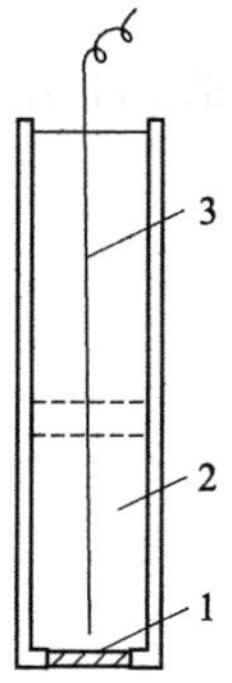

图 7-6 氟离子选择性电极

1—氟化镧单晶膜；2—内充液；3—Ag-AgCl 内参比电极

$$E_{膜}=K'-\frac{RT}{F}\ln[F^-]$$

加上内参比电极的电势，氟离子电极的电极电势为：

$$E_{氟电极}=K-0.0592\lg[F^-]$$

因此，可以通过测量氟离子选择性电极的电势，测定试样溶液中的 F^- 活度。

氟离子选择性电极测定 F^- 的浓度，范围一般在 10^{-5}～10^{-1}mol/L 之间。用氟离子选择性电极测定 F^- 浓度时，溶液的酸度应控制在 pH 值为 5～6 之间。

练一练

1. 玻璃电极的内参比电极是（　　）。

A. 银电极　　B. 氯化银电极　　C. 铂电极　　D. 银-氯化银电极

2. 在一定条件下，电极电位恒定的电极称为（　　）。

A. 指示电极　　B. 参比电极　　C. 膜电极　　D. 惰性电极

3. 用电位滴定法测定卤素时，滴定剂为 $AgNO_3$，指示电极用(　　)。

A. 银电极　　B. 铂电极　　C. 玻璃电极　　D. 甘汞电极

任务7.3

直接电位法

直接电位法（direct potential method）是通过测量指示电极的电极电势，并根据电势与待测离子间的能斯特关系，求得待测离子的活（浓）度的方法。

7.3.1　直接电位法测定溶液 pH 值

7.3.1.1　原理

最常用的直接电位法是用酸度计测定溶液的 pH 值。测定时，用 pH 玻璃电极作为指示电极，甘汞电极为参比电极，与待测溶液组成一个测量电池。

饱和甘汞电极||试样溶液|pH 玻璃电极

该电池的电动势为：

$$E=E_{玻璃}-E_{甘汞}$$

将玻璃电极的电势表达式代入上式得到：

$$E=K'-0.0592\text{pH}-E_{甘汞}$$

由于甘汞电极的电势在一定条件下是一个常数，可与 K' 合并，得到：

$$E=K-0.0592\text{pH}$$

上式表明，只要测得电池的电动势，即可求出待测溶液的 pH 值。

实际测定时，采取与已知 pH 的标准缓冲溶液比较的方法来确定待测溶液的 pH 值。假如，测得标准缓冲溶液的电动势为：

$$E_s=K-0.0592\text{pH}_s$$

测得待测溶液的电动势为：

$$E_x=K-0.0592\text{pH}_x$$

将上两式相减，得到：

$$\text{pH}_x=\text{pH}_s+\frac{E_s-E_x}{0.0592}$$

实验室中最常用的几种标准缓冲溶液在不同温度下的 pH 值见表 7-3。

表 7-3　标准缓冲溶液在不同温度下的 pH 值

温度/℃	0.05mol/L 邻苯二甲酸氢钾	$KH_2PO_4+Na_2HPO_4$	0.05mol/L 硼砂
0	4.00	6.98	9.46
5	4.00	6.95	9.40
10	4.00	6.92	9.33
15	4.00	6.90	9.28
20	4.00	6.88	9.22
25	4.01	6.86	9.18
30	4.01	6.85	9.14

7.3.1.2 pHS-3C 型酸度计

pHS-3C 型酸度计（图 7-7）适用于实验室精密测量溶液的酸度（pH 值）和电极电位（mV），广泛用于轻工、化工、制药、食品、环保和教育科研部门等的电化学分析。

使用前一般采用“两点法”校正酸度计，然后直接在响应温度下测定样品 pH 值或溶液电位。

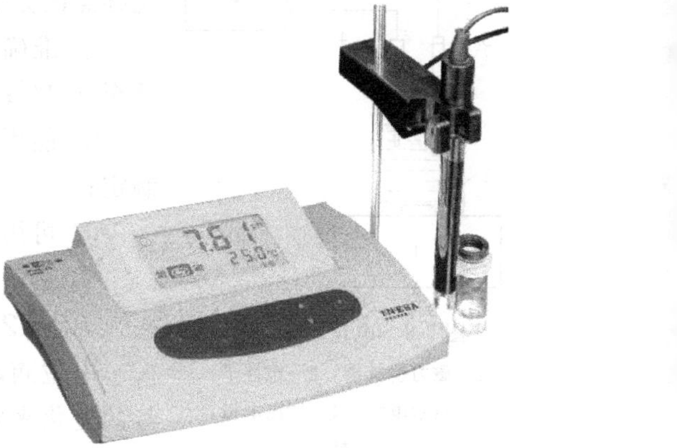

图 7-7　pHS-3C 型酸度计

玻璃电极使用时应注意：

① 玻璃电极要在蒸馏水中浸泡 24h 后方可使用。使用前应先检查玻璃电极球泡，球泡应透明、无裂纹，球泡内应充满溶液。内参比电极要沉浸在球泡溶液中。

② 玻璃电极球泡薄而脆，使用时要注意保护，严防硬物摩擦、碰撞。

③ 电极浸入被测溶液前，应用蒸馏水洗净，并用吸水纸小心擦干。

④ 电极浸入溶液后应轻轻摇动或搅拌溶液，促使电极反应尽快达到平衡状态。

练一练

1. 玻璃电极在使用前一定要在水中浸泡几小时，目的是（　　）。

A. 清洗电极　　B. 活化电极　　C. 校正电极　　D. 检查电极好坏

2. 酸度计是由一个指示电极和一个参比电极与试液组成的（　　）。

A. 滴定池　　B. 电解池　　C. 原电池　　D. 电导池

3. pH 玻璃电极和 SCE 组成工作电池，25℃时测得 pH＝6.18 的标准液电动势是 0.220V，而未知试液电动势 E_x＝0.186V，则未知试液 pH 值为（　　）。

A. 7.6　　B. 4.6　　C. 5.6　　D. 6.6

7.3.2　电位滴定法

电位滴定法（potentiometric titration）是在滴定过程中通过测量电位变化以确定滴定终点的方法。和直接电位法相比，电位滴定法不需要准确地测量电极电位值，因此，温度、液体接界电位的影响并不重要，其准确度优于直接电位法。

普通滴定法是依靠指示剂颜色变化来指示滴定终点，如果待测溶液有颜色或浑浊时，终点的指示就比较困难，或者根本找不到合适的指示剂。电位滴定法是靠电极电位的突跃来指示滴定终点。在滴定到达终点前后，滴液中的待测离子浓度往往连续变化 n 个数量级，引起电位的突跃，被测成分的含量仍然通过消耗滴定剂的量来计算。

7.3.2.1　电位滴定法的原理

简易的电位滴定装置是在如图 7-8 所示装置的基础上，在溶液中插入待测离子的指示电极和参比电极组成化学电池，用滴定管向盛有待测溶液的烧杯中滴加滴定剂，并用磁力搅拌机自动搅拌溶液。随着滴定剂的加入，待测离子的浓度不断发生变化，指示电极的电位随之发生变化。在计量点附近，待测离子的浓度发生突变，指示电极的电位发生相应的突跃，指示滴定终点的到达。根据滴定剂的消耗量，求得试样中待测离子的浓度。

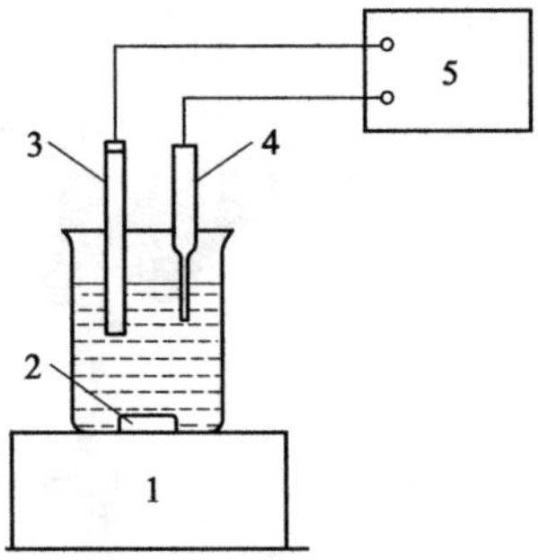

图 7-8 电位滴定装置
1—磁力搅拌器；2—搅拌子；
3—指示电极；4—参比电极；
5—测量仪表

电位滴定的基本原理与普通容量分析相同，其区别在于确定终点的方法不同，因而具有下述特点：

① 准确度较电位法高，与普通容量分析一样，测定误差可低至 0.2%；

② 能用于难以用指示剂判断终点的浑浊或有色溶液的滴定；

③ 可用于非水滴定；

④ 适于连续滴定和自动滴定。

7.3.2.2 电位滴定终点的确定

电位滴定终点的确定是根据滴定过程中指示电极的电极电势的变化来确定终点的。一般是每加一次滴定剂后，读一次电势值，直到明显超过化学计量点为止。这样就可得到一组消耗的滴定剂体积 V 和相应的电势 E 的数据，见表 7-4。

表 7-4 $AgNO_3$ 溶液滴定 NaCl 溶液的电位变化数据

$AgNO_3$ 溶液体积/mL	E/mV	ΔV/mL	ΔE	$\Delta E/\Delta V$	$\Delta^2E/\Delta V^2$
23.80	161	0.20	13	65	
24.00	174	0.14	9	90	
24.14	183	0.14	11	114	200
24.20	194	0.14	39	390	2800
24.30	233	0.14	83	830	4400
24.40	316	0.14	24	240	−5900
24.50	340	0.14	11	114	−1300
24.60	351	0.14	7	70	−400
24.70	358	0.30	15	50	
25.00	373	0.50	12	24	

确定滴定终点有以下三种方法。

(1) E-V 曲线法 以表 7-4 的数据为例，将表中第一栏滴定剂体积为横坐标，第二栏相应的电势为纵坐标，作 E-V 滴定曲线［见图 7-9(a)］。曲线上的拐点即为化学计量点，对应的滴定剂体积可作为终点体积。E-V 曲线法求算终点的方法较为简单。但若终点突跃较小，确定的终点就会有较大的误差。

(2) ΔE/ΔV-V 曲线法 该法也称一级微商法。$\Delta E/\Delta V$ 为加入一次滴定剂后所引起的电势变化值与所对应的加入滴定剂体积之比。如表 7-4 中，在 24.14mL 和 24.20mL 之间：

$$\frac{\Delta E}{\Delta V}=\frac{194-183}{24.20-24.10}=110$$

与该微商值所对应的滴定剂体积为 (24.14+24.20)/2=24.15 (mL)。依次类推，可以求得一系列对应的 $\Delta E/\Delta V$-V 值。然后以 V 为横坐标、$\Delta E/\Delta V$ 为纵坐标作图，得到两段一级微分曲线，一级微分曲线极大值所对应的滴定体积即为终点体积［见图 7-9(b)］。

(3) $\Delta^2E/\Delta V^2$-V 法 该法也称二级微商法。一级微商法为极大的地方，二级微商值等于零。以 V 为横坐标、$\Delta^2E/\Delta V^2$ 为纵坐标作图，通过求解二级微商的零点，即可求得滴定终点所对应的滴定剂体积［见图 7-9(c)］。

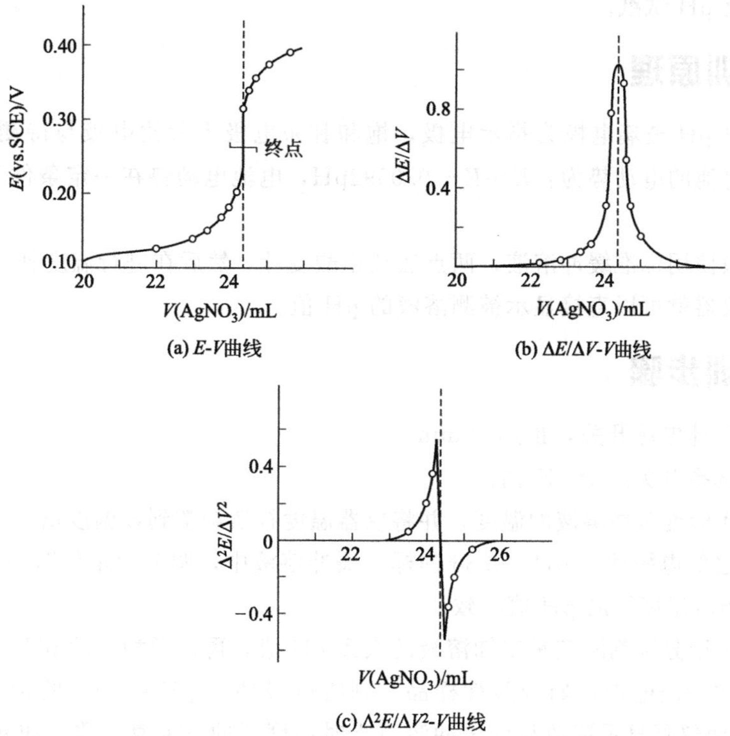

图 7-9 电位滴定曲线

练一练

1. 在电位滴定中，以 E-V 作图绘制滴定曲线，滴定终点为(　　)。

A. 曲线最大斜率点　B. 曲线最小斜率点　C. E 为最大值的点　D. E 为最小值的点

2. 电位滴定法是根据(　　)来确定滴定终点的。

A. 指示剂颜色变化　B. 电极电位　C. 电位突跃　D. 电位大小

3. 用玻璃电极测量溶液的 pH 值时，采用的定量分析方法为(　　)。

A. 标准曲线法　B. 直接比较法　C. 增量法　D. 连续加入标准法

技能训练29

水溶液pH值的测定

一、实训目的

1. 了解测定 pH 值的原理。
2. 学会正确使用 pH 复合电极和酸度计。
3. 掌握用酸度计测量 pH 值的方法。

二、仪器与试剂

1. 仪器：酸度计、电磁搅拌器、pH 复合电极、100mL 聚乙烯杯。

2. 试剂：pH 值分别为 4.00、6.86 和 9.18 的三种标准缓冲溶液（25℃），两种未知 pH 值的溶液，广泛 pH 试纸。

三、实训原理

酸度计是以 pH 玻璃电极为指示电极，饱和甘汞电极为参比电极与待测液组成工作电池，25℃时，电池的电动势为：$E=K-0.0592\text{pH}$，电池电动势在一定条件下与溶液的 pH 值呈线性关系。

试验中一般使用标准缓冲溶液，两点法校正酸度计，然后在进行温度补偿后将电极插入待测溶液中，仪器就可以直接显示被测溶液的 pH 值。

四、实训步骤

1. 打开酸度计电源开关，预热 10min。

2. 把功能选择开关置于 pH 挡。

3. 测定 pH 标准缓冲溶液的温度，并将仪器温度补偿调整到该温度值。

4. 把清洗过的电极插入 pH=6.86 的标准缓冲溶液中，调节“定位”，使仪器显示读数与该缓冲溶液当时温度下的 pH 值一致。

5. 用 pH 试纸分别判断三种未知溶液的大致 pH 值，再选择相应的 pH 标准缓冲溶液。

6. 用蒸馏水清洗电极，如测酸性样品，则将电极插入 pH＝4.00 的标准缓冲溶液中，调节“斜率”，使仪器显示读数与该缓冲溶液当时温度下的 pH 值一致。如测碱性样品，则插入 pH=9.18 的标准缓冲溶液中，调节“斜率”，使仪器显示读数与该缓冲溶液当时温度下的 pH 值一致。

7. 用蒸馏水清洗电极，然后重复调节“定位”和“斜率”一次，标定完成。仪器一旦校准完毕，“定位”及“斜率”不得再变动，否则必须重新校准。

8. 将酸度计的温度补偿调至所测试样的温度，把清洗并擦拭干净的电极浸入被测溶液中，摇匀，读出溶液的 pH 值。

9. 关闭仪器，取出 pH 电极洗干净后浸泡在电极套中（内置 3mol/L 氯化钾溶液）。清洁桌面，填写仪器使用记录（表 7-5）。

表 7-5　标准缓冲溶液的 pH 值

温度/℃	0.05mol/L 邻苯二甲酸氢钾	$KH_2PO_4+Na_2HPO_4$	0.05mol/L 硼砂
5	4.00	6.95	9.40
10	4.00	6.92	9.33
15	4.00	6.90	9.28
20	4.00	6.88	9.22
25	4.01	6.86	9.18
30	4.01	6.85	9.14

五、数据记录和结果计算

数据记录在表 7-6 中，溶液的 pH 值以平均值表示。

表 7-6 水溶液 pH 值测定记录表

样品编号	1		2	
水样温度/℃				
pH 值				
测定结果				
平行测定结果的极差				

六、问题思考

1. 测定水样 pH 值时，仪器为何要用标准缓冲溶液校准？如何校准？
2. 刚买来的玻璃膜电极能直接使用吗？为什么？

技能训练30

电导法检测水的纯度

一、实训目的

1. 掌握电导分析法的基本原理。
2. 学会用电导法测定水纯度的实验方法。

二、仪器与试剂

1. 仪器：电导率仪、铂黑电导电极、电磁搅拌器、搅拌子、恒温水槽。
2. 试剂：KCl 标准溶液（0.01mol/L）、自来水、去离子水。

三、实训原理

水的纯度取决于水中可溶性电解质的含量。由于一般水中含有极其微量的 Na^{+}、K^{+}、Ca^{2+}、Mg^{2+}、CO_3^{2-}、Cl^{-}、SO_4^{2-} 等多种离子，所以，具有导电能力。离子浓度越大，导电能力越强，电导率越大；反之，水的纯度越高，离子浓度越小，电导率越小。因此通过测定电导率可以鉴定水的纯度。

四、实训步骤

1. 调节恒温水槽，使温度恒定在（25.0±0.1）℃。
2. 将实验用 KCl 溶液（0.01mol/L）、去离子水和自来水分别置于 3 只小烧杯中（取样前应用待测水样将烧杯润洗 2～3 次），然后放入恒温槽中恒温 10～15min。
3. 将电导仪接上电源，开机预热。装上电导电极，用蒸馏水冲洗几次，并用滤纸吸干。
4. 将铂黑电导电极插入盛有 KCl 溶液的烧杯中，测量其电导，重复测定 3 次。
5. 按上述方法分别测量去离子水和自来水的电导率。

五、数据记录和结果计算

数据记录在表 7-7 中。

表 7-7 电导法检测水的纯度数据记录表

水温：__________

试样名称	电导/μS			
	1	2	3	平均值
0.01mol/L KCl				
去离子水				
自来水				

查出 25.0℃下 0.01mol/L KCl 溶液的电导率，计算出电导池常数，再计算去离子水和自来水的电导率。

六、问题思考

1. 新制备的蒸馏水放入电导池后，为什么应立即测定？
2. 为什么要定期测定电极的电导池常数？如何测定？

技能训练31

水中氟离子的测定

一、实训目的

1. 掌握离子选择性电极法测定离子含量的原理和方法。
2. 学会正确使用氟离子选择性电极和酸度计。
3. 了解总离子强度调节缓冲液的意义和作用。
4. 掌握用标准曲线法测定水中氟离子的方法。

二、仪器与试剂

1. 仪器：pH 计、恒温电磁搅拌器、氟离子选择性电极、饱和甘汞电极、移液管、容量瓶、聚乙烯杯。
2. 试剂：氟化物标准储备液（100μg/mL）、TISAB 溶液。

三、实训原理

饮用水中氟含量的高低对人体健康有一定影响，《生活饮用水卫生标准》中规定水中氟的含量不得超过 1mg/L。因此，监测饮用水中氟离子含量至关重要。氟离子选择性电极法已被确定为测定饮用水中氟含量的标准方法。

以氟离子选择电极作指示电极，以饱和甘汞电极作参比电极，当溶液的总离子强度不变时，工作电池的电动势（E）与 F^- 浓度的对数值呈线性关系：

$$E = K - s\lg[F^-]$$

式中，K 值为一定条件下的常数；s 为电极线性响应斜率（25℃时为 0.059V）。

用氟离子选择性电极测定氟离子时，温度、溶液 pH、离子强度、共存离子均会影响测定的准确度。因此为了保证测定准确度，需向标准溶液和待测试样中加入总离子强度调节缓冲溶液（TISAB），以使溶液中离子平均活度系数保持定值，并控制溶液的 pH，消除共存离子的干扰。

四、实训步骤

1. 仪器的准备

按照所用测量仪器和电极使用说明，首先接好线路，将各开关置于“关”的位置，开启电源开关，预热 15min，后面操作按说明书要求进行。测量前，试液应达到室温，并与标准溶液温度一致（温差不得超过±1℃）。

2. 清洗电极

将氟电极接仪器负极接线柱，甘汞电极接仪器正极接线柱。将两电极插入蒸馏水中，开动搅拌器，搅洗电极几分钟，直至测得的电极电位值达到本底值后方可使用。

3. 标准溶液的配制及测定

用移液管移取 1.00mL、3.00mL、5.00mL、10.00mL、20.00mL 氟化物标准溶液，分别置于 5 只 50mL 容量瓶中，加入 10mL TISAB。用水稀释至标线，摇匀。分别移入 100mL 聚乙烯杯中，放入一只塑料搅拌子，按浓度由低到高的顺序，依次插入电极，连续搅拌溶液，读取搅拌状态下的稳态电位值（E）。在每次测量之前，都要用水将电极冲洗净，并用滤纸吸去水分。

4. 水样的测定

用移液管移取 20.00mL 水样，置于 50mL 容量瓶中，加入 10mL TISAB，用水稀释至标线，摇匀。将其移入 100mL 聚乙烯杯中，放入一只塑料搅拌子，插入电极，连续搅拌溶液，待电位稳定后，在继续搅拌下读取电位值（E_x）。根据测得的毫伏数，由标准曲线上查得氟化物的含量。

五、数据记录和结果计算

数据记录在表 7-8 中。

表 7-8　数据记录表

样品编号	1	2	3	4	5	样 1	样 2
标准溶液体积/mL							
氟离子浓度/(μg/mL)							
$-\lg[F^-]$							
电位值 E/mV							

在坐标纸上绘制 $-\lg[F^-]$-E 标准曲线。根据所测水样的电位值从标准曲线上查出被测试液 F^- 浓度，计算出试样中的氟含量。

六、问题思考

1. 氟离子选择电极在使用时应注意哪些问题？
2. 在测量前氟电极应怎样处理，应达到什么要求？
3. 为什么要加入总离子强度调节剂？说明离子选择电极法中用 TISAB 溶液的意义。

技能训练32

工业循环冷却水pH值的测定

一、实训目的

1. 了解测定 pH 值的原理。

2. 学会正确使用 pH 复合电极和酸度计。

3. 掌握用酸度计测量工业循环冷却水 pH 值的方法。

二、仪器和试剂

1. 仪器：酸度计、电磁搅拌器、pH 复合电极、100mL 聚乙烯杯。

2. 试剂：pH 值分别为 4.00、6.86 和 9.18 的三种标准缓冲溶液，两种未知 pH 的溶液，广泛 pH 试纸。

三、实训原理

用电位法测定工业循环冷却水的 pH 值，是采用 pH 玻璃电极作指示电极，用甘汞电极作参比电极，插于水中，组成工作电池。由于甘汞电极的电位保持相对稳定。而 pH 玻璃电极的电位随水溶液中 H^+ 浓度的变化而变化（在 25℃时，pH 每改变 1 个单位，电位相应改变 59.2mV）。利用一定电路系统将信号放大后，就可以从显示屏得到读数。

$$pH_x = pH_s + (E_x - E_s)/0.0592$$

四、实训步骤

1. 打开酸度计电源开关，预热 10min。

2. 把功能选择开关置于 pH 挡。

3. 测定 pH 标准缓冲溶液的温度，并将仪器温度补偿调整到该温度值。

4. 把清洗过的电极插入 pH=6.86 的标准缓冲溶液中，调节“定位”，使仪器显示读数与该缓冲溶液当时温度下的 pH 值一致。

5. 用 pH 试纸分别判断三种未知溶液的大致 pH 值，再选择相应的 pH 标准缓冲溶液。

6. 用蒸馏水清洗电极，如测酸性样品，则将电极插入 pH=4.00 的标准缓冲溶液中，调节“斜率”，使仪器显示读数与该缓冲溶液当时温度下的 pH 值一致。如测碱性样品，则插入 pH=9.18 的标准缓冲溶液中，调节“斜率”，使仪器显示读数与该缓冲溶液当时温度下的 pH 值一致。

7. 用蒸馏水清洗电极，然后重复调节“定位”和“斜率”一次，标定完成。仪器一旦校准完毕，“定位”及“斜率”不得再变动，否则必须重新校准。

8. 将酸度计的温度补偿调至所测试样的温度，把清洗并擦拭干净的电极浸入被测溶液中，摇匀，读出溶液的 pH 值。

9. 关闭仪器，取出 pH 电极洗干净后浸泡在电极套中（内置 3mol/L 氯化钾溶液）。清洁桌面，填写仪器使用记录（表 7-5）。

五、数据记录和结果计算

数据记录在表 7-9 中，溶液的 pH 值以平均值表示。

表 7-9 工业循环冷却水 pH 值的测定记录表

样品编号	1		2	
冷却水温度/℃				
pH 值				
测定结果				
平行测定结果的极差				

六、问题思考

1. 测定溶液 pH 值时，仪器为何要用标准缓冲溶液校准？
2. 测定工业循环冷却水 pH 值时应注意哪些问题？
3. 二点标定如何进行？

职业素养（professional ethics）

习近平总书记说过：“绿水青山就是保护环境。”绿色是生命之本色，正在人类有意无意的毁坏中一天一天减少消失，取而代之的是污染，是垃圾。我们的地球家园已经受到了严重的破坏，影响着人类的生活、身体健康。我们必须牢固树立环境保护意识，节约资源。比如做实验时要节约用水、电和试剂，实验结束后要及时关水、关电。让我们立即行动起来，从现在做起，从点滴做起，为了保护我们的家园贡献自己的绵薄之力。

习 题

一、填空题

1. 无论是原电池还是电解池，发生氧化反应的电极都称为（　　），发生还原反应的电极都称为（　　）。

2. 电位分析中，电位保持恒定的电极称为（　　），常用的有（　　）电极、（　　）电极。

3. 测量溶液 pH 值时，使用（　　）电极为参比溶液，（　　）电极为指示电极。

4. 原电池的写法，习惯上把（　　）极写在左边，（　　）极写在右边，故 $Zn|ZnSO_4|CuSO_4|Cu$ 中，（　　）极为正极，（　　）极为负极。

5. 在电位滴定中，几种确定终点方法之间的关系是：在 E-V 图上的（　　），就是一次微商曲线上的（　　），也就是二次微商的（　　）点。

二、单项选择题

1. 不属于电化学分析法的是（　　）。

A. 电位分析法　　B. 极谱分析法　　C. 电子能谱法　　D. 库仑滴定法

2. Ag-AgCl 参比电极的电极电位取决于电极内部溶液中的（　　）。

A. Ag^+ 活度　　B. Cl^- 活度　　C. AgCl 活度　　D. Ag^+ 和 Cl^- 活度之和

3. 正确的饱和甘汞电极半电池组成为（　　）。

A. Hg/Hg_2Cl_2(1mol/L)/KCl(饱和)　　B. Hg/Hg_2Cl_2(固)/KCl(饱和)

C. Hg/Hg_2Cl_2(固)/KCl(1mol/L)　　D. Hg/Hg_2Cl_2(固)/KCl(饱和)

4. pH 玻璃电极的膜电位产生是由于测定时，溶液中的（　　）。

A. H^+ 穿过了玻璃膜　　B. 电子穿过了玻璃膜

C. Na^+ 与水化玻璃膜上的 Na^+ 发生交换作用　　D. H^+ 与水化玻璃膜上的 H^+ 发生交换作用

5. 玻璃电极使用前，需要（　　）。

A. 在酸性溶液中浸泡 1h　　B. 在碱性溶液中浸泡 1h

C. 在水溶液中浸泡 24h　　D. 测量的 pH 不同，浸泡的溶液不同

6. 氟离子选择电极对氟离子具有较高的选择性，是由于（　　）。

A. 只有 F^- 能透过晶体膜　　B. F^- 能与晶体膜进行离子交换

C. 由于 F^- 体积比较小　　D. 只有 F^- 能被吸附在晶体膜上

7. 在电位法中，离子选择性电极的电位应与待测离子的浓度（　　）。

A. 成正比　　B. 对数成正比

C. 符合扩散电流公式的关系　　D. 符合能斯特方程式

8. 当金属插入其金属盐溶液时，金属表面和溶液界面会形成双电层，所以产生了电位差。此电位差为（　　）。

A. 液接电位　　B. 电极电位　　C. 电动势　　D. 膜电位

9. 用 pH 玻璃电极测定 pH 值为 13 的试液，pH 的测定值与实际值的关系为（　　）。

A. 测定值大于实际值　　B. 测定值小于实际值

C. 二者相等　　D. 不确定

10. 测量 pH 值时，需要用标准 pH 溶液定位，这是为了（　　）。

A. 避免产生酸差　　B. 避免产生碱差

C. 消除温度的影响　　D. 消除不对称电位和液接电位的影响

三、判断题

（　　）1. 参比电极的电极电位是随着待测离子的活度的变化而变化的。

（　　）2. 玻璃电极的优点之一是电极不易与杂质作用而中毒。

（　　）3. pH 玻璃电极的膜电位是由于离子的交换和扩散而产生的，与电子得失无关。

（　　）4. 电极电位随被测离子活度的变化而变化的电极称为参比电极。

（　　）5. 强碱性溶液（pH>9）中使用 pH 玻璃电极测定 pH 值，则测得的 pH 值偏低。

（　　）6. pH 玻璃电极可应用于具有氧化性或还原性的溶液中测定 pH 值。

（　　）7. 指示电极的电极电位是恒定不变的。

（　　）8. 原电池的电动势与溶液 pH 的关系为 $E=K+0.0592\text{pH}$，但实际上用 pH 计测定溶液的 pH

值时并不用计算 K 值。

（　）9. 普通玻璃电极不宜测定 pH<1 的溶液的 pH 值，主要原因是玻璃电极的内阻太大。

（　）10. Ag-AgCl 电极常用作玻璃电极的内参比电极。

（　）11. 用总离子强度调节缓冲溶液（TISAB）保持溶液的离子强度相对稳定，故在所有电位测定方法中都必须加入 TISAB。

（　）12. pH 值测量中，采用标准 pH 溶液进行定位的目的是校正温度的影响及校正由于电极制造过程中电极间产生的误差。

四、简答题

1. 电位滴定法如何确定滴定终点？

2. 何为指示电极和参比电极？举例说明其作用。

五、计算题

用 pH 玻璃电极测定 pH=5.0 的溶液，其电极电位为 43.5mV，测定另一未知溶液时，其电极电位为 14.5mV，若该电极的响应斜率为 58.0mV/pH，试求未知溶液的 pH 值。

小常识

化学电池（electrochemical cell）

1. 一次电池（primary battery）

一次电池即电池中的反应物质在进行一次电化学反应放电之后就不能再次使用了。常见的一次性电池包括碱锰电池、锌锰电池、银锌电池、锌空电池、锌汞电池和镁锰电池。

电池型号一般分为 1 号、2 号、3 号、5 号、7 号，其中 5 号和 7 号尤为常用，所谓的 AA 电池就是 5 号电池，而 AAA 电池就是 7 号电池。

碳锌电池是以二氧化锰为正极、锌为负极进行反应，氯化铵和氯化锌水溶液为电解液，其特性是电压安定性不好，温度特性也不佳，在 0℃以下时显著劣化，对于一些要求电压安定性、小型高输出、高能量密度的电子机器，碳锌电池不适用，仅适用于灯具、照明设备、玩具等。

碱性电池是以二氧化锰为正极，锌为负极，氢氧化钾为电解液。其特性较碳锌电池优异，电容量大，平均比碳锌电池多 5 倍，保存性良好，大电流下仍可高效率放电，因此大小电器皆适合使用。

2. 二次电池（secondary battery）

二次电池又称蓄电池，可以多次反复使用，放电后可以充电复原，常见的有镉镍电池、氢镍电池、锂离子电池、二次碱性锌锰电池和铅酸蓄电池。

铅蓄电池是一种常见的可充电池，在工农业生产和日常生活中有广泛的应用。该电池以 Pb 和 PbO_2 作电极材料，H_2SO_4 作电解质溶液。铅蓄电池在放电时除消耗电极材料外，同时还消耗电解质硫酸，使溶液中的自由移动的离子浓度减小，内阻增大，导电能力降低。

锂离子电池目前有液态锂离子电池（LIB）和聚合物锂离子电池（PLB）两类。其中，液态锂离子电池是指 Li^+ 嵌入化合物为正、负极的二次电池。正极采用锂化合物-

钴酸锂、锰酸锂，负极采用锂-碳层间化合物。锂离子电池由于工作电压高、体积小、重量轻、能量高、无记忆效应、无污染、自放电小、循环寿命长，是21世纪发展的理想能源载体。锂离子电池的电解质是流动的，因此，比锂聚合物电池更不稳定，碰到外力摔打，或者使用不符合标准的充电器，都可能引起电池爆炸。

3. 燃料电池（fuel cell）

燃料电池又称连续电池，一般以天然燃料或其他可燃物质（如 H_2、CH_4 等）作为负极反应物质，以 O_2 作为正极反应物质而形成。燃料电池体积小、重量轻、功率大，是正在研究的新型电池之一。

氢燃料电池以氢气为燃料，与氧气经电化学反应后透过质子交换膜产生电能。固体氧化物燃料电池（SOFC）以致密的固体氧化物作电解质，直接将燃料气和氧化气中的化学能转换成电能。

项目8

紫外-可见分光光度法

Ultraviolet-Visible Spectrophotometry

知识目标 （knowledge objectives）

1. 熟悉目视比色法的用途和使用方法；
2. 了解显色反应与显色条件的选择；
3. 了解分光光度计基本原理和结构；
4. 学会紫外-可见分光光度法定性定量方法。

技能目标 （skill objectives）

1. 掌握朗伯-比尔定律及计算，了解偏离朗伯-比尔定律的原因；
2. 掌握分光光度计的结构和使用方法；
3. 掌握吸收曲线和标准曲线的绘制；
4. 掌握仪器测量误差和测量条件的选择；
5. 掌握外标法定量测定铁的基本操作。

素养目标 （attitude objectives）

1. 培养学生树立良好的职业道德；
2. 具有实事求是、严谨科学的工作作风；
3. 树立安全、环保和节约意识；
4. 养成良好的实验习惯和职业素养。

项目引入

1. 许多物质有不同的颜色，为什么物质会显现各种不同的颜色？ 化学中如何利用颜色来检测样品？

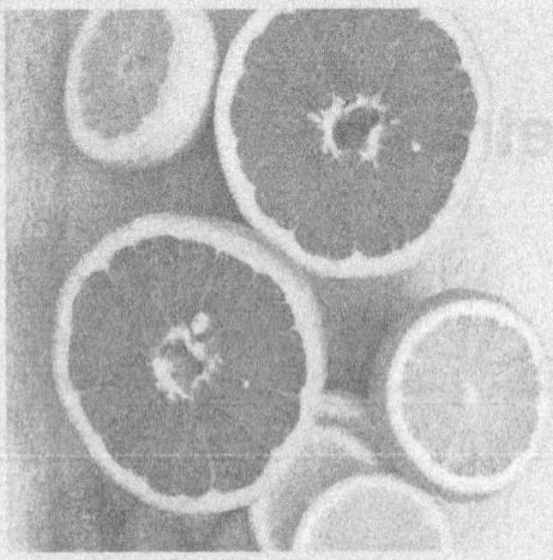

橙子

硫酸铜溶液

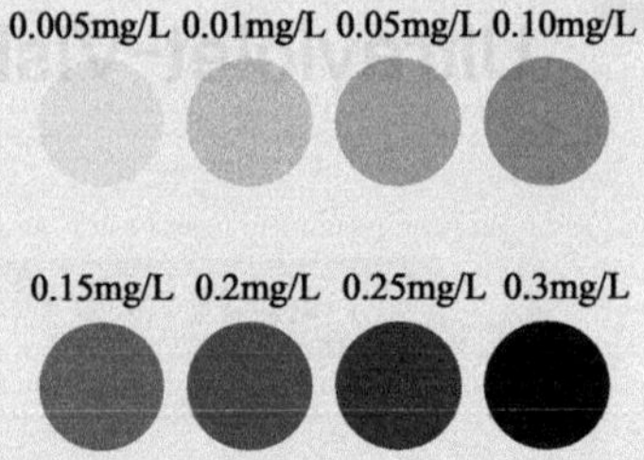

水中亚硝酸盐比色卡

2. 溶液浓度与光有什么关系？ 说说不同光线在日常生活中的应用。

3. 紫外-可见分光光度法是利用物质对光线的选择性吸收建立起来的分析方法，广泛应用于制药、医疗卫生、食品、化工、生物和环保等行业。如工业盐酸生产过程中会带入少量杂质铁离子，如何测定 0.008%左右的铁含量？ 请以小组的方式预习查阅相关资料。

任务8.1

认识分光光度法

许多物质本身具有明显的颜色，例如 $KMnO_4$ 溶液为紫红色，$K_2Cr_2O_7$ 溶液呈橙色。有些物质本身没有颜色，但它与某些化学试剂反应后，产生具有明显颜色的物质。

分光光度法（spectrophotometry）是通过测定被测物质在特定波长处或一定波长范围内光的吸收度，对该物质进行定性和定量分析的方法。它具有灵敏度高、操作简便、快速等优点，是化学实验中最常用的实验方法。

8.1.1 物质对光的选择性吸收

8.1.1.1 光的波粒二象性

光是一种电磁波，具有波粒二象性。光的波动性是指光可以产生折射、衍射、偏振等现象，描述光可用波长（wavelength）λ、频率（frequency）ν 与速度 c 等参数，并符合如下关系：

$$\lambda = \frac{c}{\nu}$$

式中，λ 为波长，nm；ν 为频率，Hz；c 为光速，3×10^8 m/s。

光同时具有粒子性，光子的能量与波长、频率的关系为：

$$E=h\nu=\frac{hc}{\lambda}$$

式中，E 为光子的能量，eV；h 为普朗克常数，6.626×10^{-34}J・s。

不同的波，能量不一；波长越长，能量越小。如果按照波长顺序，电磁波谱包括 γ 射线、X 射线、紫外线、可见光、红外线、微波和无线电波，如表 8-1 所示。

表 8-1　电磁波谱

名称	英文名称	波长	光子能量/eV
γ 射线	γ-ray	10^{-2}nm	
X 射线	X-ray	10^{-2}～10nm	
紫外线	ultraviolet	200～400nm	6～3.1
可见光	visible light	400～760nm	3.1～1.7
红外线	infrared	800～1000μm	
微波	microwave	0.1～100cm	
无线电波	radio wave	1～1000m	

注：$1m=10^2cm=10^3mm=10^6\mu m=10^9nm$。

人眼能看见的光波长为 400～760nm，统称为可见光。凡是小于 400nm 的紫外线和波长大于 780nm 的红外线，人眼均看不见。

紫外-可见分光光度法，是利用可见光或近紫外线（200～400nm），对物质进行含量分析的一种方法。

8.1.1.2　单色光与互补光

具有同一波长的光，称为单色光。纯的单色光很难获得。含有多种波长的光称为复合光，如日光、日光灯等的白光都是复合光。

太阳光经过棱镜色散后，分为红、橙、黄、绿、青、蓝、紫七色。将七色光混合可得白光。如果将两种颜色的光按适当的比例混合后也组成白光，则这两种颜色的光称为互补光。互补关系见图 8-1，对角线的两种光为互补光，也称为“光隔三色互补”。

图 8-1　互补光示意图

8.1.1.3　物质对光的选择性吸收

溶液之所以呈现不同的颜色，与它对光的选择性吸收有关。当一束白光通过一透明溶液，如果该溶液对可见光区各波长的光都不吸收，这时看见的溶液透明无色。如果某些波长的光被溶液吸收，另一些波长的光不被吸收而透过溶液，溶液就呈现出被吸收光的互补色。例如，$KMnO_4$ 溶液强烈地吸收黄绿色的光，所以溶液呈现紫红色；又如 $CuSO_4$ 溶液强烈地吸收黄色的光，所以溶液呈现蓝色。成直线关系的两种光可混合成白光。

某种溶液最易选择吸收什么波长的光可用实验方法来确定，即用不同波长的单色光透过有色溶液，测量溶液对不同波长的单色光的吸光程度（称为吸光度 A，absorbance）。然后以波长为横坐标，吸光度为纵坐标作图可得一曲线，称为光吸收曲线（absorption curve）。

图 8-2 是四种不同浓度 $KMnO_4$ 溶液的光吸收曲线，由图可知：

① 可见光范围内，$KMnO_4$ 溶液对波长为 525nm 的绿色光吸收能力最大，此波长称为最大吸收波长，以 λ_{max} 表示；

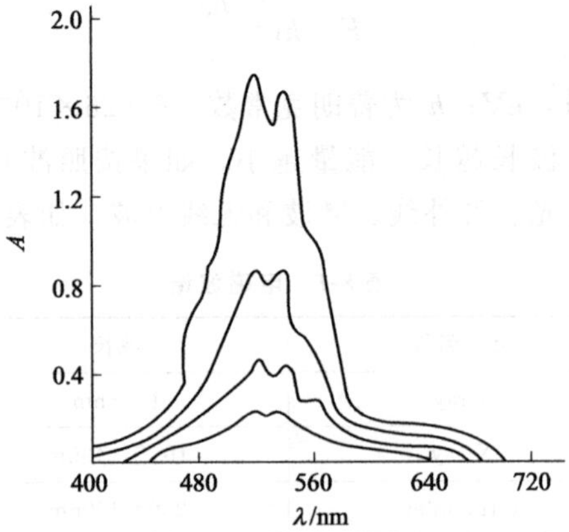

图 8-2 光吸收曲线

② 不同浓度的 $KMnO_4$ 溶液的光吸收曲线相似，最大吸收波长不变。

一般定量分析就选用 λ_{max} 下进行测定，这时灵敏度最高。对不同物质的溶液，其最大吸收波长不同，此特性可作为物质定性分析的依据。

练一练

1. 符合比尔定律的有色溶液稀释时，其最大吸收峰的波长（ ）。

A. 向长波方向移动　　B. 向短波方向移动

C. 不移动，但峰高值降低　　D. 不移动，但峰高值增大

2.（ ）为互补光。

A. 黄色与蓝色　B. 红色与绿色　C. 橙色与青色　D. 紫色与青蓝色

3. 人眼睛能感觉到的光称为可见光，其波长范围是（ ）。

A. 400～700nm　B. 200～400nm　C. 200～600nm　D. 200～800nm

4. 分光光度分析中蓝色溶液吸收（ ）。

A. 蓝色光　B. 黄色光　C. 绿色光　D. 红色光

8.1.2 光的吸收定律

8.1.2.1 透光度 T 和吸光度 A

当一束平行光通过均匀的溶液介质时，光的一部分被吸收，一部分被器皿反射。透射光强度 I 与入射光强度 I_0 之比称为透光度（transmittance），亦称透射比，用 T 表示，则有：

$$T=\frac{I}{I_0} \tag{8-1}$$

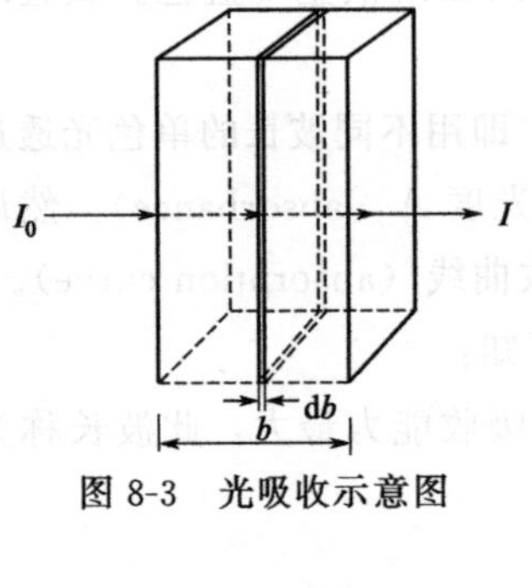

图 8-3 光吸收示意图

光吸收示意图见图 8-3。

T 常用百分比表示，T 越大，表明它对光的吸收越弱；反之，T 越小，表明它对光的吸收越强。

为了更明确地表明溶液的吸光强弱与表达物理量的相应关系，常用吸光度 A 表示物质对光的吸收程度，其定义为：

$$A=\lg\frac{I_0}{I}=\lg\frac{1}{T}=-\lg T$$

A 值越大，表明物质对光的吸收越强。T 及 A 都是表示

物质对光吸收程度的一种量度，吸光度 A 为一个量纲为 1 的量，两者可通过上式互相换算。

［例 8-1］ 透光度 $T=5\%$时，吸光度为多少？

解 $A=-\lg T=-\lg 5\%=1.3$

入射光全部透过溶液时，$T=100\%$，$A=0$；当入射光全部被溶液吸收时，$T=0$，$A=+\infty$。

练一练

1. 计算透光度 T 分别为 10%、20%、90%、99%时，吸光度为多少?
2. 某溶液的吸光度 $A=0.500$，其透光度为（ ）%。

A. 69.4　　B. 50.0　　C. 31.6　　D. 15.8

3. 当透光度 $T=0$ 时，吸光度 A 为（ ）。

A. 0.5　　B. 1　　C. 0　　D. 100

8.1.2.2 朗伯-比尔定律

朗伯（Lambert）和比尔（Beer）研究发现，当一束平行的单色光通过一均匀的、非散射的吸光物质溶液时，其吸光度 A 与溶液液层厚度 b 和浓度 c 的乘积成正比，这就是朗伯-比尔定律（Lambert-Beer law）。

$$A=\lg\frac{I_0}{I}=kbc \tag{8-2}$$

式中，k 为比例常数，它与吸光物质性质、入射光波长及温度等因素有关，该常数称为吸光系数。通常液层厚度 b 以厘米（cm）为单位，若 c 以克/升（g/L）为单位的质量浓度，则常数 k 用 a 表示，a 为质量吸光系数，其单位为 L/(g·cm)：

$$A=abc \tag{8-3}$$

若 c 以摩尔/升（mol/L）为单位的物质的量浓度，则常数 k 用 ε 表示，ε 为摩尔吸光系数，其单位为 L/(mol·cm)。

$$A=\varepsilon cb \tag{8-4}$$

ε 是各种吸光物质在特定波长和溶剂下的一个特征常数，数值上等于在 1cm 的溶液厚度中吸光物质为 1mol/L 时的吸光度，它是吸光物质的吸光能力的量度。ε 值是定性鉴定的重要参数之一，也可用以估量定量分析方法的灵敏度，即 ε 值越大，表示该吸光物质对某一波长的吸光能力越强，则方法的灵敏度越高。

［例 8-2］ 双硫腙试剂与 Cd^{2+} 形成红色配合物，可用光度法测定。已知 $\varepsilon_{520}=8.8\times10^4$ L/(mol·cm)，使用 2cm 比色皿，测得透射比为 60.3%。计算 Cd 的质量浓度。已知 $M_{Cd}=112.4$。

解

$$A=-\lg T=-\lg 60.3\%=0.220$$

$$c=\frac{A}{kb}=\frac{0.220}{2\times8.8\times10^4}=1.25\times10^{-6}\ (\text{mol/L})$$

则 Cd 的质量浓度 $\rho=1.25\times10^{-6}\times10^{-3}\times112.4\times10^6=0.14$ (mg/mL)。

［例 8-3］ 有一质量浓度为 15.0μg/mL、摩尔质量为 280g/mol 的有机化合物，于 2cm 比色皿中，在某一波长下测得透射比为 35%，求在该波长下的摩尔吸光系数 ε 值。

解

$$A=-\lg T=-\lg 35\%=0.456$$

$$c=\frac{15.0\times10^3}{280\times10^6}=5.36\times10^{-5}\ (\text{mol/L})$$

$$\varepsilon=\frac{A}{bc}=\frac{0.456}{2\times5.36\times10^{-5}}=4.25\times10^{3}[\text{L}/(\text{mol}\cdot\text{cm})]$$

练一练

1. 分光光度法的吸光度与(　　)无关。

A. 入射光的波长　　B. 液层的高度　　C. 液层的厚度　　D. 溶液的浓度

2. 吸光度由 0.434 增加到 0.514 时，则透光度 T(　　)。

A. 增加了 6.2%　　B. 减小了 6.2%　　C. 减小了 0.080　　D. 增加了 0.080

3. 某溶液的浓度为 c，测得透光度为 80%。当其浓度变为 $2c$ 时，则透光度为(　　)。

A. 60%　　B. 64%　　C. 56%　　D. 68%

4. 用光度法测定一有色物质。已知摩尔吸光系数是 2.5×10^{4} L/(mol·cm)，每升中含有 5.0×10^{-3} g 溶质，在 1cm 比色皿中测得的透射比是 10%。计算该物质的摩尔质量。

8.1.3 偏离朗伯-比尔定律的原因

分光光度法中，光的吸收定律是定量测定物质含量的基础。根据 $A=kbc$ 这一关系式，以 A 对 c 作图，应为一通过原点的直线，通常称为工作曲线（或称标准曲线）。有时会在工作曲线的高浓度端发生偏离的情况，如图 8-4 中虚线所示，即在该实验条件下，当浓度大于 c_1 时，偏离了朗伯-比尔定律。

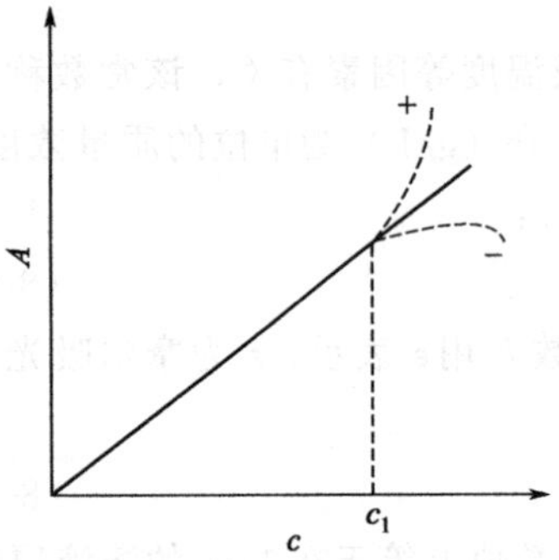

图 8-4　工作曲线偏离线性关系

8.1.3.1 朗伯-比尔定律的局限性

在高浓度（通常 $c>0.01$mol/L）时，由于吸光物质的分子或离子间的平均距离缩小，使相邻的吸光微粒的电荷分布互相影响，从而改变了它对光的吸收能力。为此，实际工作中，待测溶液浓度应控制在 0.01mol/L 以下。

8.1.3.2 非单色入射光引起的偏离

严格地讲，朗伯-比尔定律仅在入射光为单色光时才是正确的，实际上一般分光光度计中的单色器获得的光束不是严格的单色光，而是具有较窄波长范围的复合光带，这些非单色光会引起对朗伯-比尔定律的偏离，而不是定律本身的不正确，这是由仪器条件的限制所造成的。常用分光光度计性能及厂家见表 8-2。

表 8-2　常用分光光度计性能及厂家

型号	单色器	性能	厂家
722 型	光栅	波长精密度±2nm	北京北分瑞利分析仪器
7595 型	光栅	波长精密度±0.5nm	山东高密分析仪器
UV250 型	全息光栅	波长精密度±0.3nm	日本岛津
Cary 型	光栅	波长精密度±0.2nm	美国瓦立安

8.1.3.3 由于溶液本身发生化学变化而引起的偏离

由于被测物质在溶液中发生缔合、解离或溶剂化、互变异构、配合物的逐级形成等化学现象，造成对朗伯-比尔定律的偏离。例如，在一个非缓冲体系的铬酸盐溶液中存在着如下的平衡：

$$Cr_2O_7^{2-} + H_2O \rightleftharpoons 2HCrO_4^- \rightleftharpoons 2CrO_4^{2-} + 2H^+$$

（橙色）（黄色）

为了控制这一偏离可采用缓冲溶液，控制溶液酸碱度在一定范围，这样溶液中的总浓度 c 与 A 之间就能符合朗伯-比尔定律。

任务8.2

紫外-可见分光光度计

8.2.1 仪器基本组成

在紫外及可见光区用于测定溶液吸光度的分析仪器称为紫外-可见分光光度计（UV-visible spectrometer）。各种型号的紫外-可见分光光度计，都是由五个基本部分组成，即光源、单色器（分光系统）、吸收池（比色皿）、检测器及信号显示系统，如图 8-5 所示。

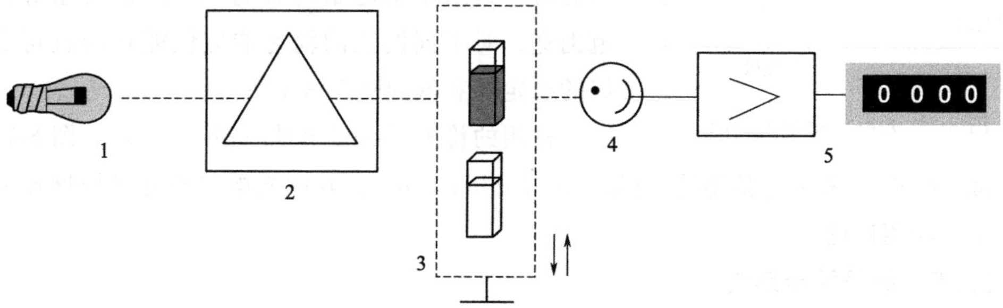

图 8-5 分光光度计组成结构图

1—光源；2—单色器；3—吸收池；4—检测器；5—信号显示系统

8.2.1.1 光源

光源（light source）的作用是提供激发能，使待测分子产生吸收。要求能够提供足够强的连续光谱、有良好的稳定性、较长的使用寿命，且辐射能量随波长无明显变化。

可见光光源一般是钨灯、卤钨灯，可发出 350～2500nm 区间光线。卤钨灯的使用寿命及发光效率高于钨灯。紫外光源一般为氢灯或氘灯（图 8-6），常用氘灯，可发出 180～375nm 区间光线。

图 8-6 氘灯

8.2.1.2 单色器

单色器（monochromator）的作用是使光源发出的光变成所需要的单色光。

色散元件主要有棱镜和光栅，玻璃棱镜用于可见光区，石英棱镜用于紫外光区。光栅是利用光的衍射和干涉作用制成的。它可用于紫外、可见光和近红外光谱区域，而且在整个波长区域中具有良好的、几乎均匀一致的色散率，且具有适用波长范围宽、分辨本领高、成本低、便于保存和易于制作等优点，所以是目前用得最多的色散元件。

8.2.1.3 吸收池

吸收池（cuvette）也称比色皿，用于盛放试液。石英池用于紫外-可见光区的测量，玻璃池只用于可见光区。吸收池的大小规格从几毫米到几厘米不等，最常用的是 1cm 的吸收池。为减少光的反射损失，吸收池的光学面必须严格垂直于光束方向。

同一组比色皿的透射比相差应小于 0.5%，以避免比色皿带来的误差。

使用比色皿时应注意：

① 测定前，用待测溶液润洗内壁 3 次以上；

② 测定一系列溶液时，按照由稀到浓的顺序测定；

③ 盛装溶液高度为比色皿的 2/3～4/5；

④ 如沾污，可用盐酸-乙醇溶液浸泡后，用水清洗，倒立晾干。

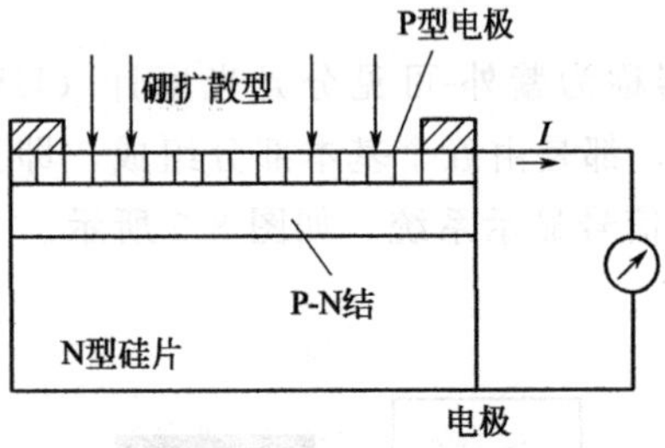

图 8-7 光电池结构示意图

8.2.1.4 检测器

检测器是一种光电转换元件，是检测单色光通过溶液被吸收后透射光的强度，并把这种光信号转变为电信号的装置。检测器应在测量的光谱范围内具有高的灵敏度；对辐射能量的影响快、线性关系好、线性范围宽；对不同波长的辐射响应性能相同且可靠；有好的稳定性和低的噪声水平等。

常用的检测器有光电池（photocell）（图 8-7）、光电管（phototube）和光电倍增管（photomultiplier tube）。其中光电倍增管灵敏度比光电池高 200 倍，应用广泛。

8.2.1.5 信号显示系统

信号显示系统是将电信号转换为吸光度、透光率等数字显示出来。现代精密的分光光度计多带有计算机，可自动控制和处理结果。

练一练

1. 分光光度计中检测器灵敏度最高的是(　　)。

A. 光敏电阻　B. 光电管　C. 光电池　D. 光电倍增管

2. 在 300nm 进行分光光度测定时，应选用(　　)比色皿。

A. 硬质玻璃　B. 软质玻璃　C. 石英　D. 透明塑料

3. 在分光光度法中，(　　)是导致偏离朗伯-比尔定律的因素之一。

A. 吸光物质浓度＞0.01mol/L　B. 单色光波长

C. 液层厚度　D. 大气压力

4. 在色散元件中，色散均匀、工作波段广、色散率大的是(　　)。

A. 滤光片　B. 玻璃棱镜　C. 石英棱镜　D. 光栅

8.2.2 分光光度计的操作与维护

S22PC 型分光光度计（图 8-8）是一种简单易用的分光光度法通用仪器，能在从 340～1000nm 波长范围内执行透光度、吸光度和浓度直读测定，可广泛用于医学卫生、临床检验、生物化学、石油化工、环保监测、质量控制等定性定量分析。

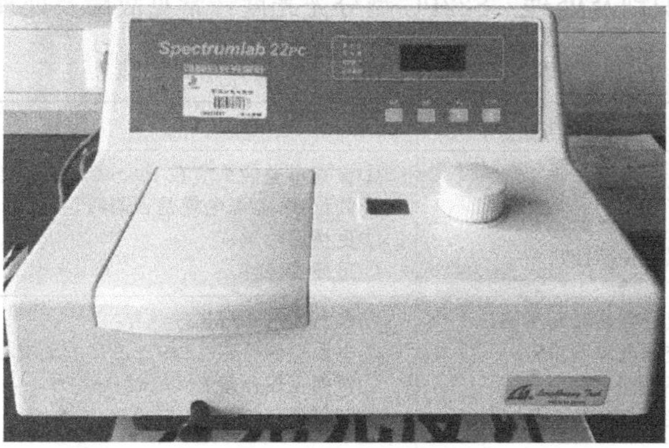

图 8-8 S22PC 型分光光度计

8.2.2.1 分光光度计的操作

(1) 预热。仪器开机后灯及电子部分需热平衡，故开机预热 10min。

(2) 装液。装有空白溶液的比色皿放入 1 号样品池，装有待测溶液的比色皿放入 2 号样品池。

(3) 调波长。缓慢旋转波长旋钮，调节到所需波长。

(4) 调零。推动拉杆到最里面，使空白置于光路，打开试样盖情况下，按[0%]键，自动调整零位。

(5) 调整 100%T。盖下试样盖，按下[100%]键自动调整 100%T。如果一次不到，等示数基本稳定，再按一次[100%]键。

(6) 重复调整一遍。重复打开调零，关上调 100%动作。

(7) 调模式。按“模式”一次，调节“模式”为吸光度，拉动拉杆一次，使 2 号样品池进入光路。从仪器上即可读出 2 号样品的吸光度。拉杆到位时有定位感，仔细听拉杆声音。

如需继续测定，将样品装入 2 号样品池，重复 (3)～(7) 即可。

(8) 实验结束，清洗比色皿并整理桌面，关闭仪器电源。

8.2.2.2 分光光度计的维护

(1) 分光光度计的日常维护

① 仪器应放在平稳的台面上，防尘、防震、防电磁干扰、电压稳定。

② 仪器室内温湿度应符合要求，防止酸雾等对仪器的侵蚀，并避免阳光直射。

③ 开关仪器暗盒盖、推动拉杆时动作要轻缓。

④ 比色皿在盛装待测溶液前，应用待测溶液冲洗三次。测量结束后，比色皿应用蒸馏水清洗干净后晾干。若比色皿内有颜色挂壁，可用无水乙醇浸泡清洗。

⑤ 比色皿在盛装待测溶液后，一定要用镜头纸将比色皿外部所沾溶液擦拭干净，切忌用滤纸擦拭，以免比色皿出现划痕。

⑥ 拿比色皿时，手指只能捏住比色皿的毛玻璃面，不要碰比色皿的透光面，以免沾污影响读数。

⑦ 每次实验完毕取出比色皿后，都要检查样品室是否积存有溢出溶液，如有积存溶液应及时擦拭干净。

⑧ 仪器如长期不用，应每月进行一次开机试验。

(2) 常见故障识别及处理 S22PC型分光光度计常见故障及处理见表8-3。

表8-3 S22PC型分光光度计常见故障

现象	原因	维修
①开启电源开关，仪器毫无反应	①电源未接通； ②电源熔丝断； ③机内接插件松动	①检查市电插头应在198～240V间接触良好，主机底部电压在适配开关位置，电源电缆是否断线，主机电源开关是否损坏； ②更换保险丝； ③重插接插件
②显示数值不稳	①仪器预热时间不够； ②交流电源不稳； ③环境振动过大； ④接插件接触不良	①仪器预热30min； ②电源应保持在220V±22V且无突变现象； ③调换工作环境； ④开仪器盖，重插各接插件
③能量检测不到	①光源灯不亮； ②光门未打开； ③比色皿架完全挡光； ④接收器无信号输出	①光源灯坏需更换或电源板无电压输出； ②检查光门是否打开； ③放好比色皿架位置； ④接收器坏需更换、插头未插或接触不良
④不能调100%*T*	①光能量不够； ②滤光片位置不对； ③比色皿架没落位	①正确选择增益键，检查光源发出的光是否打入进光狭缝，灯电压太低，适当调高； ②放到正确位置； ③放到正确位置
⑤测光不正常	①样品处理错误； ②比色皿不配对； ③波长误差大	①正确处理； ②重新配对； ③用镨钕玻璃检查，并调整波长

练一练

1. 可见分光光度计适用的波长范围为（　　）。

A. 小于400nm　　B. 大于800nm　　C. 400～800nm　　D. 小于200nm

2. 紫外-可见分光光度计中的成套吸收池，其透光率之差应为（　　）。

A. <0.5%　　B. 0.001　　C. 0.1%～0.2%　　D. 0.002

3. 用722型分光光度计做定量分析的理论基础是（　　）。

A. 欧姆定律　　B. 等物质的量反应规则

C. 库仑定律　　D. 朗伯-比尔定律

4. 校正分光光度计波长时，采用（　　）校正方法最为准确。

A. 黄色谱带　　B. 镨钕滤光片　　C. 基准溶液　　D. 氢灯

任务8.3

显色反应

有些物质本身有颜色，可以直接用于比色分析，但大多离子如Fe^{3+}、Al^{3+}等无色，需要加入适当的试剂，从而转化为有色化合物再进行光度测定，此反应称为显色反应（chromogenic reaction），所用的试剂称显色剂（chromogenic agent）。

8.3.1 对显色反应的要求

(1) 灵敏度高。生成的有色化合物颜色越深，灵敏度越高，在含量低时也能测定。灵敏度的高低可从摩尔吸光系数 ε 来判断，*k* 值越大则灵敏度越高。通常 *k* 值为10^4～

10^5 L/(g·cm) 时，则可认为该反应的灵敏度较高。如 Fe^{3+} 与邻菲啰啉生成螯合物的 k 为 1.1×10^4 L/(g·cm)，其灵敏度较高。

(2) 选择性好，即在选定的反应条件下，显色剂仅与被测组分显色，不与共存的其他离子显色。

(3) 形成的有色螯合物的组成要恒定，化学性质要稳定。这样才能保证测定结果有良好准确度和重现性。

8.3.2 显色反应条件的选择

实际工作中，为了提高准确度，在选定显色剂后必须了解影响显色反应的因素，控制其最佳分析条件。

8.3.2.1 显色剂的用量

在显色反应中存在下列平衡：

$$M+R \longrightarrow MR$$

显色剂用量越多，越有利于 M 转化为 MR。加入 R 稍过量，显色反应即能定量进行。有时显色剂用量太多，反而对测定不利。有些显色反应必须严格控制显色剂的用量，以得到准确的测定结果，具体可通过实验确定。吸光度与显色剂用量图见图 8-9。

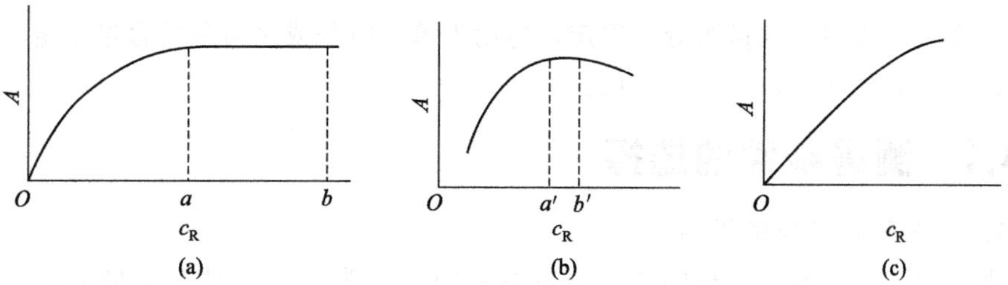

图 8-9 吸光度与显色剂用量关系图

8.3.2.2 溶液的酸度

(1) 酸度对显色剂颜色的影响 当显色剂为有机弱酸时，它本身具有酸碱指示剂的性质，在不同 pH 值的情况下，显色剂的分子和离子状态具有不同的颜色，它可能干扰测定。

(2) 酸度对配合物组成的影响 在不同酸度下，某些被测组分与显色剂能形成不同组成的配合物。例如，磺基水杨酸与 Fe^{3+} 的显色反应中，当溶液在 pH 值为 2～3 时，生成 1∶1 的红紫色配合物；pH 值为 4～7 时，生成 1∶2 的棕橙色配合物；pH 值为 8～10 时，生成1∶3的黄色配合物。因此，必须严格控制溶液 pH，才能得到准确的测定结果。

(3) 酸度对被测离子存在状态的影响 多数金属离子在溶液酸度降低时而发生水解，形成各种多核羟基配合物、碱式盐，甚至于析出氢氧化物沉淀，不利于吸光光度法的测定。

8.3.2.3 显色温度和时间

多数显色反应在室温下能很快进行，但有些反应受温度影响很大，室温下反应很慢，需加热至一定温度（如磷钼蓝法测定磷，其发色温度为 55～60℃）才能进行完全。因此对不同的显色反应，必须选择合适的温度。

显色反应由于反应速率不同，完成反应的时间也不同。有些反应能瞬时完成，且颜色能在长时间内保持稳定；有些反应虽能快速完成，但产物迅速分解。因此，必须选择适当的显色时间，使有色配合物的颜色能够稳定。

邻菲啰啉测 Fe 是国家标准方法，Fe^{2+} 在 pH 为 3～8 时与邻菲啰啉生成稳定的橙红色配合物，并在 510nm 呈最大吸收，$\varepsilon_{510}=1.1\times10^{4}$ L/(mol · cm)。当铁以 Fe^{3+} 存在时，可预选用还原剂盐酸羟胺将其还原成 Fe^{2+}，其反应式为：$4Fe^{3+}+2NH_2OH$ ══ $4Fe^{2+}+N_2+2H_2O+2H^+$。测定时使用 HAc-NaAc 缓冲溶液控制溶液酸度在 pH＝4.5。酸度高时，反应进行较慢；酸度太低，则 Fe^{2+} 水解，影响显色。

练一练

1. 用邻菲啰啉法测水中总铁，不需用下列(　　)来配制试验溶液。

A. $NH_2OH\cdot HCl$　　B. HAc-NaAc　　C. 邻菲啰啉　　D. 磷酸

2. 适宜的显色时间和有色溶液的稳定程度可以通过(　　)确定。

A. 推断　　B. 查阅文献　　C. 实验　　D. 计算

3. 判断题：不少显色反应需要一定时间才能完成，而且形成的有色配合物的稳定性也不一样，因此必须在显色后一定时间内进行测定。(　　)

任务8.4 定量分析方法

分光光度法主要用于微量组分的测定，适用于单一组分或多组分的含量测定，目前广泛应用于食品、药品、环保、化工等领域。

8.4.1 测量条件的选择

8.4.1.1 入射光波长的选择

根据吸收曲线，入射光波长的选择应以溶液的 λ_{max} 为宜。此时 k 值最大，测定时灵敏度和准确度最高。但当有干扰存在时，应根据具体情况兼顾灵敏度和选择性。一般不选择 210nm 以下的波长进行测定。

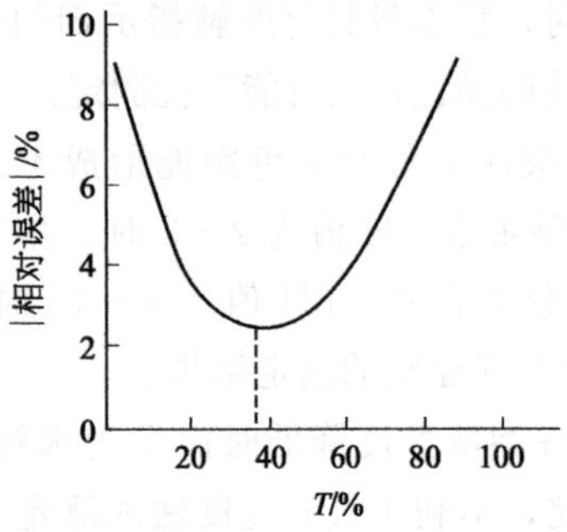

图 8-10　透射比与测量的误差关系

8.4.1.2 参比溶液的选择

参比溶液的作用是调节仪器零点，以消除吸收池壁及溶剂等对入射光的反射和吸收带来的影响。在吸光光度分析中，选择适当的参比溶液是非常重要的。通常参比溶液的选择应考虑以下三点。

① 如显色剂仅与被测组分反应的产物有吸收，其他试剂均无吸收，可以用纯溶剂（如蒸馏水）作参比溶液。

② 如显色剂和其他试剂略有吸收，则应用不含被测组分的“试剂空白”作参比溶液。

③ 如显色剂与试剂中干扰物质也发生反应，且产物在所选择的波长处也有吸收，则可选合适的掩蔽剂将被测组分掩蔽后再加显色剂和其他试剂，以此溶液作为参比溶液。

总之，选择参比溶液的目的是使测得的吸光度能真正反映被测物质的含量。

8.4.1.3 光度计读数范围的选择

研究发现，不同的吸光度读数造成不同的浓度相对误差。从图 8-10 可以看出，在 $T=$

36.8%（$A=0.434$）处的浓度相对误差有一极小值，此时测量样品误差最小。通常，吸光度 A 在 0.2～0.8 范围内，浓度相对误差较小。通常可调整溶液浓度或吸收池厚度使吸光度读数落在这一范围内。

［例 8-4］ 已知某钢样含锰约占试样的 0.50%，将试样溶解使锰氧化为 MnO_4^-，最后定容于 100mL 容量瓶中。采用分光光度法测定锰，在波长 525nm 处，以 1cm 比色皿测量其吸光度。为使测量误差所引起的浓度相对误差最小，问应该称取钢样多少克？已知 $\varepsilon(MnO_4^-)=4.3\times10^3\,L/(mol\cdot cm)$，$M_{Mn}=54.9$。

解 相对误差最小时，$A=0.434$。

$$c(Mn)=0.434/4.3\times10^{-3}\times1=1.0\times10^{-4}\ (mol/L)$$

设称取试样的质量为 m_s，

所以

$$m_s\times0.0050\times(1000/100)/54.9=1.0\times10^{-4}$$

$$m_s=0.11g$$

8.4.2 单组分分析

8.4.2.1 标准曲线法

标准曲线法（standard curve method）也称工作曲线法。首先配制一系列（通常 5 个）浓度不同的标准溶液，然后在相同波长下分别测其吸光度。以浓度为横坐标、吸光度为纵坐标，作 c-A 标准曲线。在相同条件下，测出被测物的吸光度 A_x，由所测的吸光度 A_x 便可在标准曲线上查出未知样品中被测物的浓度 c_x，如图 8-11 所示。该方法适合大批量分析。

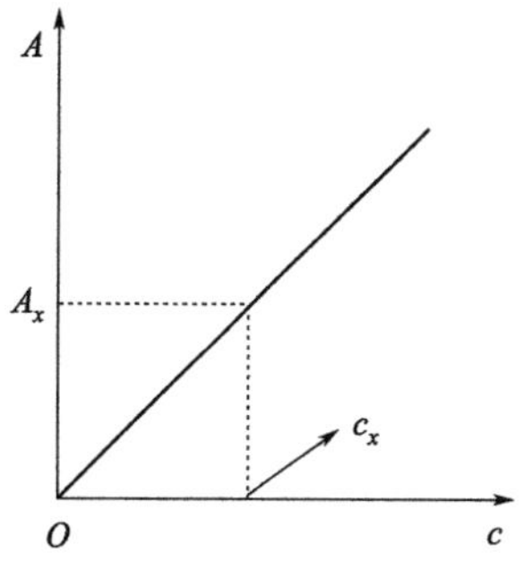

图 8-11　标准曲线示意图

［例 8-5］ 用磺基水杨酸法显色测铁的含量。分别移取 2μg/mL 铁标准溶液 0.0mL、1.0mL、2.0mL、3.0mL、4.0mL、5.0mL、6.0mL 装入 50mL 容量瓶中，加显色剂后用蒸馏水稀释至刻度，以 0.0mL 试剂空白作参比，测得其吸光度 A 分别为 0.00、0.094、0.200、0.302、0.405、0.508、0.610。在同样的条件下，测得试液的吸光度为 0.412，求试样溶液中铁的含量（单位为 mg/L）。

解 以数据绘制标准曲线见图 8-12，从标准曲线上可查得吸光度为 0.412 时的浓度为 8.2μg/mL。即试样溶液中铁的含量为 8.2mg/L。

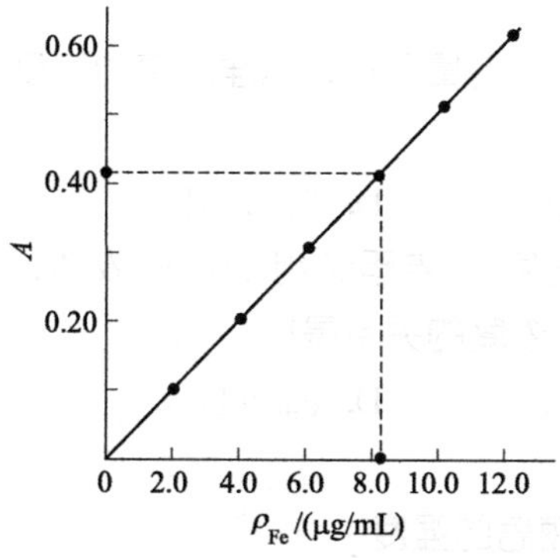

图 8-12　以数据绘制的标准曲线

利用计算机 Excel 软件可以很容易得到标准曲线和方程，可自行上网查找“如何用 Excel 制作线性回归方程的图”，然后利用线性方程求解未知试样浓度。

8.4.2.2 标准比较法

标准比较法（standard comparison method）也叫直接比较法，这种方法是在相同条件下分别测定试样溶液和一个标准溶液的吸光度，根据朗伯-比尔定律得：

$$\frac{c_x}{c_s}=\frac{A_x}{A_s},\text{则 } c_x=c_s\frac{A_x}{A_s}$$

此法简便快捷，适用于标准溶液和待测溶液浓度相近时的测定，否则误差较大。

[例 8-6] 采用分光光度法测定含铁溶液，已知浓度为 10.0μg/mL 的铁标准溶液，显色定容后测定吸光度为 0.376。有一含铁试样溶液，按同样方法处理，测得吸光度为 0.402。求试样中铁含量。

解 已知 $c_s=10.0\mu g/mL$，$A_s=0.376$，$A_x=0.402$，则：

$$c_x=c_s\frac{A_x}{A_s}=10.0\times\frac{0.402}{0.376}=11.7\ (\mu g/mL)$$

8.4.2.3 目视比色法

目视比色法（visual colorimetry）是利用眼睛观察溶液颜色深浅来测定物质含量的方法。溶液中吸光物质浓度越大，对某种色光的吸收越多，所透过的互补色光就会越突出，人们观察到的溶液颜色就越深。

方法：①以一组同样材料制成的、形状大小相同的平底玻璃管（比色管），分别装入不同体积的已知浓度的标准溶液，并分别加入等量的显色剂及其他试剂，然后稀释至同一刻度，即形成颜色逐渐加深的标准色阶；②测定试样时，在相同条件下样品也同样显色处理后，装入同样比色管中，与标准色阶对比。若试液与某一标准溶液的颜色深度一致，则它们的浓度相等（注意观察时，从上向下看，见图 8-13）。

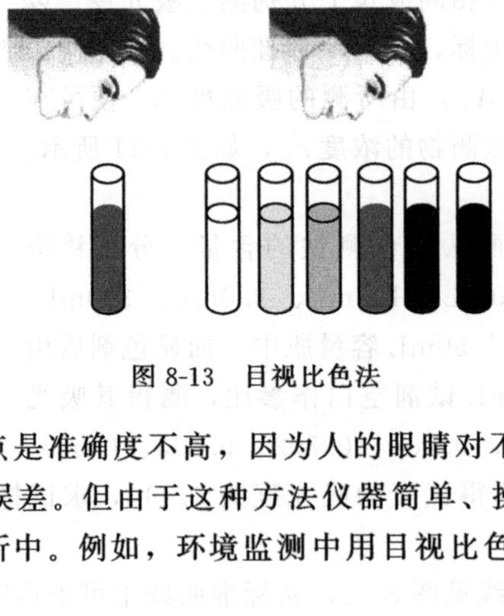

图 8-13 目视比色法

目视比色法的主要缺点是准确度不高，因为人的眼睛对不同颜色及其深度的分辨率不同，会产生较大的主观误差。但由于这种方法仪器简单、操作方便，目前仍应用于准确度要求不很高的常规分析中。例如，环境监测中用目视比色法测定水的色度（铂-钴比色法）。

练一练

1. 当未知试样含 Fe 量约为 10μg/mL 时，采用直接比较法定量测定，标准溶液的浓度应为（ ）。

A. 20μg/mL　　B. 15μg/mL　　C. 11μg/mL　　D. 5μg/mL

2. 在相同条件下测定甲、乙两份同一有色物质溶液吸光度。若甲液用 1cm 吸收池，乙液用 2cm 吸收池进行测定，结果吸光度相同，甲、乙两溶液浓度的关系是（ ）。

A. $c_甲=c_乙$　　B. $c_乙=2c_甲$　　C. $c_乙=4c_甲$　　D. $c_甲=2c_乙$

3. 在目视比色法中，常用的标准系列法是比较（ ）。

A. 入射光的强度　　B. 透过溶液后的强度

C. 透过溶液后的吸收光的强度　　D. 一定厚度溶液的颜色深浅

8.4.3 多组分分析

对于多组分的试液，如果各种吸光物质没有相互作用，且服从朗伯-比尔定律，这时体系的总吸光度等于各组分吸光度之和，即吸光度具有加和性：

$$A=A_1+A_2+\cdots+A_n$$

8.4.3.1 吸收光谱不重叠

如图 8-14(a) 所示，试样中含 X、Y 两组分，在某一波长 λ_1 时 X 组分有吸收，而 Y 组分没有吸收，在另一波长 λ_2 时 Y 组分有吸收而 X 组分没有吸收。两组分互不干扰，可不经分离，分别在 λ_1 和 λ_2 处测量溶液的吸光度。

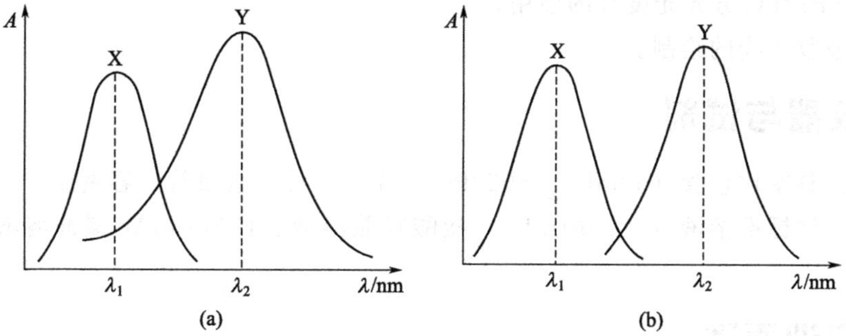

图 8-14 多组分的吸收光谱

8.4.3.2 吸收光谱重叠

如图 8-14(b) 所示为吸收光谱的单向重叠，即在 λ_1 时 Y 组分明显与 X 组分同时有吸收，而在 λ_2 时 X 组分不吸收，它不干扰 Y 组分的测定。因此 Y 组分可在 λ_2 处测得吸光度，从而求出 Y 组分的浓度。但是，在 λ_1 时测得的吸光度则是 X 和 Y 的总吸光度 A_{λ_1}。建立方程即可求得 X、Y 组分的浓度：

$$A_1=k_{1x}bc_x+k_{1y}bc_y$$

$$A_2=k_{2y}bc_y$$

［**例 8-7**］ 称取合金钢试样 0.5250g，用 H_2SO_4-H_3PO_4 混合酸溶解，以过硫酸铵-银盐氧化试样中的 Mn 为 MnO_4^-，然后定容于 100mL 容量瓶中。用 1cm 比色皿，于 525nm 处测得吸光度为 0.496。已知其摩尔吸光系数 $\varepsilon_{525}=2.24\times10^3$L/(mol·cm)。计算试样中锰的质量分数。已知 $M_{Mn}=54.94$。

解 ∵

$$A=\varepsilon bc$$

$$c=0.496/2.24\times10^3\times1$$

$$=2.21\times10^{-4}\ (\text{mol/L})$$

∴

$$w=\frac{2.21\times10^{-4}\times54.94\times100}{0.5250\times1000}\times100\%=0.23\%$$

练一练

1. 某合金钢含镍 0.15%，现用丁二酮肟光度法测定 Ni 含量，将钢样溶解，显色后定容至 1000mL。在 470nm 波长处，用 1.0cm 比色皿测定。为使测量浓度的相对误差最小，应称取钢样多少克？［已知 $\varepsilon_{470}=1.3\times10^4$L/(mol·cm)，$M_{Ni}=58.59$］

2. 在波长 520nm 处，$KMnO_4$ 溶液的 $\varepsilon = 2235L/(mol \cdot cm)$，在此波长下，置于 2cm 比色皿中，欲使透光度控制在 20%～60%，问 $KMnO_4$ 溶液的浓度应在什么范围?

技能训练33

铁吸收曲线的绘制

一、实训目的

1. 熟悉分光光度法测定条件选择方法。
2. 掌握 SP22PC 分光光度计的使用。
3. 掌握吸收曲线的绘制。

二、仪器与试剂

1. 仪器：具塞比色管（50mL）、SP22PC 分光光度计、吸量管、容量瓶。

2. 试剂：铁标准溶液（100μg/mL）、盐酸羟胺溶液、HAc-NaAc 缓冲溶液、邻菲啰啉溶液。

三、实训原理

邻菲啰啉测 Fe 是国家标准方法，Fe^{2+} 在 pH 3～8 介质中与邻菲啰啉生成稳定的橙红色配合物，并在 510nm 呈最大吸收。当铁以 Fe^{3+} 存在时，可预选用还原剂盐酸羟胺将其还原成 Fe^{2+}，其反应式为：

$$2Fe^{3+} + 2NH_2OH = 2Fe^{2+} + N_2 + 2H_2O + 2H^+$$

以乙酸缓冲溶液调节 pH＝4.5 较为适宜。使用分光光度计，测定不同波长下铁溶液的吸光度，以波长为横坐标、吸光度为纵坐标，绘制吸收曲线，并从图上找出最大吸收波长。

四、实训步骤

二维码8.1

比色皿加入比色液的操作

二维码8.2

分光光度计操作

1. 稀释

用吸量管移入 10.00mL 浓度为 100μg/mL 铁标准溶液至 100mL 容量瓶中，用蒸馏水稀释至刻度，摇匀，得 10.0μg/mL 铁标准溶液。

2. 绘制吸收曲线

准确移取 10.0μg/mL 铁标准溶液 6.00mL 置于 50mL 具塞比色管中，加入盐酸羟胺溶液 5mL，摇动比色管，加入 HAc-NaAc 溶液 5mL 和邻菲啰啉溶液 5mL，以水稀释至刻度。

在分光光度计上，用 1cm 比色皿，以水为空白溶液，从波长 440～600nm，每隔 5～20nm 测定一次吸光度。每换一个波长必须重新校正吸光度为 0。

以波长为横坐标、吸光度为纵坐标绘制吸收曲线。

五、数据记录和结果计算

将实验数据记录在表 8-4 中。

表 8-4　铁吸收曲线的绘制

分光光度计型号＿＿＿＿＿　比色皿厚度＿＿＿＿＿

波长/nm	440	460	480	490	500	506	508	510	512	514
吸光度 A										
波长/nm	516	518	520	525	530	540	560	580	600	
吸光度 A										

由表 8-4 数据使用坐标纸绘制吸收曲线，确定最大吸收波长为＿＿＿＿nm。

六、问题思考

1. 改变波长后为什么要重新校正空白吸光度为 0?
2. 本实验各种试剂加入量，哪些要求比较准确？哪些则不必？为什么？

技能训练34

邻菲啰啉分光光度法测定水中铁含量（标准曲线法）

一、实训目的

1. 熟悉分光光度法测定条件选择方法。
2. 掌握 SP22PC 分光光度计的使用。
3. 掌握标准曲线法测定水中铁含量。

二、仪器与试剂

1. 仪器：具塞比色管（50mL）、SP22PC 分光光度计、吸量管、容量瓶。
2. 试剂：铁标准溶液（100μg/mL）、盐酸羟胺溶液、HAc-NaAc 缓冲溶液、邻菲啰啉溶液。

三、实训原理

邻菲啰啉测 Fe 是国家标准方法，Fe^{2+} 在 pH 3～8 介质中与邻菲啰啉生成稳定的橙红色配合物，并在 510nm 呈最大吸收。当铁以 Fe^{3+} 存在时，可预选用还原剂盐酸羟胺将其还原成 Fe^{2+}，其反应式为：

$$4Fe^{3+}+2NH_2OH = 4Fe^{2+}+N_2+2H_2O+2H^+$$

标准曲线法是先配制一系列（一般不少于 5 个）不同浓度的标准溶液，在相同波长下测定样品吸光度。以样品浓度为横坐标、吸光度为纵坐标绘制标准曲线 c-A。然后根据标准曲线查得未知样吸光度对应的浓度。通常情况下的标准工作曲线是一条直线，用相关系数表征线性的好坏，r^2 越趋近 1，线性越好，一般要求 r^2 大于 0.999。

四、实训步骤

1. 稀释

用吸量管移入 10.00mL 浓度为 100μg/mL 铁标准溶液至 100mL 容量瓶中，用蒸馏水稀释至刻度，摇匀，得 10.0μg/mL 铁标准溶液。

2. 绘制标准曲线

分别准确移取 10.0μg/mL 铁标准溶液 0.00mL、2.00mL、4.00mL、6.00mL、8.00mL 和 10.00mL 置于 50mL 具塞比色管中，各加入盐酸羟胺溶液 2mL，摇动具塞比色管，再加入 HAc-NaAc 溶液 5mL 和邻菲啰啉溶液 3mL，以水稀释至刻度，摇匀。

在分光光度计上，用 1cm 比色皿，以试剂空白为参比溶液，在最大吸收波长 510nm 处，测定各溶液的吸光度。以铁含量为横坐标、吸光度为纵坐标，绘制标准曲线。

3. 水中铁含量测定

吸取水样 5.00mL 置于 50mL 具塞比色管中，按标准曲线的测定步骤，测量其吸光度，从标准曲线上查出铁的浓度，计算水样中铁的含量（单位为 μg/mL）。

注意：标准溶液和未知溶液的配制和测定一起进行。

五、数据记录和结果计算

将试验数据记录在表 8-5 中。

表 8-5 标准曲线的绘制数据

分光光度计型号________ 比色皿厚度________

编号	1	2	3	4	5	6	7(未知)
标准溶液/mL	0.00	2.00	4.00	6.00	8.00	10.00	5.00
铁的质量 m/μg							
吸光度 A							

利用坐标纸以铁的质量和吸光度作 m-A 图，从图中查出水样中铁质量 m_x。也可利用 Excel 软件，插入散点图，添加趋势线，得到方程。

分析结果：Fe 含量 $=\frac{m_x}{5.00}=$______ (μg/mL)。

六、问题思考

1. 为什么要在显色前加入盐酸羟胺？显色后加可以吗？
2. 根据试验结果，计算邻菲啰啉-Fe^{2+} 配合物的摩尔吸光系数？

技能训练35

邻菲啰啉分光光度法测定水中铁含量（标准比较法）

一、实训目的

1. 熟悉分光光度法测定条件选择方法。
2. 掌握 SP22PC 分光光度计的使用。
3. 掌握标准比较法测定水中铁含量。

二、仪器与试剂

1. 仪器：具塞比色管（50mL）、SP22PC分光光度计、吸量管、容量瓶（100mL）。

2. 试剂：铁标准溶液（100μg/mL）、盐酸羟胺溶液（1%）、HAc-NaAc缓冲溶液、邻菲啰啉溶液。

三、实训原理

邻菲啰啉测Fe是国家标准方法，Fe^{2+}在pH 3～8介质中与邻菲啰啉生成稳定的橙红色配合物，并在510nm呈最大吸收。当铁以Fe^{3+}存在时，可预选用还原剂盐酸羟胺将其还原成Fe^{2+}，其反应式为：

$$4Fe^{3+}+2NH_2OH \longrightarrow 4Fe^{2+}+N_2+2H_2O+2H^+$$

标准比较法也叫直接比较法，这种方法是在相同条件下分别测定试样溶液和一个标准溶液的吸光度，根据朗伯-比尔定律得：

$$\frac{c_x}{c_s}=\frac{A_x}{A_s}, 则\ c_x=c_s\frac{A_x}{A_s}$$

四、实训步骤

1. 稀释

用吸量管移入10.00mL浓度为100μg/mL的铁标准溶液至100mL容量瓶中，用蒸馏水稀释至刻度，摇匀，得10.0μg/mL铁标准溶液。

2. 发色

取五支50mL具塞比色管，分别编号为1、2、3、4、5号。用吸量管分别吸取6.0mL浓度为10.0μg/mL的铁标准溶液于1号、2号比色管中，再用吸量管分别吸取6.0mL未知水样于3号、4号比色管中，5号为空白试验用。在五支比色管中分别加入盐酸羟胺5mL，摇匀，再加入HAc-NaAc缓冲溶液5mL和邻菲啰啉5mL，用蒸馏水稀释至刻度，摇匀。

3. 含量测定

在分光光度计上，用1cm比色皿，以试剂空白为参比为空白溶液，在波长510nm处，测定各溶液的吸光度，每个溶液测定两次。

五、数据记录和结果计算

1. 将实验数据记录在表8-6中，未知样铁含量$c_x=c\frac{A_x}{\overline{A}}$，以平均值表示测定结果。

2. 计算未知样浓度的相对平均偏差$=\frac{\sum|c_i-\bar{c}|}{n\bar{c}}\times100\%$。

表8-6 标准曲线的绘制数据

分光光度计型号________ 比色皿厚度________

标准溶液浓度 c/(μg/mL)		
标准溶液体积/mL	$V_1=$	$V_2=$
第一次测吸光度 A_1		

续表

第二次测吸光度 A_2		
两次测吸光度平均值 $A_{平均}$		
标准样的吸光度平均值 $\overline{A}$		
未知样溶液体积/mL	$V_1=$	$V_2=$
第一次测吸光度 A_1		
第二次测吸光度 A_2		
两次测吸光度平均值 A_x		
未知样溶液浓度 c_x/(μg/mL)		
未知样溶液浓度平均值/(μg/mL)		
未知样浓度的相对平均偏差/%		

结论：1.

2.

检验人：(签名)

年　月　日

六、问题思考

1. 标准比较法的优点是什么？缺点是什么？
2. 如果水样含量很高或很低，应如何测定？

技能训练36

工业盐酸中铁含量测定（1,10-菲啰啉分光光度法）

一、实训目的

1. 熟悉分光光度法测定条件选择方法。
2. 掌握 SP22PC 分光光度计的使用。
3. 掌握工业盐酸中铁含量测定。

二、仪器与试剂

1. 仪器：容量瓶、SP22PC 分光光度计、吸量管、比色皿、天平。

2. 试剂：铁标准溶液（100μg/mL）、盐酸羟胺溶液（1%）、HAc-NaAc 缓冲溶液、邻菲啰啉溶液、盐酸（1+10）、氨水（1+1）。

三、实训原理

用盐酸羟胺将试料中的 Fe^{3+} 还原成 Fe^{2+}，在 pH 值为 4.5 的缓冲溶液体系中，Fe^{2+} 与 1,10-菲啰啉反应生成橙红色络合物，用分光光度计测定吸光度。反应式如下：

$$4Fe^{3+}+2NH_2OH \longrightarrow 4Fe^{2+}+N_2O+4H^++H_2O$$

$$Fe^{2+} + 3C_{12}H_8N_2 = [Fe(C_{12}H_8N_2)_3]^{2+}$$

四、实训步骤

1. 标准曲线绘制

（1）按表 8-7 量取 10.0μg/mL 铁标准溶液，分别置于 6 个 50mL 容量瓶中。

表 8-7 铁标准溶液的量取

编号	铁标准溶液(10.0μg/mL)体积/mL	对应的铁质量/μg
1	0	0
2	2.0	20
3	4.0	40
4	6.0	60
5	8.0	80
6	10.0	100

（2）向每个容量瓶中加入 10mL 盐酸溶液（1+10），加水至约 20mL，用氨水（1+1）调至溶液 pH 值为 2～3，然后加入 2mL 盐酸羟胺溶液、5mL HAc-NaAc 缓冲溶液和 3mL 邻菲啰啉溶液，用水稀释至刻度，摇匀，静置 10min。

（3）用适宜的比色皿，在波长 510nm 处，用空白溶液调整分光光度计零点，测定溶液吸光度。

（4）以铁含量（单位为 μg）为横坐标，与其对应的吸光度为纵坐标绘制标准曲线。

2. 试样溶液制备

量取约 8.6mL 实验室样品，称量（精确到 0.01g），置于内装约 50mL 水的 100mL 容量瓶中，用水稀释至刻度，摇匀。

3. 试料

量取 10.00mL 上述试样溶液置于 50mL 容量瓶中，加水至约 20mL，用氨水调至溶液 pH 值为 2～3，然后加 2mL 盐酸羟胺溶液、5mL HAc-NaAc 缓冲溶液和 3mL 邻菲啰啉溶液，用水稀释至刻度，摇匀，静置 10min。

4. 空白试验

不加试料，加 10mL 盐酸（1+10）溶液，采用与测定试料完全相同的分析步骤、试剂和用量进行空白试验。

5. 测定

用适宜的比色皿，在波长 510nm 处，用空白溶液调整分光光度计零点，测定样品溶液吸光度。

五、数据记录和结果计算

将试验数据记录在表 8-8 中，铁含量以铁（Fe）的质量分数 w 计，数值以%表示，按下式计算：

$$w(\mathrm{Fe}) = \frac{m_2 \times 10^{-6}}{m_1 \times 10/100} \times 100 = \frac{m_2 \times 10^{-3}}{m_1}$$

式中，m_1 为试样质量，g；m_2 为由标准曲线上查得的试料中铁质量的数值，μg。

表 8-8 标准曲线的绘制

试样质量 m_1=__________，m_2=__________

编号	1	2	3	4	5	6	7(未知)
标准溶液体积/mL	0.0	2.0	4.0	6.0	8.0	10.0	10.0
铁的质量 m/μg	0	20	40	60	80	100	
吸光度 A							

六、问题思考

1. 本实验中加氨水的作用是什么？
2. 根据试验结果，如何计算邻菲啰啉-Fe^{2+}配合物的摩尔吸光系数？

技能训练37

磺基水杨酸分光光度法测定水中铁含量（标准曲线法）

一、实训目的

1. 熟悉分光光度法测定条件的选择方法。
2. 掌握 SP22PC 分光光度计的使用。
3. 掌握磺基水杨酸分光光度法测定水中铁含量。

二、仪器与试剂

1. 仪器：具塞比色管（50mL）、SP22PC 分光光度计、吸量管。
2. 试剂：铁标准溶液（25.0μg/mL）、氨水（1+1）、磺基水杨酸溶液（10%）、未知水样。

三、实训原理

磺基水杨酸是分光光度法测定铁的有机显色剂之一。磺基水杨酸（简式为 H_3R）与 Fe^{3+}可以形成稳定的配合物，因溶液 pH 值的不同，形成配合物的组成也不同。在 pH＝9～11.5 溶液中，Fe^{3+}与磺基水杨酸反应生成三磺基水杨酸铁黄色配合物，最大吸收波长为 420nm，故在此波长下测量吸光度。

四、实训步骤

1. 绘制标准曲线

分别准确移取 25.0μg/mL 铁标准溶液 0.00mL、1.00mL、2.00mL、3.00mL、4.00mL 和 5.00mL 置于 50mL 具塞比色管中，各加入 2mL 磺基水杨酸溶液，在不断摇动下逐滴加入氨水（1+1）至溶液呈鲜明黄色，再过量 1mL，用蒸馏水稀释至刻度，摇匀，放置 10min。

在分光光度计上，用 1cm 比色皿，以试剂空白为参比溶液，在波长 420nm 处，测定各溶液的吸光度。以铁质量为横坐标、吸光度为纵坐标，绘制标准曲线。

2. 水中铁含量测定

吸取水样 5.00mL 置于 50mL 具塞比色管中，按标准曲线的测定步骤，测量其吸光度，从标准曲线上查出铁的浓度，计算水样中铁的含量（单位为 μg/mL）。

注意：标准溶液和未知溶液的配制和测定一起进行。

五、数据记录和结果计算

将试验数据记录在表 8-9 中。

表 8-9 标准曲线的绘制数据

分光光度计型号__________ 比色皿厚度__________

编号	1	2	3	4	5	6	7(未知)
标准溶液体积/mL	0.00	1.00	2.00	3.00	4.00	5.00	5.00
铁的质量 $m/\mu g$							
吸光度 A							

利用坐标纸以铁的质量和吸光度作 m-A 图，从图中查出水样中铁质量 m_x。也可利用 Excel 软件，插入散点图，添加趋势线，得到方程。

分析结果：$Fe=\frac{m_x}{5.00}=$______ (μg/mL)。

六、问题思考

1. 为什么要加入氨水溶液？
2. 根据试验结果，如何计算磺基水杨酸-Fe^{3+}配合物的摩尔吸光系数？

技能训练38

磺基水杨酸分光光度法测定水中铁含量（标准比较法）

一、实训目的

1. 熟悉分光光度法测定条件选择方法。
2. 掌握 SP22PC 分光光度计的使用。
3. 掌握磺基水杨酸分光光度法测定水中铁含量。

二、仪器与试剂

1. 仪器：容量瓶（50mL）、SP22PC 分光光度计、吸量管。

2. 试剂：铁标准溶液（25.0μg/mL）、氨水（1＋1）、磺基水杨酸溶液（10%）、未知水样。

三、实训原理

磺基水杨酸是分光光度法测定铁的有机显色剂之一。磺基水杨酸（简式为 H_3R）与

Fe^{3+}可以形成稳定的配合物，因溶液 pH 值的不同，形成配合物的组成也不同。在 pH＝9～11.5 溶液中，Fe^{3+}与磺基水杨酸反应生成三磺基水杨酸铁黄色配合物，最大吸收波长为420nm，故在此波长下测量吸光度。

四、实训步骤

1. 发色

取 5 只 50mL 的容量瓶，分别编号为 1 号、2 号、3 号、4 号、5 号。用吸量管分别吸取 6.00mL 的铁标准溶液（25.0μg/mL）于 1 号、2 号容量瓶中；再用吸量管分别吸取 6.00mL 未知水样于 3 号、4 号容量瓶中；5 号容量瓶为空白试验用。在 5 只容量瓶中分别加入磺基水杨酸 2mL，在不断摇动下逐滴加入氨水（1＋1）溶液至溶液呈鲜明黄色，再多加 1mL，用蒸馏水稀释至刻度摇匀，放置 10min。

2. 测定

在分光光度计上，用 1cm 比色皿，以试剂空白为参比溶液，在波长 420nm 处，测定各溶液的吸光度，每个溶液样测两次吸光度。

五、数据记录和结果计算

1. 将试验数据记录在表 8-10 中，未知样铁含量 $c_x=c\dfrac{A_x}{\overline{A}}$，以平均值表示测定结果。

2. 计算未知样浓度的相对平均偏差＝$\dfrac{\sum|c_i-\bar{c}|}{n\bar{c}}\times100\%$。

表 8-10 标准比较法测铁含量

分光光度计型号__________ 比色皿厚度__________

标准溶液浓度 c/(μg/mL)		
标准溶液体积/mL	V_1＝	V_2＝
第一次测吸光度 A_1		
第二次测吸光度 A_2		
两次测吸光度平均值 $A_{平均}$		
标准样的吸光度平均值 $\overline{A}$		
未知水样体积/mL	V_1＝	V_2＝
第一次测吸光度 A_1		
第二次测吸光度 A_2		
两次测吸光度平均值 A_x		
未知水样浓度 c_x/(μg/mL)		
未知水样浓度平均值/(μg/mL)		
未知水样浓度的相对平均偏差/%		

结论：1.

2.

检验人：(签名)

年 月 日

六、问题思考

1. 为什么要加入氨水溶液？
2. 标准比较法和标准曲线法的优缺点有哪些？

职业素养（professional ethics）

习近平总书记指出：“核心价值观，其实就是一种德，既是个人的德，也是一种大德，就是国家的德、社会的德。国无德不兴，人无德不立。”在当代中国，核心价值观反映了全国各族人民共同认同价值观的“最大公约数”，关乎国家前途命运。爱国敬业是有道德，廉洁奉公是有道德，诚信友善是有道德，孝敬父母是有道德，只有每个人前进一小步，整个社会才会前进一大步。

习 题

一、填空题

1. 可见光的波长范围是（　　），紫外线的波长范围是（　　）。
2. 透光度和吸光度的关系方程式为（　　）。
3. 朗伯-比尔定律方程式为（　　）。
4. 紫外-可见分光光度计由（　　）、单色器、吸收池、（　　）及信号显示系统组成。
5. 可见光光源一般是（　　），紫外光源一般为氢灯或氘灯。
6. 单色器主要有棱镜和（　　）。

二、单项选择题

1.（　　）不属于显色条件。

A. 显色剂浓度　　B. 参比液的选择　　C. 显色酸度　　D. 显色时间

2. 分光光度法的吸光度与（　　）无关。

A. 入射光的波长　　B. 液层的高度　　C. 液层的厚度　　D. 溶液的浓度

3. 邻二氮菲法测铁，参比液最好选择（　　）。

A. 样品参比　B. 蒸馏水参比　C. 试剂参比　D. 溶剂参比

4. 721 型分光光度计使用较长时间后，要检查（　　）的准确性，以保证仪器的正常使用和结果的可靠性。

A. 灵敏度　B. 波长　C. 光源　D. 读数范围

5. 721 型分光光度计的检测器是（　　）。

A. 光电管　B. 光电倍增管　C. 硒光电池　D. 测辐射热器

6. 邻二氮菲法测铁，正确的操作顺序为（　　）。

A. 水样＋邻二氮菲　B. 水样＋$NH_2OH \cdot HCl$＋邻二氮菲

C. 水样＋HAc＋NaAc＋邻二氮菲　D. 水样＋$NH_2OH \cdot HCl$＋HAc-NaAc＋邻二氮菲

7. （　　）属于显色条件的选择。

A. 选择合适波长的入射光　B. 控制适当的读数范围

C. 选择适当的参比液　D. 选择适当的缓冲液

8. 通常情况下，在分光光度法中，（　　）不是导致偏离朗伯-比尔定律的因素。

A. 吸光物质浓度＞0.01mol/L　B. 显色温度

C. 单色光不纯　D. 待测溶液中的化学反应

9. 光吸收定律应用条件是（　　）。其中：（1）稀溶液（c＜0.01mol/L）；（2）入射光为单色光；（3）均匀介质；（4）入射光只能是可见光。

A. （1）（2）（3）　B. （2）（3）（4）　C. （1）（3）（4）　D. （1）（2）（4）

10. 目视比色法中，常用的标准系列法是比较（　　）。

A. 入射光的强度　B. 吸收光的强度　C. 透过光的强度　D. 溶液颜色的深浅

11. 用邻菲啰啉法测定锅炉水中的铁，pH 值需控制在 4～6 之间，通常选择（　　）缓冲溶液较合适。

A. 邻苯二甲酸氢钾　B. NH_3-NH_4Cl　C. $NaHCO_3$-Na_2CO_3　D. HAc-NaAc

12. 紫外-可见分光光度计分析所用的光谱是（　　）光谱。

A. 原子吸收　B. 分子吸收　C. 分子发射　D. 质子吸收

三、判断题

（　　）1. 仪器分析用标准溶液制备时，一般先配制成标准储备液，使用时再稀释成标准溶液。

（　　）2. 亚铁离子与邻二氮菲生成稳定的橙红色配合物。

（　　）3. 吸光系数越小，说明比色分析方法的灵敏度越高。

（　　）4. 光的吸收定律不仅适用于溶液，同样也适用于气体和固体。

（　　）5. 在分光光度法中，溶液的吸光度与溶液浓度成正比。

（　　）6. 显色条件系指是显色反应的条件选择，包括显色剂浓度、显色酸度、显色温度、显色时间、溶剂、缓冲溶液及用量、表面活性剂及用量等。

（　　）7. 摩尔吸光系数的单位为 mol·cm/L。

（　　）8. 常见的紫外光源是氢灯或氘灯。

（　　）9. 任意两种颜色的光，按一定的强度比例混合就能得到白光。

（　　）10. 显色剂用量应以吸光度越大越好。

四、简答题

1. 什么是朗伯-比尔定律?

2. 什么是标准曲线法?

五、计算题

1. 已知一含 Fe^{2+} 浓度为 12.5μg/25mL，用邻二氮菲显色后形成 $Fe(Phen)_3$，用 2cm 比色皿在 $\lambda=$ 508nm 测得 $A=0.19$，求摩尔吸光系数 ε。

2. 称取钢样 0.512g，溶于酸后，将其中的锰氧化成高锰酸盐，定容至 100mL，在 520nm 波长下用

2.0cm 的比色皿，测得吸光度为 0.628，已知 $\varepsilon=2235L/(mol \cdot cm)$，求锰的质量分数。（已知 $M_{Mn}=54.94$）

3. 浓度为 1.0μg/mL 的 Fe^{2+} 溶液与邻二氮菲显色后，在吸收皿厚度为 2.0cm、波长为 510nm 处测得吸光度 $A=0.38$，试计算（$M_{Fe}=55.85$）：(1) 吸光系数 a；(2) 摩尔吸光系数 ε；(3) $b=3.0cm$ 时，该有色溶液在 510nm 处的吸光度 A 和百分透光率 T。

小常识

邻菲啰啉（1,10-phenanthroline）

1.性状（property）

邻菲啰啉，化学式 $C_{12}H_8N_2 \cdot H_2O$，分子量 198.22，CAS 登录号 66-71-7，俗名邻二氮菲、邻菲啰啉、邻菲咯啉、1,10-菲啰啉。用水重结晶时，含一分子结晶水，一水物为白色结晶性粉末，熔点 91.5℃。其溶于乙醇、苯、丙酮，不溶于石油醚。其与铁、铜、钴、镍和 2,2′-联吡啶形成配合物，与 Fe^{2+} 形成红色配合物，可用作铜、铁的定量比色试剂，又可作为硫酸铈滴定铁盐的指示剂，还可用作动物性纤维的染料。

2. 泄漏应急处理（emergency treatment）

隔离泄漏污染区，限制出入。切断火源。建议应急处理人员戴防尘面具，穿防毒服。避免扬尘，小心扫起，置于袋中转移至安全场所。也可以用大量水冲洗，洗水稀释后放入废水系统。若大量泄漏，用塑料布、帆布覆盖。收集回收或运至废物处理场所处置。

3. 储存方法（storage）

储存于阴凉、干燥、通风良好的库房。远离火种、热源。保持容器密封。应与碱类、碱金属、食用化学品分开存放，切忌混储。配备相应品种和数量的消防器材。储区应备有合适的材料收容泄漏物。

4. 防护措施（safety precaution）

工程控制：密闭操作，局部排风。提供安全淋浴和洗眼设备。

呼吸系统防护：可能接触其粉尘时，必须佩戴防尘面具（全面罩）。紧急事态抢救或撤离时，建议佩戴空气呼吸器。

眼睛防护：呼吸系统防护中已做防护。

身体防护：穿连体式胶布防毒衣。

手防护：戴橡胶手套。

其他防护：工作完毕，淋浴更衣，注意个人卫生清洁。

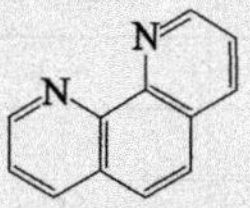

邻菲啰啉

附录
Appendix

附录一

不同温度下标准溶液的体积补正值

单位：mL/L

温度/℃	水和 0.05mol/L 以下的各种水溶液	0.1mol/L 和 0.2mol/L 各种水溶液	盐酸溶液 $c(HCl)=$ 0.5mol/L	盐酸溶液 $c(HCl)=$ 1mol/L	硫酸溶液 $c(H_2SO_4)=0.5$mol/L 氢氧化钠溶液 $c(NaOH)=0.5$mol/L	硫酸溶液 $c(H_2SO_4)=1$mol/L 氢氧化钠溶液 $c(NaOH)=1$mol/L
5	+1.38	+1.7	+1.9	+2.3	+2.4	+3.6
6	+1.38	+1.7	+1.9	+2.2	+2.3	+3.4
7	+1.36	+1.6	+1.8	+2.2	+2.2	+3.2
8	+1.33	+1.6	+1.8	+2.1	+2.2	+3
9	+1.29	+1.5	+1.7	+2	+2.1	+2.7
10	+1.23	+1.5	+1.6	+1.9	+2	+2.5
11	+1.17	+1.4	+1.5	+1.8	+1.8	+2.3
12	+1.1	+1.3	+1.4	+1.6	+1.7	+2
13	+0.99	+1.1	+1.2	+1.4	+1.5	+1.8
14	+0.88	+1	+1.1	+1.2	+1.3	+1.6
15	+0.77	+0.9	+0.9	+1	+1.1	+1.3
16	+0.64	+0.7	+0.8	+0.8	+0.9	+1.1
17	+0.5	+0.6	+0.6	+0.6	+0.7	+0.8
18	+0.34	+0.4	+0.4	+0.4	+0.5	+0.6
19	+0.18	+0.2	+0.2	+0.2	+0.2	+0.3
20	0.00	0.00	0.00	0.00	0.00	0.00
21	−0.18	−0.2	−0.2	−0.2	−0.2	−0.3
22	−0.38	−0.4	−0.4	−0.5	−0.5	−0.6
23	−0.58	−0.6	−0.7	−0.7	−0.8	−0.9
24	−0.8	−0.9	−0.9	−1	−1	−1.2
25	−1.03	−1.1	−1.1	−1.2	−1.3	−1.5
26	−1.26	−1.4	−1.4	−1.4	−1.5	−1.8
27	−1.51	−1.7	−1.7	−1.7	−1.8	−2.1
28	−1.76	−2	−2	−2	−2.1	−2.4
29	−2.01	−2.3	−2.3	−2.3	−2.4	−2.8
30	−2.3	−2.5	−2.5	−2.6	−2.8	−3.2

续表

温度/℃	水和 0.05mol/L 以下的各种水溶液	0.1mol/L 和 0.2mol/L 各种水溶液	盐酸溶液 $c(HCl)=$ 0.5mol/L	盐酸溶液 $c(HCl)=$ 1mol/L	硫酸溶液 $c(H_2SO_4)=0.5mol/L$ 氢氧化钠溶液 $c(NaOH)=0.5mol/L$	硫酸溶液 $c(H_2SO_4)=1mol/L$ 氢氧化钠溶液 $c(NaOH)=1mol/L$
31	−2.58	−2.7	−2.7	−2.9	−3.1	−3.5
32	−2.86	−3	−3	−3.2	−3.4	−3.9

注：1. 本表数值是以 20℃为标准温度以实测法测出。

2. 表中带有"+""−"号的数值是以 20℃为分界，室温低于 20℃的补正值为"+"，高于 20℃的补正值为"−"。

3. 本表的用法：如 1L 硫酸溶液［$c(H_2SO_4)=1mol/L$］由 25℃换算为 20℃时，其体积修正值为−1.5mL/L，故 40.00mL 的体积修正值为 $40\times(-1.5)/1000=-0.06mL$，换算为 20℃时的体积为 $V_{20}=40-0.06=39.94$（mL）。

附录二

滴定管校正曲线

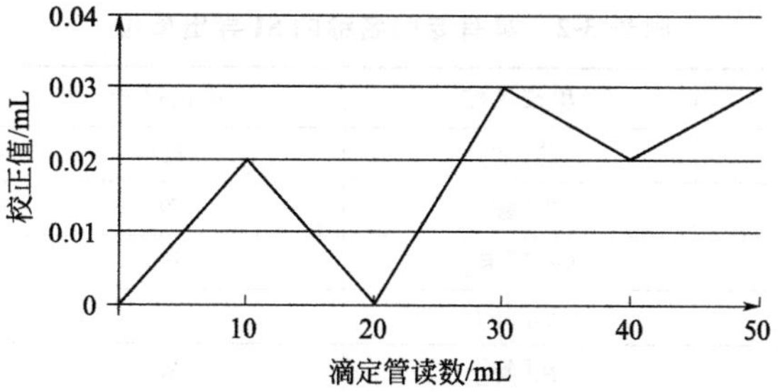

附图 2-1 滴定管校正曲线（1）

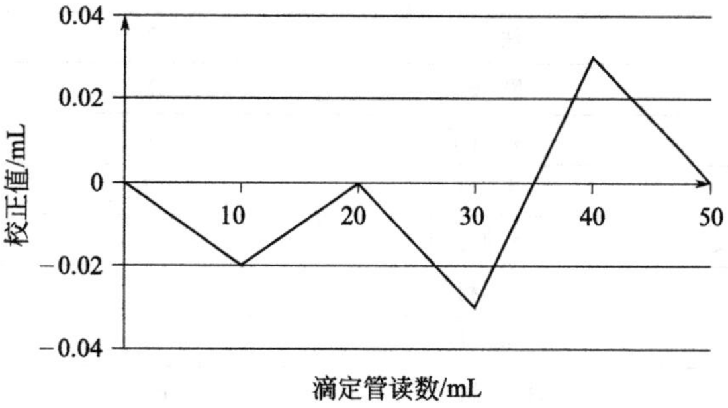

附图 2-2 滴定管校正曲线（2）

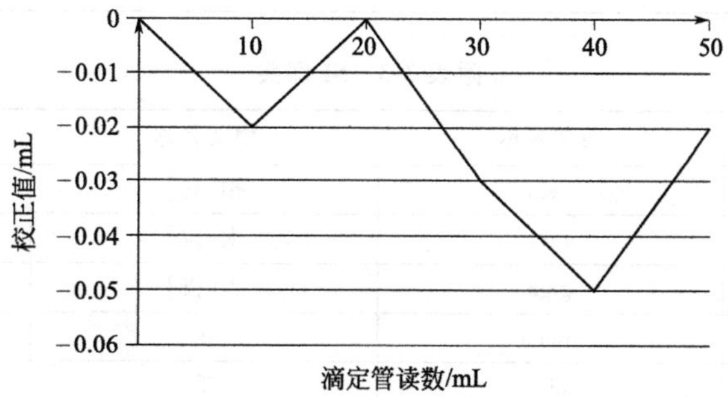

附图 2-3 滴定管校正曲线（3）

附录三

中国法定计量单位

附表 3-1 国际单位制（SI）的基本单位

量名称	单位名称	单位符号
长度	米	m
质量	千克(公斤)	kg
时间	秒	s
电流	安[培]	A
热力学温度	开[尔文]	K
物质的量	摩[尔]	mol
发光强度	坎[德拉]	cd

附表 3-2 具有专门名称的 SI 导出单位

量名称	单位名称	单位符号	其他符号
频率	赫[兹]	Hz	s^{-1}
力	牛[顿]	N	$kg \cdot m/s^2$
压力,压强,应力	帕[斯卡]	Pa	N/m^2
能[量],功,热量	焦[耳]	J	$N \cdot m$
功率,辐[射能]通量	瓦[特]	W	J/s
电荷[量]	库[仑]	C	$A \cdot s$
电压,电动势,电位(电势)	伏[特]	V	W/A
电容	法[拉]	F	C/V
电阻	欧[姆]	Ω	V/A
电导	西[门子]	S	Ω^{-1}
磁通[量]	韦[伯]	Wb	$V \cdot s$
磁通[量]密度,磁感应强度	特[斯拉]	T	Wb/m^2
电感	亨[利]	H	Wb/A
摄氏温度	摄氏度	℃	K
[放射性]活度	贝可[勒尔]	Bq	s^{-1}
光通量	流[明]	lm	$cd \cdot sr$
[光]照度	勒[克斯]	lx	lm/m^2

附表 3-3 SI 词头

因数	英文名称	中文名称	符号
10^{15}	peta	拍[它]	P
10^{12}	tera	太[拉]	T
10^{9}	giga	吉[伽]	G
10^{6}	mega	兆	M
10^{3}	kilo	千	k
10^{2}	hecto	百	h

续表

因数	英文名称	中文名称	符号
10^{1}	deca	十	da
10^{-1}	deci	分	d
10^{-2}	centi	厘	c
10^{-3}	milli	毫	m
10^{-6}	micro	微	μ
10^{-9}	nano	纳[诺]	n
10^{-12}	pico	皮[可]	p
10^{-15}	femto	飞[母托]	f

附录四

常用酸碱溶液的相对密度和浓度

名称	分子式	分子量	c/(mol/L)	质量浓度/%	密度/(kg/m³)
冰醋酸	CH_3COOH	60.05	17.4	99.5	1.05
乙酸	CH_3COOH	60.05	6	36.2	1.045
甲酸	HCOOH	46.02	23.4	90	1.200
盐酸	HCl	36.50	11.6～12.4	36～38	1.18～1.19
硝酸	HNO_3	63.02	14.9	68	1.40
高氯酸	$HClO_4$	100.47	11.65	70	1.68
磷酸	H_3PO_4	98.00	15	85	1.70
硫酸	H_2SO_4	98.08	18.0	95～98	1.83～1.84
氨水	$NH_3 \cdot H_2O$	35.05	15	25～28	0.88～0.90

附录五

常用缓冲溶液的配制

pH 值	缓冲溶液组成	配制方法
3.7	甲酸-氢氧化钠	取 95g 甲酸和 40g 氢氧化钠溶于 500mL 水中，用水稀释至 1000mL
3.6	乙酸-乙酸钠	取乙酸钠 5.1g，加冰醋酸 20mL，再加水稀释至 250mL
4.5	乙酸-乙酸钠	取乙酸钠 18g，加冰醋酸 9.8mL，再加水稀释至 1000mL
6.0	乙酸-乙酸钠	取乙酸钠 54.6g，加 1mol/L 乙酸溶液 20mL 溶解后，加水稀释至 500mL
6.5	磷酸盐	取磷酸二氢钾 0.68g，加 0.1mol/L 氢氧化钠溶液 15.2mL，用水稀释至 100mL
7.0	磷酸盐	取磷酸二氢钾 0.68g，加 0.1mol/L 氢氧化钠溶液 29.1mL，用水稀释至 100mL
7.4	磷酸盐	取磷酸二氢钾 1.36g，加 0.1mol/L 氢氧化钠溶液 79mL，用水稀释至 200mL
8.0	氨-氯化铵	取氯化铵 50g 溶于适量水中，加 15mol/L 氨水 3.5mL，用水稀释至 500mL
10.0	氨-氯化铵	取氯化铵 27g 溶于适量水中，加 15mol/L 氨水 197mL，用水稀释至 500mL

附录六

弱酸在水中解离常数（298K）

名称		化学式	K_a	pK_a
无机酸	亚砷酸	$HAsO_2$	6.0×10^{-10}	9.22
	砷酸	H_3AsO_4	$6.3\times10^{-3}(K_{a1})$	2.2
			$1.05\times10^{-7}(K_{a2})$	6.98
			$3.2\times10^{-12}(K_{a3})$	11.5
	硼酸	H_3BO_3	$5.8\times10^{-10}(K_{a1})$	9.24
			$1.8\times10^{-13}(K_{a2})$	12.74
			$1.6\times10^{-14}(K_{a3})$	13.8
	氢氰酸	HCN	6.2×10^{-10}	9.21
	碳酸	H_2CO_3	$4.2\times10^{-7}(K_{a1})$	6.38
			$5.6\times10^{-11}(K_{a2})$	10.25
	次氯酸	HClO	3.2×10^{-8}	7.5
	氢氟酸	HF	3.5×10^{-4}	3.46
	亚硝酸	HNO_2	4.6×10^{-4}	3.34
	磷酸	H_3PO_4	$7.6\times10^{-3}(K_{a1})$	2.12
			$6.3\times10^{-8}(K_{a2})$	7.2
			$4.4\times10^{-13}(K_{a3})$	12.36
	氢硫酸	H_2S	$1.3\times10^{-7}(K_{a1})$	6.88
			$7.1\times10^{-15}(K_{a2})$	14.15
	亚硫酸	H_2SO_3	$1.23\times10^{-2}(K_{a1})$	1.91
			$6.6\times10^{-8}(K_{a2})$	7.18
	硫酸	H_2SO_4	$1.0\times10^{3}(K_{a1})$	−3
			$1.0\times10^{-2}(K_{a2})$	2.0
有机酸	甲酸	HCOOH	1.8×10^{-4}	3.75
	乙酸	CH_3COOH	1.8×10^{-5}	4.74
	草酸	$(COOH)_2$	$5.4\times10^{-2}(K_{a1})$	1.27
			$5.4\times10^{-5}(K_{a2})$	4.27
	甘氨酸	$CH_2(NH_2)COOH$	1.7×10^{-10}	9.78
	丙酸	CH_3CH_2COOH	1.35×10^{-5}	4.87
	苯酚	C_6H_5OH	1.1×10^{-10}	9.96
	苯甲酸	C_6H_5COOH	6.3×10^{-5}	4.2
	水杨酸	$C_6H_4(OH)COOH$	$1.05\times10^{-3}(K_{a1})$	2.98
			$4.17\times10^{-13}(K_{a2})$	12.38
	邻苯二甲酸	$(o)C_6H_4(COOH)_2$	$1.1\times10^{-3}(K_{a1})$	2.96
			$4.0\times10^{-6}(K_{a2})$	5.4

附录七

弱碱在水溶液中的解离常数（298K）

名称		化学式	K_b	pK_b
无机碱	氨水	$NH_3 \cdot H_2O$	1.78×10^{-5}	4.75
	肼(联氨)	$N_2H_4 \cdot H_2O$	$9.55\times10^{-7}(K_{b1})$	6.02
			$1.26\times10^{-15}(K_{b2})$	14.9
	羟氨	$NH_2OH \cdot H_2O$	9.12×10^{-9}	8.04
有机碱	甲胺	CH_3NH_2	4.17×10^{-4}	3.38
	尿素(脲)	$CO(NH_2)_2$	1.5×10^{-14}	13.82
	乙胺	$CH_3CH_2NH_2$	4.27×10^{-4}	3.37
	乙二胺	$H_2N(CH_2)_2NH_2$	$8.51\times10^{-5}(K_{b1})$	4.07
			$7.08\times10^{-8}(K_{b2})$	7.15
	二甲胺	$(CH_3)_2NH$	5.89×10^{-4}	3.23
	三乙胺	$(C_2H_5)_3N$	5.25×10^{-4}	3.28
	丙胺	$C_3H_7NH_2$	3.70×10^{-4}	3.432
	三乙醇胺	$(HOCH_2CH_2)_3N$	5.75×10^{-7}	6.24
	苯胺	$C_6H_5NH_2$	3.98×10^{-10}	9.4
	苄胺	C_7H_9N	2.24×10^{-5}	4.65
	环己胺	$C_6H_{11}NH_2$	4.37×10^{-4}	3.36
	吡啶	C_5H_5N	1.48×10^{-9}	8.83
	六亚甲基四胺	$(CH_2)_6N_4$	1.35×10^{-9}	8.87

附录八

标准电极电势（298K）

电极反应	$E^\ominus$/V	电极反应	$E^\ominus$/V
$Li^+ + e \longrightarrow Li$	−3.042	$Ce^{3+} + 3e \longrightarrow Ce$	−2.336
$Cs^+ + e \longrightarrow Cs$	−3.026	$Al^{3+} + 3e \longrightarrow Al$	−1.662
$Rb^+ + e \longrightarrow Rb$	−2.98	$Mn^{2+} + 2e \longrightarrow Mn$	−1.185
$K^+ + e \longrightarrow K$	−2.931	$Zn^{2+} + 2e \longrightarrow Zn$	−0.7618
$Ba^{2+} + 2e \longrightarrow Ba$	−2.912	$Cr^{3+} + 3e \longrightarrow Cr$	−0.744
$Sr^{2+} + 2e \longrightarrow Sr$	−2.89	$Fe^{2+} + 2e \longrightarrow Fe$	−0.447
$Ca^{2+} + 2e \longrightarrow Ca$	−2.868	$Cr^{3+} + e \longrightarrow Cr^{2+}$	−0.407
$Na^+ + e \longrightarrow Na$	−2.71	$Ni^{2+} + 2e \longrightarrow Ni$	−0.257
$La^{3+} + 3e \longrightarrow La$	−2.379	$Sn^{2+} + 2e \longrightarrow Sn$	−0.1375
$Mg^{2+} + 2e \longrightarrow Mg$	−2.372	$Pb^{2+} + 2e \longrightarrow Pb$	−0.1262

续表

电极反应	$E^{\ominus}$/V	电极反应	$E^{\ominus}$/V
$Fe^{3+}+3e \rightleftharpoons Fe$	−0.037	$MnO_2+4H^++2e \rightleftharpoons Mn^{2+}+2H_2O$	1.224
$2H^++2e \rightleftharpoons H_2$	0.0000	$O_2+4H^++4e \rightleftharpoons 2H_2O$	1.229
$S_4O_6^{2-}+2e \rightleftharpoons 2S_2O_3^{2-}$	0.08	$Cr_2O_7^{2-}+14H^++6e \rightleftharpoons 2Cr^{3+}+7H_2O$	1.33
$Cu^{2+}+e \rightleftharpoons Cu^+$	0.153	$HBrO+H^++2e \rightleftharpoons Br^-+H_2O$	1.331
$Cu^{2+}+2e \rightleftharpoons Cu$	0.3419	$HCrO_4^-+7H^++3e \rightleftharpoons Cr^{3+}+4H_2O$	1.350
$Cu^++e \rightleftharpoons Cu$	0.521	$Cl_2(g)+2e \rightleftharpoons 2Cl^-$	1.35827
$I_2+2e \rightleftharpoons 2I^-$	0.5355	$ClO_4^-+8H^++8e \rightleftharpoons Cl^-+4H_2O$	1.389
$Fe^{3+}+e \rightleftharpoons Fe^{2+}$	0.771	$ClO_4^-+8H^++7e \rightleftharpoons 1/2Cl_2+4H_2O$	1.39
$Hg_2^{2+}+2e \rightleftharpoons 2Hg$	0.7973	$MnO_4^-+8H^++5e \rightleftharpoons Mn^{2+}+4H_2O$	1.507
$Ag^++e \rightleftharpoons Ag$	0.7996	$Mn^{3+}+e \rightleftharpoons Mn^{2+}$	1.5415
$NO_3^-+4H^++3e \rightleftharpoons NO+2H_2O$	0.957	$Au^++e \rightleftharpoons Au$	1.692
$2IO_3^-+12H^++10e \rightleftharpoons I_2+6H_2O$	1.195	$Ce^{4+}+e \rightleftharpoons Ce^{3+}$	1.72
$ClO_3^-+3H^++2e \rightleftharpoons HClO_2+H_2O$	1.214	$F_2+2H^++2e \rightleftharpoons 2HF$	3.06

附录九

难溶化合物的溶度积常数（298K）

分子式	K_{sp}	pK_{sp}	分子式	K_{sp}	pK_{sp}
Ag_3AsO_4	1.0×10^{-22}	22.0	$Ba_3(PO_4)_2$	3.4×10^{-23}	22.44
$AgBr$	5.0×10^{-13}	12.30	$BaSO_4$	1.1×10^{-10}	9.96
$AgBrO_3$	5.50×10^{-5}	4.26	$Bi(OH)_3$	4.0×10^{-31}	30.4
$AgCl$	1.8×10^{-10}	9.75	$BiPO_4$	1.26×10^{-23}	22.9
$AgCN$	1.2×10^{-16}	15.92	$CaCO_3$	2.8×10^{-9}	8.54
Ag_2CO_3	8.1×10^{-12}	11.09	$Ca(OH)_2$	5.5×10^{-6}	5.26
Ag_2CrO_4	1.1×10^{-12}	11.96	$Ca_3(PO_4)_2$	2.0×10^{-29}	28.70
AgI	8.3×10^{-17}	16.08	$CaSO_4$	3.16×10^{-7}	5.04
Ag_3PO_4	1.4×10^{-16}	15.84	$CaSiO_3$	2.5×10^{-8}	7.60
Ag_2S	6.3×10^{-50}	49.2	$CaWO_4$	8.7×10^{-9}	8.06
$AgSCN$	1.0×10^{-12}	12.00	$CdCO_3$	5.2×10^{-12}	11.28
Ag_2SO_3	1.5×10^{-14}	13.82	$CdC_2O_4\cdot3H_2O$	9.1×10^{-8}	7.04
Ag_2SO_4	1.4×10^{-5}	4.84	$Cd_3(PO_4)_2$	2.5×10^{-33}	32.6
$Al(OH)_3$	4.57×10^{-33}	32.34	CdS	8.0×10^{-27}	26.1
$Ba_3(AsO_4)_2$	8.0×10^{-51}	50.1	$CdSe$	6.31×10^{-36}	35.2
$BaCO_3$	5.1×10^{-9}	8.29	$CdSeO_3$	1.3×10^{-9}	8.89
BaC_2O_4	1.6×10^{-7}	6.79	CeF_3	8.0×10^{-16}	15.1
$BaCrO_4$	1.2×10^{-10}	9.93	$CePO_4$	1.0×10^{-23}	23.0

续表

分子式	K_{sp}	pK_{sp}	分子式	K_{sp}	pK_{sp}
$Co_3(AsO_4)_2$	7.6×10^{-29}	28.12	HgC_2O_4	1.0×10^{-7}	7.0
$CoCO_3$	1.4×10^{-13}	12.84	Hg_2CO_3	8.9×10^{-17}	16.05
CoC_2O_4	6.3×10^{-8}	7.2	$Hg_2(CN)_2$	5.0×10^{-40}	39.3
$Co_3(PO_4)_3$	2.0×10^{-35}	34.7	Hg_2CrO_4	2.0×10^{-9}	8.70
$CrAsO_4$	7.7×10^{-21}	20.11	Hg_2I_2	4.5×10^{-29}	28.35
$Cr(OH)_3$	6.3×10^{-31}	30.2	HgI_2	2.82×10^{-29}	28.55
CuBr	5.3×10^{-9}	8.28	HgSe	1.0×10^{-59}	59.0
CuCl	1.2×10^{-6}	5.92	$Mg_3(AsO_4)_2$	2.1×10^{-20}	19.68
CuCN	3.2×10^{-20}	19.49	$MgCO_3$	3.5×10^{-8}	7.46
$CuCO_3$	2.34×10^{-10}	9.63	$MnCO_3$	1.8×10^{-11}	10.74
CuI	1.1×10^{-12}	11.96	$Mn(IO_3)_2$	4.37×10^{-7}	6.36
$Cu(OH)_2$	4.8×10^{-20}	19.32	$Mn(OH)_2$	1.9×10^{-13}	12.74
$Cu_3(PO_4)_2$	1.3×10^{-37}	36.9	$NiCO_3$	6.6×10^{-9}	8.18
Cu_2S	2.5×10^{-48}	47.6	$Ni_3(PO_4)_2$	5.0×10^{-31}	30.3
Cu_2Se	1.58×10^{-61}	60.8	α-NiS	3.2×10^{-19}	18.5
CuS	6.3×10^{-36}	35.2	β-NiS	1.0×10^{-24}	24.0
CuSe	7.94×10^{-49}	48.1	γ-NiS	2.0×10^{-26}	25.7
$Fe(OH)_2$	8.0×10^{-16}	15.1	$PbCl_2$	1.6×10^{-5}	4.79
$Fe(OH)_3$	4.0×10^{-38}	37.4	$PbCO_3$	7.4×10^{-14}	13.13
$FePO_4$	1.3×10^{-22}	21.89	$Pb_3(PO_4)_3$	8.0×10^{-43}	42.10
FeS	6.3×10^{-18}	17.2	$ZnCO_3$	1.4×10^{-11}	10.84
Hg_2Cl_2	1.3×10^{-18}	17.88	$Zn_3(PO_4)_2$	9.0×10^{-33}	32.04

附录十

金属配合物的稳定常数

配体	金属离子	配体数	lg*K*
NH_3	Ag^+	1、2	3.40、7.20
	Cd^{2+}	1、2、3、4、5、6	2.60、4.75、6.19、7.12、6.80、5.14
	Cu^{2+}	1、2、3、4	4.13、7.61、10.48、12.59
	Hg^{2+}	1、2、3、4	8.8、17.5、18.5、19.28
	Zn^{2+}	1、2、3、4	2.27、4.61、7.01、9.06
CN^-	Ag^+	2、3、4	21.1、21.7、20.6
	Au^+	2	38.3
	Fe^{3+}	6	42.0
	Hg^{2+}	4	41.4
	Zn^{2+}	1、2、3、4	5.3、11.70、16.70、21.60

续表

配体	金属离子	配体数	lg*K*
NO_3^-	Ba^{2+}	1	0.92
	Ca^{2+}	1	0.28
	Hg^{2+}	1	0.35
	Pb^{2+}	1	1.18
SCN^-	Ag^+	1、2、3、4	4.6、7.57、9.08、10.08
	Bi^{3+}	1、2、3、4、5、6	1.67、3.00、4.00、4.80、5.50、6.10
	Cd^{2+}	1、2、3、4	1.39、1.98、2.58、3.6
	Cu^{2+}	1、2	1.90、3.00
	Fe^{3+}	1、2、3、4、5、6	2.21、3.64、5.00、6.30、6.20、6.10
	Zn^{2+}	1、2、3、4	1.33、1.91、2.00、1.60
$S_2O_3^{2-}$	Ag^+	1、2	8.82、13.46
	Cu^+	1、2、3	10.27、12.22、13.84
	Fe^{3+}	1	2.10
	Pb^{2+}	2、3	5.13、6.35

附录十一

标准缓冲溶液的pH值

温度℃	0.05mol/L 草酸三氢钾	0.05mol/L 邻苯二甲酸氢钾	$KH_2PO_4+Na_2HPO_4$	0.05mol/L 硼砂	饱和氢氧化钙
0	1.67	4.00	6.98	9.46	13.42
5	1.67	4.00	6.95	9.40	13.21
10	1.67	4.00	6.92	9.33	13.00
15	1.67	4.00	6.90	9.28	12.81
20	1.68	4.00	6.88	9.22	12.63
25	1.68	4.01	6.86	9.18	12.45
30	1.69	4.01	6.85	9.14	12.29
35	1.69	4.02	6.84	9.10	12.13
40	1.69	4.04	6.84	9.07	11.98

参 考 文 献

[1] 程建国. 无机及分析化学. 杭州：浙江科学技术出版社，2008.

[2] 聂英斌. 无机及分析化学. 北京：化学工业出版社，2016.

[3] 王静. 无机及分析化学. 北京：高等教育出版社，2015.

[4] 夏玉宇. 化验员实用手册：第 3 版. 北京：化学工业出版社，2012.

[5] 李发美. 分析化学：第 7 版. 北京：人民卫生出版社，2011.

[6] 高职高专化学教材编写组. 分析化学：第 4 版. 北京：高等教育出版社，2016.

[7] 朱伟军. 分析测试技术. 北京：化学工业出版社，2010.

[8] GB/T 601—2016 化学试剂 标准滴定溶液的制备. 北京：中国标准出版社，2016.

[9] GB/T 5462—2016 工业盐. 北京：中国标准出版社，2016.

[10] GB 320—2006 工业用合成盐酸. 北京：中国标准出版社，2006.

[11] GB/T 1616—2014 工业过氧化氢. 北京：中国标准出版社，2014.

元素周期表

IUPAC 2013

氧化态(单质的氧化态为0，未列入；常见的为红色)

95	原子序数
Am	元素符号(红色的为放射性元素)
镅▲	元素名称(注▲的为人造元素)
$5f^7 7s^2$	价层电子构型
243.06138(2)✦	
+2, +3, +4, +5, +6	氧化态

以 ^{12}C=12为基准的原子量(注✦的是半衰期最长同位素的原子量)

s区元素　p区元素　d区元素　ds区元素　f区元素　稀有气体

周期＼族	1 IA	2 IIA	3 IIIB	4 IVB	5 VB	6 VIB	7 VIIB	8 VIIIB(VIII)	9 VIIIB(VIII)	10 VIIIB(VIII)	11 IB	12 IIB	13 IIIA	14 IVA	15 VA	16 VIA	17 VIIA	18 VIIIA(0)	电子层
1	−1, +1 **1** H 氢 $1s^1$ 1.008																	**2** He 氦 $1s^2$ 4.002602(2)	K
2	+1 **3** Li 锂 $2s^1$ 6.94	+2 **4** Be 铍 $2s^2$ 9.0121831(5)											+3 **5** B 硼 $2s^2 2p^1$ 10.81	−4, +2, +4 **6** C 碳 $2s^2 2p^2$ 12.011	−3, −2, −1, +1, +2, +3, +4, +5 **7** N 氮 $2s^2 2p^3$ 14.007	−2, −1 **8** O 氧 $2s^2 2p^4$ 15.999	−1 **9** F 氟 $2s^2 2p^5$ 18.998403163(6)	**10** Ne 氖 $2s^2 2p^6$ 20.1797(6)	L K
3	−1, +1 **11** Na 钠 $3s^1$ 22.98976928(2)	+2 **12** Mg 镁 $3s^2$ 24.305											+3 **13** Al 铝 $3s^2 3p^1$ 26.9815385(7)	−4, +2, +4 **14** Si 硅 $3s^2 3p^2$ 28.085	−3, −2, +1, +3, +5 **15** P 磷 $3s^2 3p^3$ 30.973761998(5)	−2, +2, +4, +6 **16** S 硫 $3s^2 3p^4$ 32.06	−1, +1, +3, +5, +7 **17** Cl 氯 $3s^2 3p^5$ 35.45	**18** Ar 氩 $3s^2 3p^6$ 39.948(1)	M L K
4	−1, +1 **19** K 钾 $4s^1$ 39.0983(1)	+2 **20** Ca 钙 $4s^2$ 40.078(4)	+3 **21** Sc 钪 $3d^1 4s^2$ 44.955908(5)	−1, 0, +2, +3, +4 **22** Ti 钛 $3d^2 4s^2$ 47.867(1)	0, ±1, +2, +3, +4, +5 **23** V 钒 $3d^3 4s^2$ 50.9415(1)	−3, 0, ±1, ±2, +3, +4, +5, +6 **24** Cr 铬 $3d^5 4s^1$ 51.9961(6)	−2, 0, ±1, +2, ±3, +4, +5, +6, +7 **25** Mn 锰 $3d^5 4s^2$ 54.938044(3)	−2, 0, ±1, +2, +3, +4, +5, +6 **26** Fe 铁 $3d^6 4s^2$ 55.845(2)	0, ±1, +2, +3, +4, +5 **27** Co 钴 $3d^7 4s^2$ 58.933194(4)	0, ±1, +2, +3, +4 **28** Ni 镍 $3d^8 4s^2$ 58.6934(4)	+1, +2, +3, +4 **29** Cu 铜 $3d^{10} 4s^1$ 63.546(3)	+1, +2 **30** Zn 锌 $3d^{10} 4s^2$ 65.38(2)	+1, +3 **31** Ga 镓 $4s^2 4p^1$ 69.723(1)	+2, +4 **32** Ge 锗 $4s^2 4p^2$ 72.630(8)	−3, +3, +5 **33** As 砷 $4s^2 4p^3$ 74.921595(6)	−2, +2, +4, +6 **34** Se 硒 $4s^2 4p^4$ 78.971(8)	−1, +1, +3, +5, +7 **35** Br 溴 $4s^2 4p^5$ 79.904	+2, +4 **36** Kr 氪 $4s^2 4p^6$ 83.798(2)	N M L K
5	−1, +1 **37** Rb 铷 $5s^1$ 85.4678(3)	+2 **38** Sr 锶 $5s^2$ 87.62(1)	+3 **39** Y 钇 $4d^1 5s^2$ 88.90584(2)	+1, +2, +3, +4 **40** Zr 锆 $4d^2 5s^2$ 91.224(2)	0, ±1, +2, +3, +4, +5 **41** Nb 铌 $4d^4 5s^1$ 92.90637(2)	0, ±1, ±2, +3, +4, +5, +6 **42** Mo 钼 $4d^5 5s^1$ 95.95(1)	0, ±1, +2, +3, +4, +5, +6, +7 **43** Tc 锝▲ $4d^5 5s^2$ 97.90721(3)✦	0, +1, ±2, +3, +4, +5, +6, +7, +8 **44** Ru 钌 $4d^7 5s^1$ 101.07(2)	0, ±1, +2, +3, +4, +5, +6 **45** Rh 铑 $4d^8 5s^1$ 102.90550(2)	0, +1, +2, +3, +4 **46** Pd 钯 $4d^{10}$ 106.42(1)	+1, +2, +3 **47** Ag 银 $4d^{10} 5s^1$ 107.8682(2)	+1, +2 **48** Cd 镉 $4d^{10} 5s^2$ 112.414(4)	+1, +3 **49** In 铟 $5s^2 5p^1$ 114.818(1)	+2, +4 **50** Sn 锡 $5s^2 5p^2$ 118.710(7)	−3, +3, +5 **51** Sb 锑 $5s^2 5p^3$ 121.760(1)	−2, +2, +4, +6 **52** Te 碲 $5s^2 5p^4$ 127.60(3)	−1, +1, +3, +5, +7 **53** I 碘 $5s^2 5p^5$ 126.90447(3)	+2, +4, +6, +8 **54** Xe 氙 $5s^2 5p^6$ 131.293(6)	O N M L K
6	−1, +1 **55** Cs 铯 $6s^1$ 132.90545196(6)	+2 **56** Ba 钡 $6s^2$ 137.327(7)	**57~71** La~Lu 镧系	+1, +2, +3, +4 **72** Hf 铪 $5d^2 6s^2$ 178.49(2)	0, ±1, +2, +3, +4, +5 **73** Ta 钽 $5d^3 6s^2$ 180.94788(2)	0, ±1, ±2, +3, +4, +5, +6 **74** W 钨 $5d^4 6s^2$ 183.84(1)	0, ±1, +2, +3, +4, +5, +6, +7 **75** Re 铼 $5d^5 6s^2$ 186.207(1)	0, +1, +2, +3, +4, +5, +6, +7, +8 **76** Os 锇 $5d^6 6s^2$ 190.23(3)	0, ±1, +2, +3, +4, +5, +6 **77** Ir 铱 $5d^7 6s^2$ 192.217(3)	0, +2, +3, +4, +5, +6 **78** Pt 铂 $5d^9 6s^1$ 195.084(9)	+1, +2, +3, +5 **79** Au 金 $5d^{10} 6s^1$ 196.966569(5)	+1, +2, +3 **80** Hg 汞 $5d^{10} 6s^2$ 200.592(3)	+1, +3 **81** Tl 铊 $6s^2 6p^1$ 204.38	+2, +4 **82** Pb 铅 $6s^2 6p^2$ 207.2(1)	−3, +3, +5 **83** Bi 铋 $6s^2 6p^3$ 208.98040(1)	−2, +2, +3, +4, +6 **84** Po 钋 $6s^2 6p^4$ 208.98243(2)✦	±1, +5, +7 **85** At 砹 $6s^2 6p^5$ 209.98715(5)✦	+2 **86** Rn 氡 $6s^2 6p^6$ 222.01758(2)✦	P O N M L K
7	+1 **87** Fr 钫▲ $7s^1$ 223.01974(2)✦	+2 **88** Ra 镭 $7s^2$ 226.02541(2)✦	**89~103** Ac~Lr 锕系	**104** Rf 𬬻▲ $6d^2 7s^2$ 267.122(4)✦	**105** Db 𬭊▲ $6d^3 7s^2$ 270.131(4)✦	**106** Sg 𬭳▲ $6d^4 7s^2$ 269.129(3)✦	**107** Bh 𬭛▲ $6d^5 7s^2$ 270.133(2)✦	**108** Hs 𬭶▲ $6d^6 7s^2$ 270.134(2)✦	**109** Mt 鿏▲ $6d^7 7s^2$ 278.156(5)✦	**110** Ds 𫟼▲ 281.165(4)✦	**111** Rg 𬬭▲ 281.166(6)✦	**112** Cn 鿔▲ 285.177(4)✦	**113** Nh 鿭▲ 286.182(5)✦	**114** Fl 𫓧▲ 289.190(4)✦	**115** Mc 镆▲ 289.194(6)✦	**116** Lv 𫟷▲ 293.204(4)✦	**117** Ts 鿬▲ 293.208(6)✦	**118** Og 鿫▲ 294.214(5)✦	Q P O N M L K

★ 镧系	+3 **57** La★ 镧 $5d^1 6s^2$ 138.90547(7)	+2, +3, +4 **58** Ce 铈 $4f^1 5d^1 6s^2$ 140.116(1)	+3, +4 **59** Pr 镨 $4f^3 6s^2$ 140.90766(2)	+2, +3, +4 **60** Nd 钕 $4f^4 6s^2$ 144.242(3)	+3 **61** Pm 钷▲ $4f^5 6s^2$ 144.91276(2)✦	+2, +3 **62** Sm 钐 $4f^6 6s^2$ 150.36(2)	+2, +3 **63** Eu 铕 $4f^7 6s^2$ 151.964(1)	+3 **64** Gd 钆 $4f^7 5d^1 6s^2$ 157.25(3)	+3, +4 **65** Tb 铽 $4f^9 6s^2$ 158.92535(2)	+3, +4 **66** Dy 镝 $4f^{10} 6s^2$ 162.500(1)	+3 **67** Ho 钬 $4f^{11} 6s^2$ 164.93033(2)	+3 **68** Er 铒 $4f^{12} 6s^2$ 167.259(3)	+2, +3 **69** Tm 铥 $4f^{13} 6s^2$ 168.93422(2)	+2, +3 **70** Yb 镱 $4f^{14} 6s^2$ 173.045(10)	+3 **71** Lu 镥 $4f^{14} 5d^1 6s^2$ 174.9668(1)
★ 锕系	+3 **89** Ac★ 锕 $6d^1 7s^2$ 227.02775(2)✦	+3, +4 **90** Th 钍 $6d^2 7s^2$ 232.0377(4)	+3, +4, +5 **91** Pa 镤 $5f^2 6d^1 7s^2$ 231.03588(2)	+2, +3, +4, +5, +6 **92** U 铀 $5f^3 6d^1 7s^2$ 238.02891(3)	+3, +4, +5, +6, +7 **93** Np 镎 $5f^4 6d^1 7s^2$ 237.04817(2)✦	+3, +4, +5, +6, +7 **94** Pu 钚 $5f^6 7s^2$ 244.06421(4)✦	+2, +3, +4, +5, +6 **95** Am 镅▲ $5f^7 7s^2$ 243.06138(2)✦	+3, +4 **96** Cm 锔▲ $5f^7 6d^1 7s^2$ 247.07035(3)✦	+3, +4 **97** Bk 锫▲ $5f^9 7s^2$ 247.07031(4)✦	+2, +3, +4 **98** Cf 锎▲ $5f^{10} 7s^2$ 251.07959(3)✦	+2, +3 **99** Es 锿▲ $5f^{11} 7s^2$ 252.0830(3)✦	+2, +3 **100** Fm 镄▲ $5f^{12} 7s^2$ 257.09511(5)✦	+2, +3 **101** Md 钔▲ $5f^{13} 7s^2$ 258.09843(3)✦	+2, +3 **102** No 锘▲ $5f^{14} 7s^2$ 259.1010(7)✦	+3 **103** Lr 铹▲ $5f^{14} 6d^1 7s^2$ 262.110(2)✦